"十二五"职业教育国家规划教材
经全国职业教育教材审定委员会审定
高等院校"互联网+"系列精品教材

省级在线开放
课程配套教材

电气控制与 PLC 技术应用

（第 3 版）

主编　刘小春　陈庆

副主编　黄有全　张蕾　杨梦勤

扫一扫
看本教
材简介

U0304010

电子工业出版社

Publishing House of Electronics Industry

北京·BEIJING

内 容 简 介

本书在前两版得到广泛使用的基础上，根据行业、企业的岗位技能需求，以生产实践中典型的工作任务为项目进行修订。本书以电气控制系统的设计与安装调试为主线，分两部分介绍电气控制（继电控制）与 PLC 技术应用的知识和操作技能。电气控制部分以生产实践中常见的工作任务——工作台的自动往返控制、钻床的电气控制电路分析、卧式镗床的电气控制电路分析、桥式起重机的电气控制电路分析为实例，介绍常用低压电器、电气控制基本电路、常用机床的电气电路及故障诊断方法等。PLC 技术应用部分以生产实践中常见的工作任务——送料小车自动往返运行的 PLC 控制、工业机械手运动的 PLC 控制、机械手步进电动机的 PLC 控制为实例，并拓展了 S7-200 SMART PLC 的应用，介绍 PLC 的结构、工作原理、PLC 内部器件、编程语言、基本指令、顺序控制指令、功能指令及其应用技巧等。本书贯彻"职教 20 条"关于新形态教材建设的指导意见，并全面贯彻党的教育方针，落实立德树人根本任务，融入思政案例。

本书为高等职业本、专科院校"电气控制与 PLC 技术应用"课程的教材，也可作为开放大学、成人教育、自学考试、中职学校、培训班的教材，以及自学者与工程技术人员的学习参考书。

本书提供电子教学课件、微课视频、动画、控制程序等立体化多媒体资源，有助于开展信息化教学，详见前言。

图书在版编目（CIP）数据

电气控制与 PLC 技术应用 / 刘小春，陈庆主编. —3 版. —北京：电子工业出版社，2023.12
高等院校"互联网+"系列精品教材
ISBN 978-7-121-38044-0

Ⅰ. ①电… Ⅱ. ①刘… ②陈… Ⅲ. ①电气控制－高等学校－教材②PLC 技术－高等学校－教材
Ⅳ. ①TM571.2②TM571.61

中国版本图书馆 CIP 数据核字（2019）第 269618 号

责任编辑：陈健德（E-mail:chenjd@phei.com.cn）

印　　刷：天津画中画印刷有限公司
装　　订：天津画中画印刷有限公司
出版发行：电子工业出版社
　　　　　北京市海淀区万寿路 173 信箱　邮编 100036
开　　本：787×1 092　1/16　印张：15.25　字数：391 千字
版　　次：2009 年 9 月第 1 版
　　　　　2023 年 12 月第 3 版
印　　次：2024 年 7 月第 2 次印刷
定　　价：55.00 元

凡所购买电子工业出版社图书有缺损问题，请向购买书店调换。若书店售缺，请与本社发行部联系，联系及邮购电话：（010）88254888，88258888。

质量投诉请发邮件至 zlts@phei.com.cn，盗版侵权举报请发邮件至 dbqq@phei.com.cn。

本书咨询联系方式：chenjd@phei.com.cn。

前　言

本书在前两版得到全国许多院校老师认可和选用的基础上，根据"职教 20 条"关于新形态教材建设的指导意见，配套大量的立体化多媒体资源，并全面贯彻党的教育方针，落实立德树人根本任务，融入思政案例，以生产实践中典型的工作任务为项目进行修订。本书以电气控制系统的设计与安装调试为主线，以满足行业、企业的岗位技能需求为目标，突出技术的应用性和针对性，强调实践操作能力。

为了方便教学，本书分为两部分：电气控制部分和 PLC 技术应用部分。

电气控制部分以生产实践中常见的工作任务 —— 工作台的自动往返控制、钻床的电气控制电路分析、卧式镗床的电气控制电路分析、桥式起重机的电气控制电路分析为实例，介绍常用低压电器、电气控制基本电路、常用机床的电气电路及故障诊断方法等。

PLC 技术应用部分以生产实践中常见的工作任务——送料小车自动往返运行的 PLC 控制、工业机械手运动的 PLC 控制、机械手步进电动机的 PLC 控制为实例，并拓展了 S7-200 SMART PLC 的应用，介绍 PLC 的结构、工作原理、PLC 内部器件、编程语言、基本指令、顺序控制指令、功能指令及其应用技巧等。本书主要介绍西门子 S7-200 PLC，考虑到我国工业现场 PLC 的更新换代需求，最后一个项目对 S7-200 SMART PLC 的硬件特点、编程软件、应用，以及其与 S7-200 PLC 的区别进行介绍。

本书的编写特点如下。

（1）本书为新形态立体化教材，读者可通过移动终端扫描二维码进行学习，也可进入在线开放课程参与学习、讨论与测评，实现线上、线下混合式教学。

（2）党的二十大报告提出"育人的根本在于立德"。本书结合课程内容与岗位素养要求，通过"中国低压电器的发展史""安全无小事，重在守规章""大国工匠李刚：蒙上眼睛 方寸间插接百条线路""科技创新，引领发展"等 7 个案例，使本书融入民族理想信念、创新精神、工匠精神等思政元素。

（3）本书采用模块化结构，以项目的形式组织全书内容，读者需要通过完成项目来学习相关知识和操作技能。项目来源于企业工程实践，紧密结合行业、企业的岗位工作任务。

（4）本书突出实践操作与技能训练，以培养能力为目标，引导读者完成每个项目，使读者能有针对性、目的性和主动性地学习相应知识。

（5）本书融入大量的工程实例，不仅使读者了解到专业知识和技能的应用，完整的实践项目还使读者在项目化学习中加强了职业技能，逐步提升了职业素养。

（6）本书配有"职业导航"，说明本课程的应用岗位；各项目正文前配有"教学导航"，为各项目的教与学过程提供指导；项目结尾配有"知识梳理与总结"，以便读者高效地学习、提炼与归纳知识。

本书建议课时分配如下表所示，电气控制部分和 PLC 技术应用部分各 72 课时。课程教学建议采用理论实践一体化授课形式，理论课和实践课的安排可以灵活掌握、交融渐进。各个院校可以根据实际教学需求适当地对课时与教学方式进行调整，以方便教学。

部　分	项　目		建议课时	
			理论课	实践课
第 1 部分 电气控制	项目 1	工作台的自动往返控制	12	8
	项目 2	钻床的电气控制电路分析	8	8
	项目 3	卧式镗床的电气控制电路分析	12	12
	项目 4	桥式起重机的电气控制电路分析	8	4
第 2 部分 PLC 技术应用	项目 5	送料小车自动往返运行的 PLC 控制	16	8
	项目 6	工业机械手运动的 PLC 控制	8	8
	项目 7	机械手步进电动机的 PLC 控制	12	8
	项目 8	S7-200 SMART PLC 的应用	8	4
总　　计			84	60
			144	

本书由湖南铁道职业技术学院的刘小春、陈庆担任主编，长沙民政职业技术学院的黄有全、湖南铁道职业技术学院的张蕾、杨梦勤担任副主编，湖南铁道职业技术学院的李庆梅、李丹、王婧博，中车时代电动汽车股份有限公司的肖乾亮参与了本书的编写及资源建设。本书由刘小春统稿。

本书在编写过程中参考了大量教材及技术资料，在此一并表示衷心的感谢！

由于编者的水平有限，书中难免存在疏漏和不妥之处，恳请读者批评指正。

本书提供电子教学课件、微课视频、动画、控制程序等立体化多媒体资源，有助于开展信息化教学、提高课程的教学质量与效果。读者可以直接扫描书中的二维码阅览或下载相应资源，也可通过中国大学 MOOC 网站搜索"电气控制技术""PLC 技术与应用"在线开放课程浏览和参考更多的教学资源。本书的电子教学课件及练习题参考答案等资源，可登录华信教育资源网（http://www.hxedu.com.cn）免费注册后下载，如有问题请在网站留言或与电子工业出版社联系（E-mail:hxedu@phei.com.cn）。

编　者

 扫一扫下载本课程教学课件

 扫一扫下载本课程控制程序

职 业 导 航

```
英语 ─┐
计算机 ─┘─→ 人文素质课程 ─→  ┌─ 常用低压电器
                          │
电工基础 ─┐                │   电气控制基本电路
电子技术 ─┤                │
制图基础 ─┼─→ 专业基础课程 ─┼─ 机床电气电路 ──→ 电气设备的安装与调试
电机与拖动 ─┘               │                  电气电路的安装与调试
                          │   S7-200 PLC 的基本指令
电气控制与PLC技术应用 ─┐    │
单片机技术应用 ─┤          │   S7-200 PLC 的顺序控制指令
传感器技术 ─┤             │
变频与伺服控制技术 ─┼─→ 自动控制核心课程 ─┼─ S7-200 PLC 的高级指令 ──→ 电气电路的维护与检修
组态控制技术 ─┤           │                                      电气系统的设计与改造
工业网络控制技术 ─┘        └─ S7-200 SMART PLC的应用
```

项目 1
工作台的自动往返控制

教学导航

教	建议课时	20
	推荐教学方法	1. 理论实践一体化教学； 2. 以工作台的自动往返控制为项目，引导学生学习相关知识
	重点	1. 低压电器的结构、工作原理、型号、规格、正确选择和使用方法，以及它在控制电路中的作用； 2. 正、反转控制电路与联锁控制电路； 3. 电力拖动控制电路的常见故障及其排除方法
	难点	安装与检修三相异步电动机自动往返控制电路
学	推荐学习方法	1. 以小组为单位，模拟车间班组，小组成员分别扮演工艺员、质检员、安全员、操作员等不同角色完成项目； 2. 边学边做，小组讨论
	学习目标	1. 熟悉低压电器的结构、工作原理、型号、规格、正确选择和使用方法，以及它在控制电路中的作用； 2. 能识读相关的电气原理图、安装图； 3. 会安装与检修三相异步电动机正、反转控制电路与联锁控制电路； 4. 会安装与检修三相异步电动机位置控制电路与自动往返控制电路； 5. 能分析相关控制电路的电气原理，掌握电气控制电路中的保护措施； 6. 了解电力拖动控制电路的常见故障及其排除方法； 7. 了解现代低压电器的应用与发展

项目描述

在工农业生产中，有很多机械设备都是需要进行往复运动的。例如，平面磨床矩形工作台的往返加工运动，铣床加工时工作台的左右运动、前后运动和上下运动，这都需要电气控制电路对电动机实现自动正、反转换相控制。

1.1 限位控制电路

限位控制电路的示意图如图 1-1 所示。在图 1-1 中，SQ 为行程开关，又称限位开关，它安装在预定的位置上。工作台的梯形槽中装有撞块，当撞块移动到此位置时，撞块碰撞行程开关，使其触点动作，从而控制工作台的停止和换向，这样工作台就能实现往返运动。其中撞块 1 只能碰撞 SQ2 和 SQ4，撞块 2 只能碰撞 SQ1 和 SQ3，工作台的行程可通过移动撞块的位置来调节，以适用于加工不同的工件。

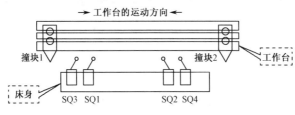

图 1-1   限位控制电路的示意图

在图 1-1 中，SQ1 和 SQ2 安装在机床床身上，用来控制工作台的自动往返，SQ3 和 SQ4 用来做终端保护，即限制工作台的极限位置。SQ3 和 SQ4 分别安装在向左和向右的某个极限位置上，如果 SQ1 或 SQ2 失灵，工作台会继续向左或向右运动，当工作台运行到极限位置时，撞块就会碰撞 SQ3 或 SQ4，从而切断控制电路，迫使电动机 M 停转，工作台就停止移动。SQ3 和 SQ4 在这里实际上起终端保护作用，因此称为终端保护开关或简称为终端开关。

1.2 自动循环控制电路

工作台前进—后退自动循环控制的要求如下。

按启动按钮，工作台向前运动，当工作台前进到一定位置时，固定在工作台上的撞块 1 碰撞 SQ2（固定在床身上），电动机反转使工作台向后运动；当工作台向后运动到一定位置时，撞块又使 SQ1 动作，电动机从反转变为正转，工作台就这样往复循环工作。按停止按钮，电动机停止转动，工作台停止。SQ3 和 SQ4 起极限保护作用。

某个机床工作台须自动往返运行，其前进由三相异步电动机拖动，控制要求如下，完成其控制电路的设计与安装。

（1）按启动按钮，工作台开始前进，前进到终端后自动后退，后退到原位后又自动前进，如此反复。

（2）要求工作台能在前进或后退途中的任意位置停止和启动。

（3）电路中有短路保护、失压保护、欠压保护、过载保护和位置极限保护设备。

相关知识

1.3　电气控制器件

低压电器的种类很多，分类方法也很多。按操作方式可将其分为手动电器和自动电器，前者主要用手直接操作来进行切换；后者依靠本身参数的变化或外来信号的作用，自动完成接通或断开等动作。按用途可将其分为低压配电电器和低压控制电器，低压配电电器是指在正常或事故状态下接通和断开用电设备和供电电网所用的电器；低压控制电器是指电动机完成生产机械要求的启动、调速、反转和停止所用的电器。

本项目涉及的低压电器有按钮开关、刀开关、行程开关、转换开关、接触器、中间继电器、热继电器、熔断器等。

扫一扫看按
钮开关、刀开
关微课视频

1.3.1　按钮开关、刀开关、行程开关、转换开关

1. 按钮开关

按钮开关是一种用人力（一般为手指或手掌）操作，并具有储能（弹簧）复位功能的控制开关。按钮开关的触点允许通过的电流较小，一般不超过 5 A，因此一般情况下它不直接控制主电路，而是在控制电路中发出指令或信号去控制接触器、继电器等电器，再由它们去控制主电路的通断、功能转换或电气联锁。

1）结构

按钮开关一般由按钮帽、复位弹簧、桥式动触点、动合静触点、支柱连杆及外壳等部分组成，按钮开关的外形、结构与符号如图 1-2 所示。图 1-2 中的按钮是一个复合按钮，工作时，其常开和常闭触点是联动的，当按钮被按下时，常闭触点先断开，常开触点后闭合；而松开按钮时，常开触点先断开，常闭触点后闭合，也就是说，这两种触点在改变工作状态时，有个先后时间差，尽管这个时间差很短，但在分析电路的控制过程时应注意。

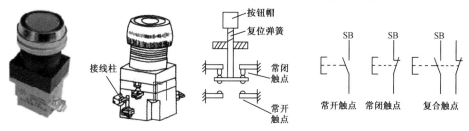

图 1-2　按钮开关的外形、结构与符号

2）型号

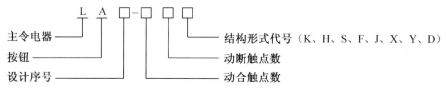

其中结构形式代号的含义如下。

K——开启式，适于嵌装在操作面板上；

H——保护式，带保护外壳，可防止内部零件受到机械损伤或人偶然触及带电部分；

S——防水式，具有密封外壳，可防止雨水侵入；

F——防腐式，能防止腐蚀性气体进入；

J——紧急式，用来紧急切断电源；

X——旋钮式，旋转旋钮进行操作，有接通和断开两个位置；

Y——钥匙操作式，将钥匙插入进行操作，可防止误操作或供专人操作；

D——光标式，按钮内装有信号指示灯，用来指示信号。

按钮的颜色有红色、绿色、黑色、黄色、白色、蓝色等几种，供不同场合选用。一般停止按钮为红色，启动按钮为绿色。几款常用按钮如图 1-3 所示。

图 1-3　几款常用按钮

3）选用

选择按钮的基本原则如下。

（1）根据使用场合和具体用途选择按钮的种类，如嵌装在操作面板上的按钮可选用开启式按钮。

（2）根据工作状态的指示和工作情况的要求，选择按钮或信号指示灯的颜色，如启动按钮可选用绿色、白色或黑色的。

（3）根据控制电路的需要选择按钮的数量，如单联钮、双联钮和三联钮等。

2. 刀开关

刀开关又称闸刀开关，是一种结构最简单、应用最广泛的手动电器。在低压电路中，刀开关用于不频繁接通和断开的电路，或用来将电路与电源隔离。

图 1-4 所示为刀开关的典型结构，它由操作手柄、触刀、静插座和绝缘底板组成。推动操作手柄来实现触刀插入插座与脱离插座的控制，以达到接通电路和断开电路的目的。

刀开关的种类很多，按刀的极数可分为单极刀开关、双极刀开关和三极刀开关，其符号如图 1-5 所示。刀开关按刀的转换方向可分为单掷刀开关和双掷刀开关；按灭弧情况可分为带灭弧罩刀开关和不带灭弧罩刀开关；按接线方式可分为板前接线式刀开关和板后接线式刀开关。下面只介绍由刀开关和熔断器组合而成的负荷开关，负荷开关分为开启式负荷开关和封闭式负荷开关两种。

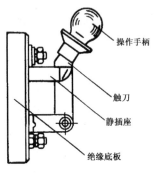

图 1-4　刀开关的典型结构

（a）单极刀开关　　（b）双极刀开关　　（c）三极刀开关

图 1-5　刀开关的符号

1）开启式负荷开关

开启式负荷开关又称瓷底胶盖刀开关，简称刀开关。生产中常用的是 HK 系列开启式负荷开关，适用于照明和小容量电动机的控制电路，供手动不频繁地接通和断开电路，并起短路保护作用。

开启式负荷开关的结构及符号如图 1-6 所示。

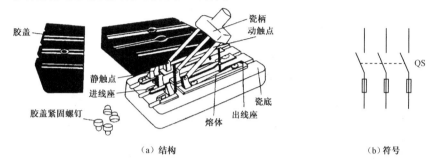

（a）结构 （b）符号

图 1-6　开启式负荷开关的结构及符号

其型号含义如下。

2）封闭式负荷开关

封闭式负荷开关是在开启式负荷开关的基础上改进设计的一种开关，可用于手动不频繁地接通和断开带负载的电路，作为电路末端的短路保护电器，也可用于控制 15 kW 以下的交流电动机不频繁直接启动和停止。

常用的封闭式负荷开关有 HH3、HH4 系列，其中 HH4 系列为全国统一设计产品。HH 系列封闭式负荷开关如图 1-7 所示，它主要由触点、灭弧系统、熔断器及操作机构组成。3 把闸刀固定在 1 根绝缘转轴上，由手柄完成分、合闸的操作。在操作机构中，手柄、转轴与底座之间装有速断弹簧，使刀开关的接通与断开速度与手柄的操作速度无关。

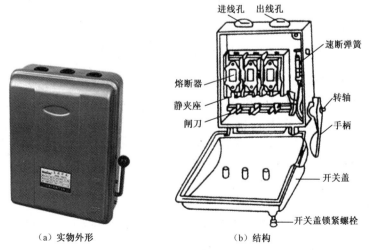

（a）实物外形 （b）结构

图 1-7　HH 系列封闭式负荷开关

封闭式负荷开关的操作机构有两个特点：一是采用了储能合闸方式，利用一根弹簧使开关的分合速度与手柄的操作速度无关，这既改善了开关的灭弧性能，又能防止触点停滞在中间位置，从而提高开关的通断能力，延长其使用寿命；二是操作机构上装有机械联锁，它可以保证开关合闸时不能打开开关盖，而当打开开关盖时，不能将开关合闸。

封闭式负荷开关在电路图中的符号与开启式负荷开关的相同，其型号含义如下。

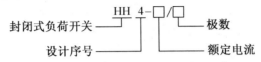

3）刀开关的选用及安装注意事项

（1）选用刀开关时首先根据刀开关的用途和安装位置选择合适的型号和操作方式，然后根据控制对象的类型和大小，计算出相应负载电流的大小，再选择相应等级额定电流的刀开关。

（2）刀开关在安装时必须垂直安装，闭合操作时手柄应从下向上合，不允许平装或倒装，以防误合闸。电源进线应接在静触点一边的进线座上，负载应接在动触点一边的出线座上。在分闸和合闸操作时，应动作迅速，使电弧尽快熄灭。

3. 行程开关

行程开关是用来反映工作机械的行程，并发出命令以控制其运动方向和行程大小的开关，主要用于机床、自动生产线和其他机械的限位及程序控制。

1）结构及工作原理

各系列行程开关的基本结构大体相同，都由触点系统、操作机构和外壳组成，常见的有直动式和滚轮式行程开关。JLXK1 系列行程开关的外形如图 1-8 所示。

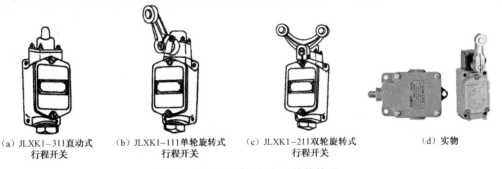

（a）JLXK1-311直动式　　（b）JLXK1-111单轮旋转式　　（c）JLXK1-211双轮旋转式　　（d）实物
　　　行程开关　　　　　　　　　　行程开关　　　　　　　　　　行程开关

图 1-8　JLXK1 系列行程开关的外形

JLXK1-111 单轮旋转式行程开关的结构、动作原理及符号如图 1-9 所示。当运动部件的挡铁碰压行程开关的滚轮时，杠杆连同转轴一起转动，使凸轮推动撞块，当撞块被压到一定位置时，撞块推动微动开关快速动作，使其动断触点断开、动合触点闭合。

行程开关的触点动作方式有蠕动型和瞬动型两种。蠕动型行程开关的触点结构与按钮的相似，其特点是结构简单、价格便宜，触点的分合速度取决于生产机械挡铁的移动速度。当挡铁的移动速度小于 0.47 m/min 时，触点分合太慢，易产生电弧灼烧触点，从而缩短触点的使用寿命，也影响动作的可靠性及行程控制的位置精度。为了克服这些缺点，一般都采用具有快速换接动作机构的瞬动型行程开关的触点。瞬动型行程开关的触点的动作速度与挡铁的移动速度无关，其性能显然优于蠕动型行程开关的触点。

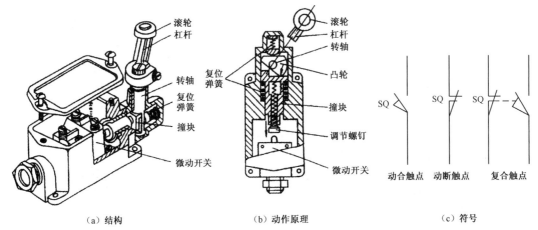

（a）结构　　　　　　　　　（b）动作原理　　　　　　　（c）符号

图 1-9　JLXK1-111 单轮旋转式行程开关的结构、动作原理及符号

LX19K 系列行程开关是瞬动型的，其结构如图 1-10 所示。当运动部件的挡铁碰压顶杆时，顶杆向下移动，压缩触点弹簧使之储存一定的能量。当顶杆移动到一定位置时，触点弹簧的弹力方向发生改变，同时储存的能量得以释放，完成跳跃式快速换接动作。当挡铁离开顶杆时，顶杆在复位弹簧的作用下上移，上移到一定位置，接触板瞬时进行快速换接，触点迅速恢复到原状态。

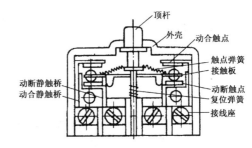

图 1-10　LX19K 系列行程开关的结构

行程开关动作后，其复位方式有自动复位和非自动复位两种，图 1-8（a）、（b）所示的直动式和单轮旋转式行程开关均为自动复位式行程开关。但是有的行程开关动作后不能自动复位，图 1-8（c）所示的双轮旋转式行程开关只有运动机械反向移动，挡铁从相反方向碰压另一滚轮时，触点才能复位。

2）型号

常用的行程开关有 JLXK1、LX19 和 JLXL1 等系列，其中 JLXK1 系列和 LX19 系列行程开关的型号含义如下。

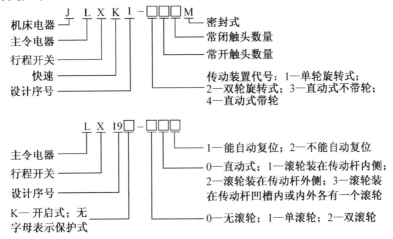

行程开关在电路图中的符号如图1-9（c）所示。

4．转换开关

组合开关又称转换开关，常用于交流50 Hz、380 V以下，以及直流220 V以下的电气电路中，供手动不频繁地接通和断开电路、电源或控制5 kW以下小容量异步电动机的启动、停止和正、反转。各种用途的转换开关如图1-11所示。

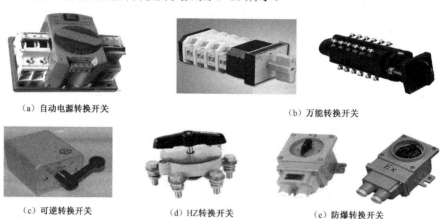

（a）自动电源转换开关　　　　　　　　　　　　（b）万能转换开关

（c）可逆转换开关　　　（d）HZ转换开关　　　（e）防爆转换开关

图1-11　各种用途的转换开关

转换开关的常用产品有HZ6、HZ10、HZ15系列，一般在电气控制电路中普遍采用的是HZ10系列转换开关。

转换开关有单极、双极和多极之分。普通类型转换开关的各极是同时通断的，特殊类型转换开关的各极是交替通断的，以满足不同的控制要求。其型号表示方法类似于万能转换开关的型号表示方法，其型号含义如下。

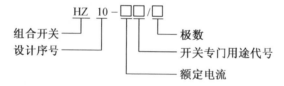

1）无限位型转换开关

无限位型转换开关的手柄可以在0～360°范围内旋转，无固定方向，常用的是全国统一设计的产品HZ10系列转换开关，其外形、结构及符号如图1-12所示。

HZ10系列转换开关实际上就是由多节触点组合而成的刀开关，与普通刀开关的区别是转换开关用动触点代替闸刀，手柄在平行于安装面的平面内可左右转动。开关的3对静触点分别装在3层绝缘垫板上，并附有接线端子，用于与电源及用电设备连接。其动触点用磷铜片（或硬紫铜片）和具有良好灭弧性能的绝缘钢纸板铆合而成，并和绝缘垫板一起套在附有手柄的方形绝缘转轴上。手柄和转轴能在平行于安装面的平面内沿顺时针或逆时针方向每次转动90°，带动3个动触点分别与3个静触点接触或分离，实现接通或断开电路的目的。

开关的顶盖部分是由转轴、凸轮、弹簧和手柄等构成的操作机构。其采用了弹簧储能，可使触点快速闭合或断开，从而提高了开关的通断能力。

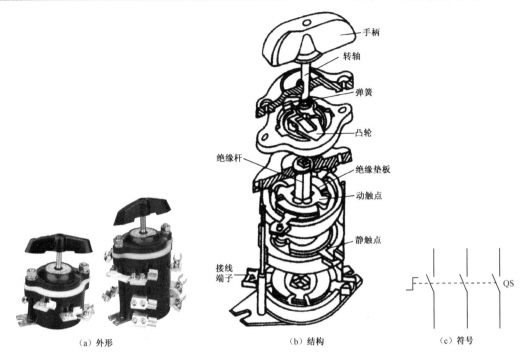

（a）外形　　　　　　（b）结构　　　　　　（c）符号

图 1-12　HZ10 系列转换开关的外形、结构及符号

2）有限位型转换开关

有限位型转换开关也叫作可逆转换开关或倒顺开关，它只能在 0～90°范围内旋转，有定位限制，类似双掷开关，即两位置转换类型，常用的为 HZ3 系列。HZ3-132 型倒顺开关的外形、结构、触点及符号如图 1-13 所示。

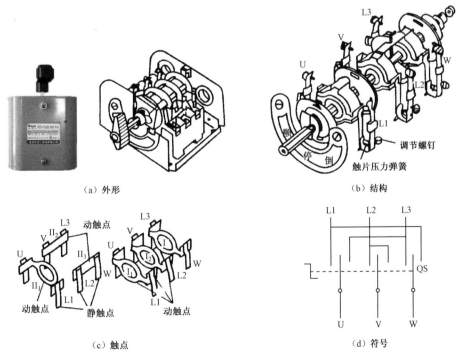

（a）外形　　　　　　　　　　　（b）结构

（c）触点　　　　　　　　　　　（d）符号

图 1-13　HZ3-132 型倒顺开关的外形、结构、触点及符号

HZ3-132 型转换开关的手柄有倒、停、顺 3 个位置，手柄只能从"停"位置左转 45°和右转 45°。移去上盖可见两边各装有 3 个静触点，转轴上固定着 6 个不同形状的动触点，6 个动触点分成两组，每组 3 个。两组动触点不同时与静触点接触，手柄从"停"位置左转 45°与一组静触点接触，控制电动机正转；手柄从"停"位置右转 45°与另一组静触点接触，控制电动机反转。

HZ3 系列转换开关多用于控制小容量异步电动机的正、反转及双速异步电动机△/YY 形、Y/YY 形的变速切换。

转换开关根据电源种类、电压等级、所需触点数、接线方式进行选用。应用转换开关控制异步电动机的启动、停止时，每小时的接通次数不超过 20 次，转换开关的额定电流也应该选得略大一些，一般取电动机额定电流的 1.5~2.5 倍。将转换开关用于电动机的正、反转控制时，应当在电动机完全停止转动后，方可允许其反向启动，否则会烧坏开关触点或造成弧光短路事故。

HZ5、HZ10 系列转换开关的主要技术数据如表 1-1 所示，HZ10 系列转换开关在电路图中的符号如图 1-12（c）所示。

表 1-1　HZ5、HZ10 系列转换开关的主要技术数据

型号	额定电压/V	额定电流/A	控制功率/kW	用途	备注
HZ5-10 HZ5-20 HZ5-40 HZ5-60	交流 380	10 20 40 60	1.7 4 7.5 10	在电气电路中用于电源引入，接通或断开电路、换接电源或负载（电动机等）	可取代 HZ1~HZ3 系列等旧产品
HZ10-10 HZ10-25 HZ10-60 HZ10-100	直流 220	10 25 60 100		在电气电路中用于接通或断开电路，换接电源或负载，测量三相电压，控制小型异步电动机正、反转	可取代 HZ1、HZ2 系列等旧产品

注：HZ10-10 型转换开关为单极时，其额定电流为 6 A，HZ10 系列转换开关为双极或三极。

HZ3 系列转换开关在电气原理图中的符号如图 1-13（d）所示。

HZ3 系列转换开关的形式和用途如表 1-2 所示。

表 1-2　HZ3 系列转换开关的形式和用途

型号	额定电流/A	电动机容量/kW			手柄形式	用途
		220 V	380 V	500 V		
HZ3-131	10	2.2	3	3	普通	控制电动机启动、停止
HZ3-431	10	2.2	3	3	加长	控制电动机启动、停止
HZ3-132	10	2.2	3	3	普通	控制电动机倒、顺、停
HZ3-432	10	2.2	3	3	加长	控制电动机倒、顺、停
HZ3-133	10	2.2	3	3	普通	控制电动机倒、顺、停
HZ3-161	35	5.5	7.5	7.5	普通	控制电动机倒、顺、停
HZ3-452	5（110 V） 2.5（220 V）	—	—	—	加长	控制电磁吸盘
HZ3-451	10	2.2	3	3	加长	控制电动机△/YY 形、Y/YY 形变速

1.3.2 接触器

扫一扫看交流接触器微课视频

接触器是一种能频繁地接通和断开远距离用电设备的主回路及其他大容量用电回路的自动控制电器，它分为交流接触器和直流接触器，它的控制对象主要是电动机、电热设备、电焊机及电容器组等。

1. 交流接触器的结构、原理

交流接触器主要由电磁系统、触点系统、灭弧装置及辅助部件等组成，常见交流接触器的外形如图 1-14 所示。CJ10-20 型交流接触器的结构和工作原理如图 1-15 所示。

图 1-14　常见交流接触器的外形

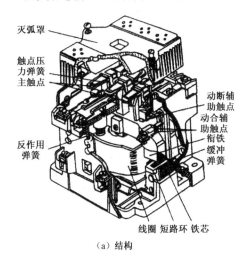

（a）结构

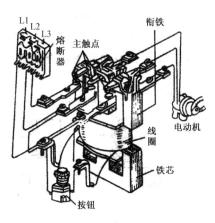

（b）工作原理

图 1-15　CJ10-20 型交流接触器的结构和工作原理

扫一扫看交流接触器工作原理微课视频

1）电磁系统

交流接触器的电磁系统主要由线圈、衔铁（动铁芯）和铁芯（静铁芯）3 个部分组成。其作用是利用线圈的通电或断电，使衔铁和铁芯吸合或释放，从而带动动触点与静触点闭合或断开，实现接通或断开电路的目的。

交流接触器在运行过程中，线圈中通入的交流电在铁芯中产生交变的磁通，因此铁芯与衔铁间的吸力是变化的。这会使衔铁产生振动，发出噪声。为了消除这一现象，在交流接触器铁芯和衔铁的两个不同端部各开一个槽，槽内嵌装一个用铜、康铜或镍铬合金材料制成的短路环，又称减振环或分磁环，嵌装短路环后的磁通示意图如图 1-16（a）所示。铁芯嵌装短路环后，当线圈通以交流电时，线圈电流产生磁通 Φ_1，Φ_1 一部分穿过短路环，在短路环中产生感应电流，进而产生一个磁通 Φ_2。由电磁感应定律可知，Φ_1 和 Φ_2 的相位不同，即 Φ_1 和 Φ_2 不同时为零，那么由 Φ_1 和 Φ_2 产生的电磁吸力 F_1 和 F_2 也不同时为零，嵌装短路环后的电磁吸力图如图 1-16（b）所示。这就保证了铁芯与衔铁在任何时刻都有吸力，衔铁将始终被吸住，振动和噪声会显著降低。

2）触点系统

触点系统包括主触点和辅助触点，主触点用于控制电流较大的主电路，一般由 3 对接触

11

面较大的常开触点组成；辅助触点用于控制电流较小的控制电路，一般由 2 对常开触点和 2 对常闭触点组成。触点的常开和常闭，是指电磁系统没有通电动作时触点的状态。因此常闭触点和常开触点有时又分别被称为动断触点和动合触点。工作时常开和常闭触点是联动的，当线圈通电时，常闭触点先断开，常开触点后闭合；而当线圈断电时，常开触点先恢复断开，常闭触点后恢复闭合。也就是说，这两种触点在改变工作状态时，有个先后时间差，尽管这个时间差很短，但在分析电路的控制过程时应注意。

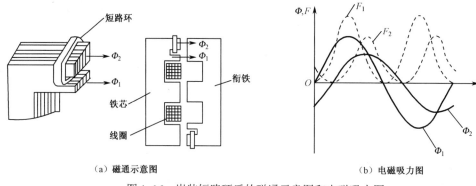

（a）磁通示意图　　　　　　　　　　　（b）电磁吸力图

图 1-16　嵌装短路环后的磁通示意图和电磁吸力图

触点按接触形式可分为点接触式触点、线接触式触点和面接触式触点 3 种，分别如图 1-17（a）、（b）、（c）所示。触点按结构形式可分为双断点桥式触点和指形触点 2 种，分别如图 1-17（d）、（e）所示。

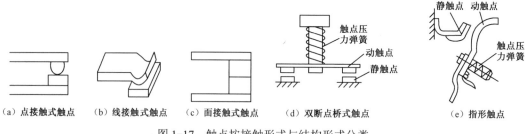

（a）点接触式触点　（b）线接触式触点　（c）面接触式触点　（d）双断点桥式触点　　（e）指形触点

图 1-17　触点按接触形式与结构形式分类

CJ10 系列交流接触器的触点一般采用双断点桥式触点。

扫一扫看短路环在交流接触器中的作用微课视频

3）灭弧装置

交流接触器在断开大电流或高电压电路时，在动、静触点之间会产生很强的电弧。电弧一方面会灼伤触点，缩短触点的使用寿命；另一方面会使电路的切断时间延长，甚至造成弧光短路或引起火灾事故。触点容量在 10 A 以上的接触器中都装有灭弧装置。在交流接触器中常用的灭弧方法有双断口电动力灭弧、纵缝灭弧、栅片灭弧等；直流接触器因直流电弧不存在自然过零点熄灭的特性，所以只能靠拉长电弧和冷却电弧来灭弧，一般采用磁吹式灭弧装置来灭弧。

4）辅助部件

交流接触器的辅助部件有反作用弹簧、缓冲弹簧、触点压力弹簧、传动机构、底座、接线柱等。反作用弹簧的作用是在线圈断电后，推动衔铁释放，使各个触点恢复原状态；缓冲弹簧的作用是缓冲衔铁在吸合时对铁芯和外壳的冲击力；触点压力弹簧的作用是增加动、静

触点间的压力，从而增大接触面积，以减小接触电阻；传动机构的作用是在衔铁或反作用弹簧的作用下，带动动触点实现与静触点的接通或断开。

2. 接触器的主要技术参数

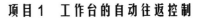
扫一扫看接触器的拆装操作视频

1）额定电压

接触器铭牌上的额定电压是指主触点上的额定电压，通常使用的电压等级如下。

直流接触器：110 V、220 V、440 V、660 V 等。

交流接触器：127 V、220 V、380 V、500 V 等。

如果某负载为 380 V 的三相感应电动机，那么应选 380 V 的交流接触器。

2）额定电流

接触器铭牌上的额定电流是指主触点上的额定电流，通常使用的电流等级如下。

直流接触器：25 A、40 A、60 A、100 A、250 A、400 A、600 A。

交流接触器：5 A、10 A、20 A、40 A、60 A、100 A、150 A、250 A、400 A、600 A。

3）线圈的额定电压

线圈通常使用的电压等级如下。

直流线圈：24 V、48 V、220 V、440 V。

交流线圈：36 V、127 V、220 V、380 V。

4）动作值

动作值是指接触器的吸合电压与释放电压。国家标准规定接触器的使用电压在额定电压的 85%以上时，应可靠吸合，其释放电压不高于额定电压的 70%。

5）接通与断开的能力

接通与断开的能力是指接触器的主触点在规定条件下能可靠地接通和断开的电流值，此时不应该发生熔焊、飞弧和过度磨损等。

6）额定操作频率

额定操作频率是指接触器每小时的接通次数。交流接触器的额定操作频率最高为 600 次/小时，直流接触器的额定操作频率最高为 1 200 次/小时。

3. 交流接触器的型号及其在电路图中的符号

（1）交流接触器的型号含义如下。

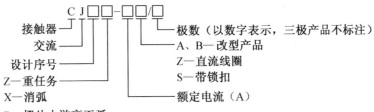

例如，CJ12T-250，该型号的含义为 CJ12T 系列交流接触器，其额定电流为 250 A，主触点为三极主触点。CZ0-100/20 表示 CZ0 系列直流接触器，其额定电流为 100 A，主触点为双极常开主触点。

（2）交流接触器在电路图中的符号如图 1-18 所示。

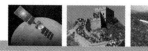

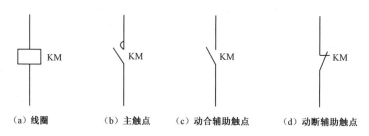

（a）线圈　　　（b）主触点　　　（c）动合辅助触点　　　（d）动断辅助触点

图 1-18　交流接触器在电路图中的符号

4．接触器的选用

（1）根据控制对象所用电源类型选择接触器的类型，一般交流负载用交流接触器，直流负载用直流接触器。当直流负载的容量较小时，也可选用交流接触器，但交流接触器的额定电流应适当选大一些。

（2）所选接触器主触点的额定电压应大于或等于控制电路的额定电压。

（3）应根据控制对象的类型和使用场合，合理地选择接触器主触点的额定电流。

控制电阻性负载时，主触点的额定电流应等于负载的额定电流。控制电动机时，主触点的额定电流应大于或稍大于电动机的额定电流。当接触器在频繁启动、制动及正、反转的场合中使用时，应将主触点的额定电流降低一个等级使用。

（4）选择接触器线圈的电压。当控制电路简单、使用电器较少时，应根据电源等级选择 380 V 或 220 V 的电压。当控制电路复杂时，从人身和设备安全的角度考虑，可选择 36 V 或 110 V 的电压，此时增加相应的变压器设备。

（5）根据控制电路的要求，合理地选择接触器的触点数量及类型。

1.3.3　中间继电器

扫一扫看中间继电器微课视频

中间继电器实质上是一个电压线圈继电器，是用来增加控制电路中的信号数量或将信号放大的继电器，其输入信号为线圈的通电和断电，输出信号为触点的动作。它具有触点多、触点容量大、动作灵敏等特点。由于触点的数量较多，所以将其用来控制多个元件或电路。

1．结构及工作原理

中间继电器的结构及工作原理与接触器的基本相同，但中间继电器的触点对数多，且没有主辅之分，各对触点允许通过的电流大小相同，多数为 5 A。因此，对于工作电流小于 5 A 的电气控制电路，可用中间继电器代替接触器实施控制。JZ7 系列中间继电器为交流中间继电器，其结构如图 1-19（a）所示。

JZ7 系列中间继电器采用立体布置，由铁芯、衔铁、线圈、触点系统、反作用弹簧和复位弹簧等组成。其触点采用双断点桥式结构，上下两层各有 4 对触点，下层触点只能是动合触点，故触点系统可按 8 个动合触点，或 6 个动合触点、2 个动断触点，或 4 个动合触点、4 个动断触点进行组合。中间继电器吸引线圈的额定电压有 12 V、36 V、110 V、220 V、380 V 等。

JZ14 系列中间继电器有交流操作和直流操作两种，该系列中间继电器带有透明外罩，可防止尘埃进入内部而影响工作的可靠性。

中间继电器选用的主要依据是被控制电路的电压等级，所需触点的数量、种类和容量等。

2. 型号

中间继电器的型号含义如下。

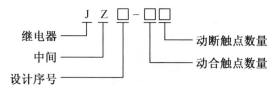

JZ7 系列中间继电器在电路图中的符号如图 1-19（b）所示。

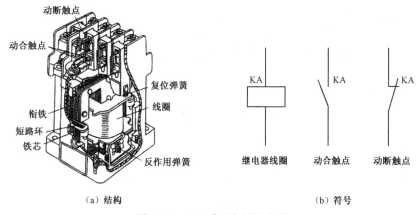

扫一扫看热继电器微课视频

（a）结构　　　　　　　　　　　（b）符号

图 1-19　JZ7 系列中间继电器

1.3.4　热继电器

热继电器是利用流过继电器的电流所产生的热效应而反时限动作的继电器。所谓反时限动作，是指热继电器的动作时间随电流的增大而缩短的性能。热继电器主要用于电动机的过载保护、断相保护、三相电流不平衡运行的保护及其他电气设备发热状态的控制。

1. 分类和型号

热继电器的形式有多种，其中双金属片式热继电器应用最多。按极数划分，热继电器可分为单极热继电器、两极热继电器和三极热继电器，其中三极热继电器又包括带断相保护装置的热继电器和不带断相保护装置的热继电器；按复位方式划分，热继电器可分为自动复位式（触点动作后能自动返回原来位置）热继电器和手动复位式热继电器。目前常用的热继电器有国产的 JRS1、JR20 等系列产品，以及国外的 T 和 3UA 等系列产品。

常用的 JRS1 系列和 JR20 系列热继电器的型号含义如下。

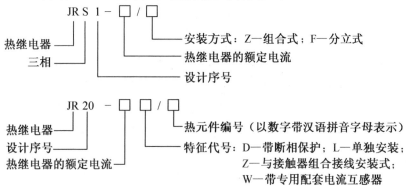

2．工作原理

热继电器主要由加热元件、动作机构和复位机构三大部分组成。其动作机构常设有温度补偿装置，保证在一定的温度范围内，热继电器的动作特性基本不变。JR20 系列热继电器的外形、结构及符号如图 1-20 所示。

（a）外形

扫一扫下载后解压看热继电器的工作原理教学动画

扫一扫下载后解压看三相带断相保护装置的热继电器动作示意图教学动画

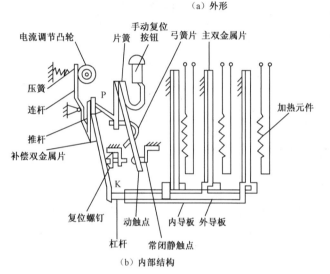

（b）内部结构　　　　　　　　　　（c）符号

图 1-20　JR20 系列热继电器的外形、结构及符号

在图 1-20 中，加热元件串接在接触器负载（电动机电源端）的主电路中，当电动机过载时，主双金属片受热弯曲推动导板，并通过补偿双金属片与推杆使常闭触点（串接在接触器线圈电路中的热继电器常闭触点）分开，以切断电路保护电动机。电流调节凸轮是一个偏心轮，改变它的半径即可改变补偿双金属片与导板的接触距离，从而达到调节动作电流整定值的目的。此外，靠调节复位螺钉来改变常开静触点的位置使热继电器能在自动复位或手动复位状态动作。调成手动复位时，在排除故障后要按手动复位按钮才能使动触点恢复初始位置。

热继电器的常闭触点常串入控制电路，常开触点可接入信号电路。

三相异步电动机的电源或绕组断相是导致电动机过热烧毁的主要原因之一，尤其是定子绕组采用△形接法的电动机，必须采用三相带断相保护装置的热继电器进行断相保护。

3．选用

选择热继电器主要根据所保护电动机的额定电流来确定热继电器的规格和热元件的电流等级。

根据所保护电动机的额定电流选择热继电器的规格，一般情况下，应使热继电器的额定

电流稍大于电动机的额定电流。

根据需要的电流整定值选择热元件的编号和电流等级。一般情况下，热继电器的电流整定值为电动机额定电流的0.95～1.05倍。但如果电动机拖动的负载是冲击性负载或负载的启动时间较长及在负载不允许停电的场合，热继电器的电流整定值可取电动机额定电流的1.1～1.5倍。如果电动机的过载能力较差，热继电器的电流整定值可取电动机额定电流的0.6～0.8倍。同时热继电器的电流整定值应留有一定的上下限调整范围。

根据电动机定子绕组的连接方式选择热继电器的结构形式，即Y形接法的电动机可选用普通三相结构的热继电器，△形接法的电动机应选用三相带断相保护装置的热继电器。

对于频繁正、反转和频繁启动、制动工作的电动机，不宜采用热继电器来保护。

1.3.5 熔断器

熔断器在电气电路中主要用作短路保护电器，使用时将其串联在被保护的电路中，当电路发生短路故障，通过熔断器的电流达到或超过某一规定值时，以其自身产生的热量使熔体熔断，从而自动断开电路，起到保护作用。

1. 结构

熔断器主要由熔体（俗称熔丝）和安装熔体的熔管（或熔座）两部分组成。熔体由铅、锡、锌、银、铜及其合金制成，常做成丝状、片状或栅状。熔管是装熔体的外壳，由陶瓷、绝缘钢纸制成，在熔体熔断时兼有灭弧作用。熔断器的外形、结构及符号如图1-21所示。

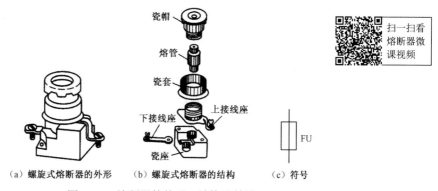

（a）螺旋式熔断器的外形　（b）螺旋式熔断器的结构　（c）符号

图1-21　熔断器的外形、结构及符号

2. 分类和型号

熔断器按结构形式分为插入式熔断器、无填料封闭管式熔断器、有填料封闭管式熔断器、螺旋式熔断器、自复式熔断器等。其中有填料封闭管式熔断器又分为刀型触头熔断器、螺栓连接熔断器和圆筒形帽熔断器。

熔断器的型号含义如下。

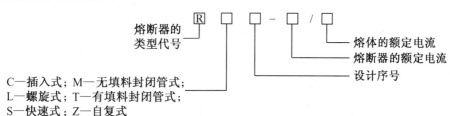

常用熔断器的型号有 RL1、RT0、RT15、RT16（NT）、RT18 等，如图 1-22 所示，可根据使用场合选用。

（a）RT18 圆筒形帽熔断器　　（b）NT 刀型触头熔断器　　（c）RT15 螺栓连接熔断器

图 1-22　常用熔断器

3. 主要技术参数

额定电压：能保证熔断器长时间正常工作的电压。若熔断器的实际工作电压大于其额定电压，熔体熔断时可能发生电弧不能熄灭的危险。

额定电流：保证熔断器在长时间工作中，各部件温升不超过极限允许温升所能承载的电流值。它与熔体的额定电流是两个不同的概念。熔体的额定电流是指在规定工作条件下，长时间通过熔体而熔体不熔断的最大电流值。通常一个额定电流等级的熔断器可以配用若干个额定电流等级的熔体，但熔体的额定电流值不能大于熔断器的额定电流值。

断开能力：熔断器在规定的使用条件下，能可靠断开的最大短路电流值，通常用极限断开电流值来表示。

时间-电流特性：时间-电流特性又称保护特性，表示熔断器的熔断时间与流过熔体电流的关系。一般熔断器的时间-电流特性如图 1-23 所示，熔断器的熔断时间随着电流的增大而减少，即反时限保护特性。

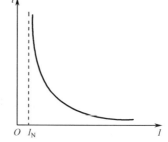

4. 选用

熔断器和熔体只有经过正确的选择，才能起到应有的保护作用，其选择的基本原则如下。

图 1-23　熔断器的时间-电流特性

（1）根据使用场合确定熔断器的类型。例如，对于容量较小的照明电路或电动机的保护，宜采用 RC1A 系列插入式熔断器或 RM10 系列无填料封闭管式熔断器；对于短路电流较大的电路或有易燃气体的场合，宜采用具有高断开能力的 RL 系列螺旋式熔断器或 RT（包括 NT）系列有填料封闭管式熔断器；对于保护硅整流器件及晶闸管的场合，应采用快速熔断器（RLS 或 RS 系列）。

（2）熔断器的额定电压必须高于或等于电路的额定电压，其额定电流必须大于或等于所装熔体的额定电流。

（3）熔体额定电流的选择应根据实际使用情况按以下原则进行选择。

对于照明、电热等电流较平稳、无冲击电流的负载的短路保护，熔体的额定电流应稍大于或等于负载的额定电流。

对于一台不经常启动且启动时间不长的电动机的短路保护，熔体的额定电流 I_{RN} 应大于或等于 1.5～2.5 倍电动机的额定电流 I_N，即 $I_{RN} \geq (1.5 \sim 2.5)I_N$。

对于频繁启动或启动时间较长的电动机，其系数应增加到3~3.5。

对于多台电动机的短路保护，熔体的额定电流应大于或等于其中最大容量电动机的额定电流 I_{Nmax} 的1.5~2.5倍，再加上其余电动机额定电流的总和 ΣI_N，即

$$I_{RN} \geq I_{Nmax}(1.5\sim2.5) + \Sigma I_N$$

（4）熔断器的断开能力应大于电路中可能出现的最大短路电流。

5. 安装与使用

（1）安装熔断器除保证足够的电气距离外，还应保证足够的间距，以保证拆卸、更换熔体方便。

（2）安装前应检查熔断器的型号、额定电压、额定电流和额定断开能力等参数是否符合规定。

（3）安装熔体必须保证其接触良好，不能有机械损伤。

（4）安装引线要有足够的截面积，而且必须拧紧接线螺钉，避免接触不良。

（5）插入式熔断器应垂直安装，螺旋式熔断器的电源线应接在瓷座的下接线座上，负载线应接在螺纹壳的上接线座上，这样在更换熔管时，旋出瓷帽后螺纹壳上不带电，保证了操作者的安全。

（6）更换熔体或熔管时，必须切断电源，尤其不允许带负荷操作，以免发生电弧灼伤。

【中国低压电器的发展史】

中国低压电器的发展大致可分为以下几个阶段：20世纪50年代的全面仿苏；20世纪60~70年代在模仿基础上的第一代统一设计产品；20世纪70~80年代更新换代和引进国外先进技术制造的第二代产品；20世纪90年代跟踪国外新技术自行开发的第三代智能化电器和最近研发的第四代智能化可通信电器。其中第四代产品具有性能优良、工作可靠、体积小、组合化、模块化的特点。

低压电器按照产品性能、价格和目标客户可以分为高、中、低三个泾渭分明的细分市场，之前我国的高端市场主要被施耐德、ABB和西门子这三大外资品牌所占据，外资品牌构筑了技术、品牌和销售资源三大壁垒。随着国内厂商在产品研发上的不断投入，其技术实力大幅增强，国产品牌与外资品牌在产品设计、性能上的差距在逐步缩小，高端市场对国产品牌的认可度逐步提高。国产低压电器品牌已经具备较高影响力和竞争力的有正泰、德力西、良信、上海人民电器等。

我们坚信，随着行业发展，外资品牌在高端市场构筑的壁垒将被逐渐打破，国产低压电器高端品牌将加速向高端市场渗透。作为当代大学生，我们应有足够的自信，要有担当，脚踏实地、不断奋斗，为建设科技强国贡献自己的力量。

扫一扫看点动控制安装与调试微课视频

1.4 电气控制电路

1.4.1 三相异步电动机的启动、停止控制

扫一扫下载三相异步电动机启停控制教学课件

1. 电动机的点动控制

点动控制是指按下按钮，电动机就得电运转，松开按钮，电动机就失电停转的控制方式。电气设备工作时常常需要进行点动调整，如车刀与工件位置的调整，因此需要采用点动控制

电路来完成。图 1-24 所示的点动控制电路是由按钮、接触器来控制电动机运转的最简单的正转控制电路。

在图 1-24 所示的点动控制电路图中，组合开关 QS 作为电源隔离开关；熔断器 FU1、FU2 分别作为主电路、控制电路的短路保护。由于电动机只有点动控制，运行时间较短，主电路不需要接热继电器，启动按钮 SB 控制接触器 KM 的线圈得电、失电，接触器 KM 的主触点控制电动机 M 启动、停止。

电路的工作原理如下。

启动：合上 QS，按 SB 使 KM 的线圈得电，其中 KM 的主触点闭合时电动机 M 启动运行。

停止：松开 SB，KM 的线圈失电，KM 的主触点断开，这时电动机 M 失电停转。

值得注意的是，停止使用时，应断开 QS。

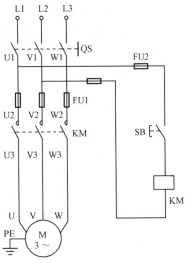

图 1-24　点动控制电路图

2. 电动机单向连续运行直接启动控制电路

当要求电动机启动后能连续运转时，采用点动正转控制电路显然是不行的。为实现连续运转，可采用图 1-25 所示的接触器自锁控制电路。它与点动控制电路相比较，由于其电动机连续运行，所以要在主电路中添加热继电器 FR 进行过载保护，而在控制电路中又多串联了一个停止按钮 SB1，并在启动按钮 SB2 的两端并联了接触器 KM 的一对常开辅助触点。

电路的工作原理如下。

启动：先合上电源开关 QS，按 SB2，KM 的线圈得电，KM 的主触点闭合，电动机通电启动运行，KM 的常开辅助触点也闭合。

当松开 SB2 时，由于 KM 的常开辅助触点闭合，控制电路仍然保持接通，所以 KM 的线圈继续得电，电动机 M 实现连续运转。这种利用 KM 本身的常开辅助触点而使线圈保持得电的控制方式叫作自锁。与 SB2 并联起自锁作用的常开辅助触点叫作自锁触点。

停止：按 SB1，其常闭触点断开，KM 的线圈断电，KM 的主触点和自锁触点都断开，电动机 M 失电，自由停车。当松开 SB1 时，其常闭触点恢复闭合，但由于此时 KM 的自锁触点已经断开，故 KM 的线圈保持失电，电动机 M 不会得电。

电路所具有的保护环节如下。

（1）短路保护。主电路和控制电路分别由熔断器 FU1 和 FU2 实现短路保护。当控制电路和主电路出现短路故障时，熔断器能迅速有效地断开电源，实现对电器和电动机的保护。

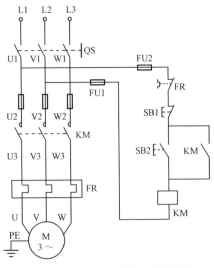

图 1-25　接触器自锁控制电路图

（2）过载保护。由热继电器 FR 实现对电动机的过载保护。当电动机出现过载且超过规定时间时，热继电器的双金属片发热变形，推动导板，经过传动机构，使其动断辅助触点断开，从而使接触器的线圈失电，电动机停转，实现过载保护。

（3）欠压保护。当电源电压由于某种原因而下降时，电动机的转矩将显著下降，这将使电动机无法正常运转，甚至引起电动机堵转而烧毁。采用带自锁的控制电路可避免出现这种情况。因为当电源电压低于接触器线圈额定电压的 75%时，接触器就会释放，其自锁触点断开，同时动合主触点也断开，使得电动机断电，起到保护作用。

（4）失压保护。电动机正常运转时，电源可能停电，当恢复供电时，如果电动机自行启动，很容易造成设备和人身事故。采用带自锁的控制电路后，电动机断电时由于接触器的自锁触点已经打开，当恢复供电时，电动机不能自行启动，从而避免了事故的发生。

欠压和失压保护作用是按钮、接触器控制电动机连续运行的一个重要特点。

1.4.2 接触器控制三相异步电动机正、反转

许多生产机械的运动部件，根据工艺要求经常需要进行正、反方向的运动。例如，起重机吊钩的上升和下降、运煤小车的来回运动、工作台的前进和后退等，都可以通过电动机的正、反转来实现。从电动机的工作原理可知，改变三相电源的相序即可改变电动机的旋转方向，而改变三相电源的相序只需任意调换电源的两根进线即可。

1. 倒顺开关控制电动机正、反转

倒顺开关控制电动机正、反转的电路图如图 1-26 所示，启动电源后，把开关 Q1 合向"左合"位置，电动机正转。当需要反转时，把开关 Q1 旋至"断开"位置后，再扳向"右合"位置，此时电动机反转。

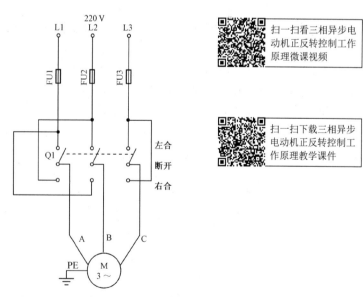

图 1-26　倒顺开关控制电动机正、反转的电路图

2. 接触器控制电动机正、反转

设计电路时，在主电路中应该用两个接触器的主触点来构成正、反转相序接线，接触器控制电动机正、反转的电路图如图 1-27 所示。

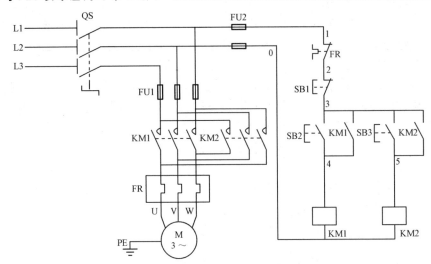

图 1-27　接触器控制电动机正、反转的电路图

图中 KM1 为正转接触器，KM2 为反转接触器，它们分别由 SB2 和 SB3 控制。从主电路中可以看出，这两个接触器的主触点所接通电源的相序不同，KM1 按 U-V-W 相序接线，KM2 则按 W-V-U 相序接线。相应的控制电路有两条，分别控制两个接触器的线圈。

电路的工作过程如下（先合上电源开关 QS）。

1）正转启动

按启动按钮 SB2，KM1 的线圈得电，KM1 的主触点和自锁触点闭合，电动机正转启动运行。

2）反转启动

当电动机原来处于正转运行时，必须先按停止按钮使 KM1 的线圈失电，然后按反转启动按钮 SB3，使 KM2 的线圈得电，KM2 的主触点和自锁触点闭合，电动机反转启动运行。

此种电路的控制是很不安全的，必须保证在切换电动机运行方向之前先按停止按钮，然后再按相应的启动按钮，否则将会发生主电源侧电源短路的故障。为了克服这一不足，提高电路的安全性，须采用互锁（联锁）控制的电路。

联锁控制就是在同一时间里两个接触器只允许一个工作的控制方式。实现联锁控制的常用方法有接触器联锁控制、按钮联锁控制和复合联锁控制等，具有联锁控制的电动机正、反转电路图如图 1-28 所示。由此可知，联锁控制的特点是将本身控制电路支路中元件的常闭触点串联到对方控制电路的支路中。

图 1-28 所示电路的工作原理如下：首先合上 QS，按 SB2，KM1 的线圈通电吸合，一方面使 KM1 的主触点和自锁触点闭合，电动机通电正转；另一方面，KM1 的常闭辅助触点断开，切断 KM2 线圈的支路，使得它无法通电，实现互锁。此时，即使按 SB3，KM2 的线圈因 KM1 的互锁触点断开也不能通电。

要实现反转控制，必须先按停止按钮 SB1 切断正转控制电路，然后才能启动反转控制电路。

同理可知，SB3 被按下（正转停止）时，KM2 的线圈通电，一方面接通主电路中的反转主触点和控制电路中的反转自锁触点，另一方面反转互锁触点断开，使 KM1 线圈的支路无法接通，实现互锁。

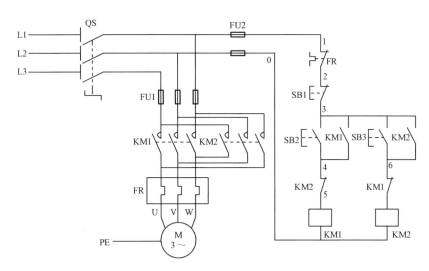

图 1-28　具有联锁控制的电动机正、反转电路图

3. 接触器和按钮互锁控制电动机正、反转

图 1-28 所示的电路可以实现电动机正向和反向的启动、运转，但是当电动机正转后，需要反转时，必须按电动机停止按钮 SB1，不能直接按反转启动按钮 SB3 实现反转，故操作不太方便。其原因是按 SB3 时，不能断开 KM1 的电路，故 KM1 的常闭触点会继续互锁。图 1-29 所示为利用接触器和按钮互锁实现的电动机正、反转控制电路图。

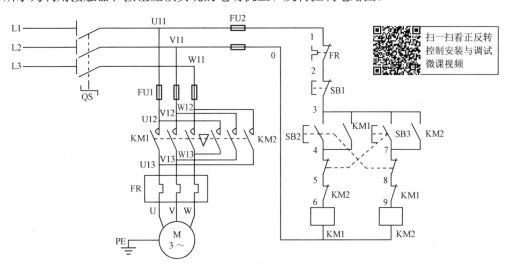

扫一扫看正反转
控制安装与调试
微课视频

图 1-29　利用接触器和按钮互锁实现的电动机正、反转控制电路图

电路的工作原理如下（首先合上开关 QS）。

1）正转控制

启动：按 SB2→KM1 的线圈得电 $\begin{cases} \text{KM1 的常闭触点打开→KM2 的线圈无法得电（联锁）} \\ \text{KM1 的主触点闭合→电动机 M 通电启动正转} \\ \text{KM1 的常开触点闭合→自锁} \end{cases}$

停止：按 SB1→KM1 的线圈失电 $\begin{cases} \text{KM1 的常闭触点闭合→解除对 KM2 的联锁} \\ \text{KM1 的主触点打开→电动机 M 停止正转} \\ \text{KM1 的常开触点打开→解除自锁} \end{cases}$

2）反转控制

启动：按 SB3→KM2 的线圈得电 $\begin{cases} \text{KM2 的常闭触点打开→KM1 的线圈无法得电（联锁）} \\ \text{KM2 的主触点闭合→电动机 M 通电启动反转} \\ \text{KM2 的常开触点闭合→自锁} \end{cases}$

停止：按 SB1→KM2 的线圈失电 $\begin{cases} \text{KM2 的常闭触点闭合→解除对 KM1 的联锁} \\ \text{KM2 的主触点打开→电动机 M 停止反转} \\ \text{KM2 的常开触点打开→解除自锁} \end{cases}$

由此可知，通过 SB2、SB3 控制 KM1、KM2 动作，改变接入电动机的交流电源三相的顺序，就改变了电动机的旋转方向。

电动机直接从正转变为反转的控制如下。

按 SB3→SB3 的常闭触点先断开→KM1 的线圈失电解除自锁，互锁触点复位（闭合），主触点断开，电动机断开电源→SB3 的常开触点闭合→KM2 的线圈得电→KM2 的主触点和自锁触点闭合，电动机反向启动运行，其常闭辅助触点断开，切断 KM1 的线圈支路，实现互锁。

由于电动机直接从正转变为反转时，将产生比较大的制动电流，因此这种直接正、反转控制电路只适用于小容量电动机，且其正、反向转换不频繁，拖动的机械装置的惯量较小。

项目实施：工作台自动往返控制的设计与实施

1. 工作任务

工作台自动往返控制的要求见 1.2 节内容。

扫一扫下载工作台
自动往返控制设计
与实施教学课件

2. 电路图

设计的工作台自动往返控制的电路图如图 1-30 所示。

扫一扫看自动往
返安装与调试微
课视频

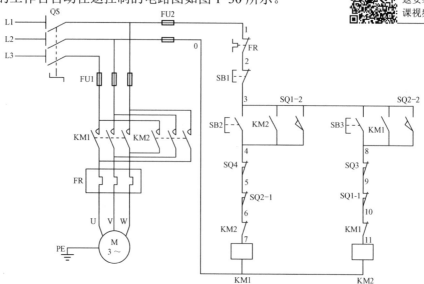

图 1-30　工作台自动往返控制的电路图

3. 工作准备

1）工具、仪表及器材

（1）工具：测电笔、螺钉旋具、尖嘴钳、斜口钳、剥线钳、电工刀等。

（2）仪表：5050型兆欧表、T301-A型钳形电流表、MF47型万用表。

（3）器材：各种规格的紧固体、针形及叉形端头、金属软管、编码套管等。

2）元件明细表

元件明细表如表1-3所示。

表1-3 元件明细表

代号	名称	型号	规格	数量
M	三相异步电动机	Y112M-4	4 kW、380 V、8.8 A、△形接法、1440 r/min	1台
QS	组合开关	HZ10-25/3	三极、25 A、380 V	1个
FU1	熔断器	RL1-60/25	60 A，熔体的额定电流为25 A	3个
FU2	熔断器	RL1-15/2	15 A，熔体的额定电流为2 A	2个
KM1、KM2	接触器	CJ10-20	20 A、线圈电压为380 V	2个
FR	热继电器	JR16-20/3D	三极、20 A、电流整定值为8.8 A	1个
SQ1～SQ4	位置开关	JLXK1-111	单轮旋转式	4个
SB1～SB3	按钮组	LA10-3H	保护式，按钮数为3	1套
XT	端子板	JDO-1020	380 V、10 A、20节	1根
	主电路导线	BVR-1.5	1.5 mm^2	若干
	控制电路导线	BVR-1.0	1 mm^2	若干
	按钮线	BVR-0.75	0.75 mm^2	若干
	接地线	BVR-1.5	1.5 mm^2	若干
	走线槽		18 mm×25 mm	若干
	控制板		500 mm×400 mm×20 mm	1块

3）场地要求

电拖实训室，电拖工作台。

4. 读图

1）本任务涉及的低压电器及其作用

本任务涉及的低压电器有组合开关、熔断器、按钮、接触器、热继电器、三相异步电动机、位置开关，它们的作用如下。

（1）组合开关QS作为电源隔离开关。

（2）熔断器FU1、FU2分别作为主电路、控制电路的短路保护电器。

（3）停止按钮SB1控制接触器KM1、KM2的线圈失电，启动按钮SB2控制接触器KM1的线圈得电，按钮SB3控制接触器KM2的线圈得电。

（4）接触器KM1、KM2的主触点控制电动机M正、反转。

（5）接触器KM1、KM2的常开辅助触点自锁，接触器KM1、KM2的常闭辅助触点联锁。

（6）热继电器 FR 对电动机进行过载保护。

（7）位置开关 SQ1～SQ4 控制工作台自动往返运行和进行极限位置保护。

2）识别元件

对照工作原理图、元件安装布置图、接线图识别相对应的元件。

3）控制电路的工作过程

为了使电动机的正、反转控制与工作台的左、右运动相配合，在控制电路中设置了 4 个位置开关 SQ1、SQ2、SQ3 和 SQ4，并把它们安装在工作台须限位的地方。其中 SQ1、SQ2 用来自动换接电动机的正、反转控制电路，实现工作台的自动往返行程控制；SQ3、SQ4 用来提供终端保护，以防止 SQ1、SQ2 失灵，工作台越过限定位置造成事故。工作台边的 T 形槽中装有两块挡铁，挡铁 1 只能和 SQ2、SQ4 相碰撞，挡铁 2 只能和 SQ1、SQ3 相碰撞。当工作台运动到所限位置时，挡铁碰撞位置开关，使其触点动作，自动换接电动机的正、反转控制电路，通过机械传动机构使工作台自动往返运动。工作台的行程可通过移动挡铁的位置来调节。

电路的工作原理如下（先合上 QS）。

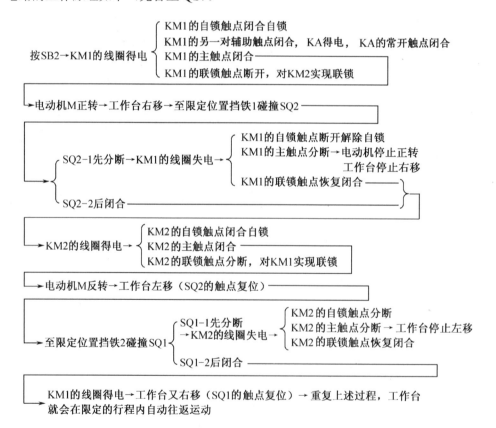

停止时，按 SB1→整个控制电路失电→KM1（或 KM2）的主触点断开→电动机 M 失电停转→工作台停止运动。

这里的 SB2、SB3 分别作为正转启动按钮和反转启动按钮，若启动时工作台在右端，则应按 SB3 进行启动。

5. 工作步骤

（1）根据电路图画出接线图。

（2）按表1-3配齐所用的电气元件，并检验元件的质量。

（3）在控制板上按图1-30安装走线槽和所有电气元件，并贴上醒目的文字符号。安装走线槽时，应做到横平竖直、排列整齐匀称、安装牢固和便于走线等。

（4）按图1-30所示的电路图进行板前线槽配线，并在导线端部套编码套管和接冷压接线头。板前线槽配线的具体工艺要求如下。

① 布线时，严禁损伤线芯和导线绝缘层。

② 从各个电气元件的接线端子引出导线，以元件的水平中心线为界线，从水平中心线以上的接线端子引出的导线，必须进入元件上面的走线槽；从水平中心线以下的接线端子引出的导线，必须进入元件下面的走线槽。任何导线都不允许从水平方向进入走线槽。

③ 从各个电气元件的接线端子引出或引入的导线，除间距很小和元件的机械强度很差允许直接架空敷设外，其他导线必须经过走线槽进行连接。

④ 进入走线槽的导线要完全置于走线槽内，并应尽可能地避免交叉，装线不要超过其容量的70%，以便能盖上线槽盖及以后便于装配和维修。

⑤ 各个电气元件与走线槽之间的外露导线，应走线合理，并尽可能地做到横平竖直，其变换走向时要垂直。从同一个元件中位置一致的端子和同型号元件中位置一致的端子引出或引入的导线，要敷设在同一平面上，并应做到高低一致或前后一致，不得交叉。

⑥ 所有接线端子、导线线头上都应套有与电路图上相应接点线号一致的编码套管，并按线号进行连接，连接必须牢靠，不得松动。

⑦ 在任何情况下，接线端子必须与导线截面积和材料性质相适应。当接线端子不适合连接软线或较小截面积的软线时，可以在导线端头穿上针形或叉形端头并压紧。

⑧ 一般一个接线端子只能连接一根导线，如果采用专门设计的端子，可以连接两根或多根导线，但导线的连接方式必须是公认的、在工艺上成熟的各种方式，如夹紧、压接、焊接、绕接等，并应严格按照连接工艺的工序要求进行连接。

（5）根据电路图检验控制板内部的布线。

（6）安装电动机。

（7）可靠连接电动机和各个电气元件金属外壳的保护接地线。

（8）连接电源、电动机等控制板外部的导线。

（9）自检。

① 主电路接线检查。按电路图或接线图从电源端开始，逐段核对接线有无漏接、错接之处，检查导线接点是否符合要求、压接是否牢固，以免带负载运行时产生闪弧现象。

② 控制电路接线检查。用万用表电阻挡检查控制电路的接线情况。

（10）检查无误后通电试车。

为了保证人身安全，在通电试车时，要认真执行安全操作规程的有关规定，并有专人监护。

接通三相电源L1、L2、L3，合上电源开关QS，用电笔检查熔断器的出线端，氖管亮说明电源接通。分别按SB2→SB1和SB3→SB1，观察是否符合电路的功能要求，观察电气元件的动作是否灵活，有无卡阻及噪声过大现象，观察电动机的运行是否正常。若有异常，立即停车检查。

特别提示：

① 位置开关可以先安装好，不占定额时间。位置开关必须牢固安装在合适的位置上。安装后，必须对手动工作台或受控机械进行试验，合格后才能使用。

② 通电校验时，必须先手动操作位置开关，试验各行程控制和终端保护设备的动作是否正常、可靠。

③ 安装训练应在规定的定额时间内完成，同时要做到安全操作和文明生产。

6. 工作质量检测

工作任务的训练记录与成绩评定如表 1-4 所示。

表 1-4　工作任务的训练记录与成绩评定

项目内容	配分	评分标准		扣分
装前检查	15 分	（1）电动机的质量检查，每漏一处	扣 5 分	
		（2）电气元件的漏检或错检，每处	扣 2 分	
安装元件	15 分	（1）元件的布置不整齐、不匀称、不合理，每只	扣 3 分	
		（2）元件的安装不紧固，每只	扣 4 分	
		（3）安装元件时漏装木螺钉，每只	扣 1 分	
		（4）走线槽的安装不符合要求，每处	扣 2 分	
		（5）损坏元件	扣 15 分	
布线	30 分	（1）不按电路图接线	扣 25 分	
		（2）布线不符合要求：		
		主、控制电路中每根分别	扣 4 分、2 分	
		（3）接点松动、露铜过长、压绝缘层，每个接点	扣 1 分	
		（4）损伤导线绝缘或线芯，每根	扣 5 分	
		（5）漏套或错套编码套管，每处	扣 2 分	
		（6）漏接接地线	扣 10 分	
通电试车	40 分	（1）热继电器未整定或整定错	扣 5 分	
		（2）熔体的规格配错，主、控制电路各	扣 5 分	
		（3）第一次试车不成功	扣 20 分	
		第二次试车不成功	扣 30 分	
		第三次试车不成功	扣 40 分	
安全文明生产		违反安全文明生产规程	扣 5～40 分	
定额时间为 3.5 h		每超时 5 min 以内	扣 5 分	
备注		除定额时间外，各项目的最高扣分不应超过配分	成绩	
开始时间		结束时间	实际时间	

知识拓展：电动机的两地控制

对多数机床而言，因加工需要，为方便加工人员在机床的正面和侧面均能进行操作，机床须具有多地控制功能。两地控制电动机正、反转的原理图如图 1-31 所示，SB1、SB2 为机床上正、侧面两地总停开关；SB3、SB4 为电动机两地正转启动控制开关，SB5、SB6 为电动机两地反转启动控制开关。

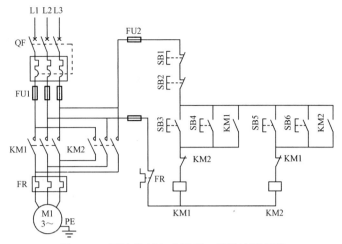

图 1-31　两地控制电动机正、反转的原理图

由图可知，多地控制的原则是：启动按钮并联，停止按钮串联。

图 1-32 和图 1-33 所示为能在 A、B 两地控制同一台电动机单方向连续运行与对同一台电动机进行点动控制的电气原理图。

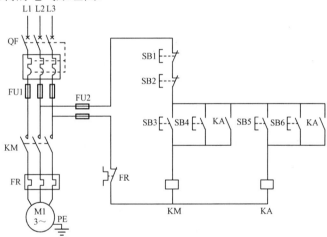

图 1-32　能在 A、B 两地控制同一台电动机单方向连续运行的电气原理图

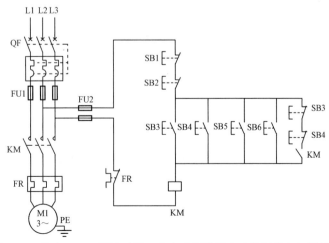

图 1-33　能在 A、B 两地对同一台电动机进行点动控制的电气原理图

在两图中，SB1、SB2 为电动机的停车控制按钮，SB3、SB4 为电动机的点动控制按钮，SB5、SB6 为电动机的长动控制按钮。在图 1-32 中使用了中间继电器，而在图 1-33 中通过将点动按钮的常闭触点串联在接触器的自锁支路中，使电动机在点动控制时自锁支路不起作用。

知识梳理与总结

本项目通过工作台的自动往返控制引出了常用的低压电器控制器件：按钮开关、接触器、中间继电器、热继电器、熔断器等，介绍了这些低压电器的结构、工作原理、常用型号、符号及选用；并根据项目设计需求，介绍了电动机的点动控制、电动机的长动控制、电动机的正/反转控制、电动机的行程控制等最基本的控制环节。这些都是在实际中经过验证的电路。熟练掌握这些电路，是阅读、分析、设计较复杂生产机械控制电路的基础。同时，在绘制电路图时，必须严格按照国家标准的规定使用各种符号、单位、名词术语和绘制原则。

生产机械要正常、安全、可靠地工作，应有必要的保护环节。控制电路的常用保护有短路保护、过载保护、过电流保护、失压保护、欠压保护，它们分别用不同的电器来实现。

在本项目中，我们还学习了多地控制的电路。多地控制的原则是启动按钮并联，停止按钮串联。

练习与思考题 1

1-1 电路中 FU、KM、KA、FR 和 SB 分别是什么电气元件的文字符号？

1-2 笼型异步电动机是如何改变旋转方向的？

1-3 什么是互锁（联锁）？什么是自锁？试举例说明各自的作用。

1-4 低压电器的电磁机构由哪几部分组成？

1-5 熔断器有哪几种类型？试写出各种熔断器的型号。它在电路中的作用是什么？

1-6 熔断器有哪些主要参数？熔断器的额定电流与熔体的额定电流含义相同吗？

1-7 熔断器与热继电器用于保护三相异步电动机时，能不能互相取代？为什么？

1-8 交流接触器主要由哪几部分组成？简述其工作原理。

1-9 试说明热继电器的工作原理和优缺点。

1-10 试设计一个控制一台电动机的电路，要求：①可正、反向长动控制；②可正、反向点动控制；③具有短路和过载保护功能。

项目2

钻床的电气控制电路分析

教学导航

教	建议课时	16
	推荐教学方法	1. 理论实践一体化教学； 2. 以 Z3050 型摇臂钻床的电气控制电路分析为项目，引导学生学习相关知识
	重点	1. 断路器、时间继电器的结构、工作原理及作用； 2. 顺序控制方法、时间控制原则； 3. Z3050 型摇臂钻床的结构、工作原理及电气控制电路
	难点	顺序控制方法及时间控制原则的具体应用
学	推荐学习方法	1. 以小组为单位，模拟车间班组，小组成员分别扮演工艺员、质检员、安全员、操作员等不同角色完成项目； 2. 边学边做，小组讨论
	学习目标	1. 掌握断路器、时间继电器的结构、工作原理、作用、符号和常用型号； 2. 掌握利用时间控制原则控制多台电动机顺序启停的控制方法； 3. 能利用时间继电器设计时间控制原则控制电路； 4. 了解机床中机械系统、电气系统和液压系统的配合关系； 5. 熟悉 Z3050 型摇臂钻床的结构、工作原理及电气控制电路； 6. 能根据 Z3050 型摇臂钻床的电路故障现象分析故障、排除故障

项目描述

Z3050 型摇臂钻床是工件加工中的常用机床，主要用来进行孔加工。本项目以 Z3050 型摇臂钻床的电气控制电路为例，分析断路器、时间继电器的结构、工作原理及作用，熟悉时间继电器的控制电路，熟悉电动机顺序启停的控制方法，了解机床中机械系统、电气系统和液压系统的配合关系，根据 Z3050 型摇臂钻床的故障现象进行故障诊断和排除。

扫一扫看 Z3050 型摇臂钻床结构及控制要求微课视频

2.1 钻床的分类与控制要求

钻床是一种用途广泛的孔加工机床。它主要用钻头钻削精度要求不太高的孔，另外还可以用来扩孔、铰孔、镗孔及攻螺纹等。

钻床的结构形式很多，分为立式钻床、卧式钻床、台式钻床、深孔钻床及多轴钻床等。摇臂钻床是一种立式钻床，它适用于单件或批量生产中带有多孔的大型零件的孔加工，是一种机械加工车间中常用的机床。下面以 Z3050 型摇臂钻床为例进行分析。

该钻床的型号含义如下。

扫一扫下载 Z3050 型摇臂钻床结构及控制要求教学课件

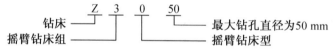

摇臂钻床的主运动为主轴带着钻头的旋转运动，辅助运动有摇臂连同外立柱围绕着内立柱的回旋运动，摇臂在外立柱上的上升、下降运动，主轴箱在摇臂上的左右运动等；而主轴带动钻头的前进运动是机床的进给运动。Z3050 型摇臂钻床的外形如图 2-1 所示。

对钻床控制系统的要求如下。

（1）刀具主轴的正、反转控制，以实现螺纹的加工及退刀。

（2）刀具主轴旋转及垂直进给速度的控制，以满足不同的工艺要求。

（3）外立柱、摇臂、主轴箱等部件位置的调整运动。

（4）为确保加工过程中刀具的径向位置不会发生变化，外立柱、摇臂、主轴箱等部件必须有夹紧与放松控制。

图 2-1　Z3050 型摇臂钻床的外形

（5）冷却泵及液压泵电动机的启停控制。

（6）必要的保护环节与照明指示电路。

（7）摇臂钻床的主轴旋转与摇臂的升降不允许同时进行，它们之间应互锁，以确保安全。

Z3050 型摇臂钻床上采用机械系统、电气系统、液压系统三者有机结合的方式来实现有关控制，如主轴的旋转速度及方向控制、主轴上下移动的速度控制均利用机械变速、换向与液压速度预选装置控制；内外立柱、摇臂、主轴箱等部件的夹紧与放松则利用液压和菱形块机构控制，液压系统的压力油是由电动机带动一个液压泵提供的。

相关知识

2.2　电气控制器件

扫一扫看低
压断路器微
课视频

2.2.1　断路器

断路器又称自动空气开关或自动空气断路器，是低压配电网络和电力拖动系统中常用的一种配电电器，它集控制和多种保护功能于一体，在正常情况下可用于不频繁地接通和断开电路，以及控制电动机的运行。当电路中发生严重过载、短路及失压等故障时，能自动切断故障电路，有效地保护接在它后面的电气设备。

断路器具有操作安全、安装使用方便、工作可靠、动作值可调、断开能力较强、兼顾多种保护，动作后不需要更换组件等优点，因此得到广泛应用。

断路器按结构形式可分为塑壳式（又称装置式）断路器、框架式（又称万能式）断路器等。下面以 DZ5-20 型低压断路器为例介绍低压断路器。

1. DZ5-20 型低压断路器的型号含义

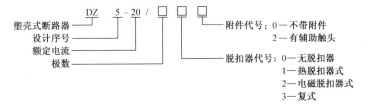

2. DZ5-20 型低压断路器的结构及工作原理

DZ5-20 型低压断路器的外形和结构如图 2-2 所示。低压断路器主要由动触点、静触点、接线柱、自由脱扣器、热脱扣器、电磁脱扣器及外壳等部分组成。其结构采用立体布置，操作机构在中间，上面是由加热组件和双金属片等构成的热脱扣器，作为过载保护，配有电流调节装置，调节整定电流；下面是由线圈和铁芯等组成的电磁脱扣器，作为短路保护，它也有一个电流调节装置，调节瞬时脱扣整定电流。主触点在操作机构的后面，由动触点和静触点组成，配有栅片灭弧装置，用以接通和断开主电路中的大电流，另外还有常开和常闭辅助触点各一对。主、辅触点的接线柱均伸出壳外，便于接线，在外壳顶部还伸出接通（绿色）和断开（红色）按钮，通过储能弹簧和杠杆机构实现低压断路器的手动接通和断开操作。

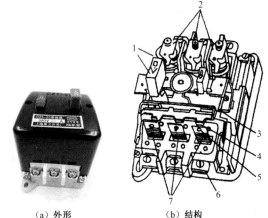

（a）外形　　　　（b）结构
1—按钮；2—电磁脱扣器；3—自由脱扣器；4—动触点；
5—静触点；6—接线柱；7—热脱扣器。

图 2-2　DZ5-20 型低压断路器的外形和结构

低压断路器的工作原理图如图 2-3 所示。使用时，低压断路器的 3 副主触点串联在被控制的三相电路中，按接通按钮时，外力使锁扣克服分闸弹簧的反作用力，将固定在锁扣上面

的动触点与静触点闭合，并由锁扣锁住搭钩使动、静触点保持闭合，开关处于接通状态。

当电路发生过载时，过载电流流过热元件产生一定的热量，使双金属片受热向上弯曲，通过传动杆推动搭钩与锁扣脱开，在反作用弹簧的推动下，动、静触点分开，从而切断电路，使用电设备不致因过载而烧毁。

当电路发生短路故障时，短路电流超过电磁脱扣器（也称过电流脱扣器）的瞬时脱扣整定电流，电磁脱扣器产生足够大的吸力将衔铁吸合，通过杠杆推动搭钩与锁扣分开，从而切断电路，实现短路保护。低压断路器出厂时，电磁脱扣器的瞬时脱扣整定电流一般整定为 $10I_N$（I_N 为断路器的额定电流）。

欠压脱扣器的动作过程与电磁脱扣器的恰好相反。当电路的电压正常时，欠压脱扣器的衔铁被吸合，衔铁与杠杆脱离，低压断路器的主触点能够闭合；当电路的电压消失或下降到某一数值，欠压脱扣器的吸力消失或减小到不足以克服拉力弹簧的拉力时，衔铁在拉力弹簧的作用下撞击杠杆，将搭钩顶开，使触点断开。由此可看出，具有欠压脱扣器的低压断路器在欠压脱扣器的两端无电压或电压过低时，不能接通电路。

低压断路器在电路图中的符号如图 2-4 所示。

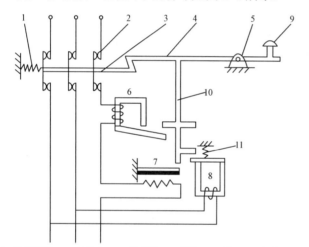

扫一扫下载后解压看低压断路器的工作原理教学动画

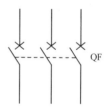

1—分闸弹簧；2—主触点；3—传动杆；4—锁扣；5—轴；6—电磁脱扣器；
7—热脱扣器；8—欠压、失压脱扣器；9—断开按钮；10—杠杆；11—拉力弹簧。

图 2-3　低压断路器的工作原理图　　　　图 2-4　低压断路器在电路图中的符号

需要手动断开电路时，按断开按钮即可。

3. 低压断路器的一般选用原则

（1）低压断路器的额定电压和额定电流应不小于电路的正常工作电压和计算负载电流。

（2）热脱扣器的整定电流应等于所控制负载的额定电流。

（3）电磁脱扣器的瞬时脱扣整定电流应大于负载正常工作时可能出现的峰值电流。用于控制电动机的低压断路器，其瞬时脱扣整定电流可按下式选取：

$$I_Z \geq K I_{st}$$

式中：K——安全系数，可取 1.5～1.7；I_{st}——电动机的启动电流（A）。

（4）欠压脱扣器的额定电压应等于电路的额定电压。

（5）低压断路器的极限通断能力应不小于电路的最大短路电流。

4. 低压断路器的安装与使用

（1）低压断路器应垂直于配电板安装，电源引线应接到上端，负载引线应接到下端。

（2）低压断路器用作电源总开关或电动机的控制开关时，在电源进线侧必须加装刀开关或熔断器等，以形成明显的断开点。

（3）低压断路器在使用前应将脱扣器工作面的防锈油脂擦干净；各脱扣器的动作值一经调整好，不允许随意变动，以免影响脱扣器的保护作用。

（4）在使用过程中若遇到分断短路电流，应及时检查触点系统，若发现电灼烧痕，应及时修理或更换。

（5）低压断路器上的积尘应定期清除，并定期检查各脱扣器的动作值，给操作机构添加润滑剂。

2.2.2　时间继电器

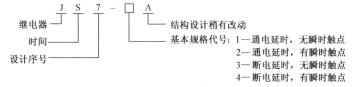

常用的时间继电器主要有电磁式时间继电器、电动式时间继电器、空气阻尼式时间继电器、晶体管时间继电器等。其中，电磁式时间继电器的结构简单、价格低廉，但其体积和质量较大、延时较短（如 JT3 型的延时只有 0.3～5.5 s），且只能用于直流断电延时；电动式时间继电器的延时精度高、延时可调范围大（几分钟～几小时），但其结构复杂、价格高。目前在电力拖动电路中应用较多的是空气阻尼式时间继电器。随着电子技术的发展，近年来晶体管时间继电器的应用日益广泛。

1. 空气阻尼式时间继电器

空气阻尼式时间继电器又称气囊式时间继电器，其利用气囊中的空气通过小孔节流的原理来获得延时动作。根据触点延时的特点，可将其分为通电延时型时间继电器和断电延时型时间继电器两种。JS7-A 系列空气阻尼式时间继电器的型号含义和结构如下。

1）型号含义

```
        J S 7 - □ A ──── 结构设计稍有改动
继电器 ──┘ │ │   │    基本规格代号：1—通电延时，无瞬时触点
时间 ─────┘ │   │              2—通电延时，有瞬时触点
设计序号 ────┘              3—断电延时，无瞬时触点
                           4—断电延时，有瞬时触点
```

2）结构

JS7-A 系列空气阻尼式时间继电器的外形和结构如图 2-5 所示，它主要由以下几部分组成。

1—线圈；2—反力弹簧；3—衔铁；4—铁芯；5—弹簧片；6—瞬时触点；7—杠杆；
8—延时触点；9—调节螺钉；10—推杆；11—活塞；12—宝塔形弹簧。

图 2-5　JS7-A 系列空气阻尼式时间继电器的外形和结构

（1）电磁系统：由线圈、铁芯和衔铁组成。

（2）触点系统：包括两对瞬时触点（一常开、一常闭）和两对延时触点（一常开、一常闭），瞬时触点和延时触点分别是两个微动开关的触点。

（3）空气室：为一空腔，由橡皮膜、活塞等组成。橡皮膜可随空气的增减而移动，顶部的调节螺钉可调节延时时间。

（4）传动机构：由推杆、活塞杆、杠杆及各种类型的弹簧等组成。

（5）基座：由金属板制成，用以固定电磁系统和空气室。

扫一扫看空气阻尼式时间继电器的工作原理微课视频

3）工作原理

JS7-A 系列空气阻尼式时间继电器的工作原理图如图 2-6 所示。

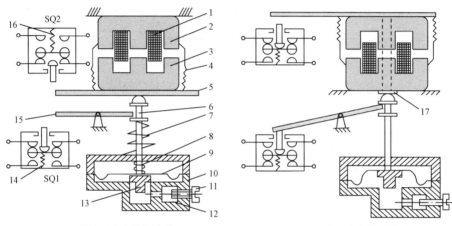

（a）通电延时型时间继电器　　　　　　　　（b）断电延时型时间继电器

1—线圈；2—铁芯；3—衔铁；4—反力弹簧；5—推板；6—活塞杆；7—宝塔形弹簧；8—弱弹簧；9—橡皮膜；
10—空气室壁；11—调节螺钉；12—进气孔；13—活塞；14，16—微动开关；15—杠杆；17—推杆。

图 2-6　JS7-A 系列空气阻尼式时间继电器的工作原理图

（1）通电延时型时间继电器的工作原理：线圈 1 通电后，铁芯 2 产生吸力，衔铁 3 克服反力弹簧 4 的阻力与铁芯吸合，带动推板 5 立即动作，压合微动开关 16，使其常闭触点瞬时断开、常开触点瞬时闭合。同时活塞杆 6 在宝塔形弹簧 7 的作用下向上移动，带动与活塞 13 相连的橡皮膜 9 向上运动，其运动速度受进气孔 12 进气速度的限制。这时橡皮膜下面形成空气较稀薄的空间，与橡皮膜上面的空气形成压力差，对活塞的移动产生阻尼作用，活塞杆只能带动杠杆 15 缓慢地移动。经过一定时间，活塞才能完成全部行程，从而压动微动开关 14，使其常闭触点断开、常开触点闭合。由于从线圈通电到触点动作需要延时一段时间，因此微动开关 14 的两对触点分别被称为延时闭合瞬时断开的常开触点和延时断开瞬时闭合的常闭触点。这种时间继电器延时时间的长短取决于进气的快慢，旋动调节螺钉 11 可调节进气孔 12 的大小，即可达到调节延时时间的目的。JS7-A 系列空气阻尼式时间继电器的延时范围有 0.4～60 s 和 0.4～180 s 两种。

线圈 1 断电后，衔铁 3 在反力弹簧 4 的作用下，通过活塞杆 6 将活塞 13 推向下端，这时橡皮膜 9 下方腔内的空气通过橡皮膜 9、弱弹簧 8 和活塞 13 局部所形成的单向阀迅速从橡皮膜上方的空气室缝隙中排掉，使微动开关 14、16 的各对触点均瞬时复位。

（2）JS7-A 系列断电延时型时间继电器和通电延时型时间继电器的组成元件是通用的。如果将通电延时型时间继电器的电磁机构翻转 180°安装，即成为断电延时型时间继电器，其

工作原理读者可自行分析。

空气阻尼式时间继电器的优点是：延时范围较大（0.4～180 s），且不受电压和频率波动的影响；可以做成通电和断电两种延时形式；结构简单、寿命长、价格低。其缺点是：延时误差大，难以精确地整定延时值，且延时值易受周围环境温度、尘埃等的影响。因此，对延时精度要求较高的场合不宜采用。

时间继电器在电路图中的符号如图 2-7 所示。

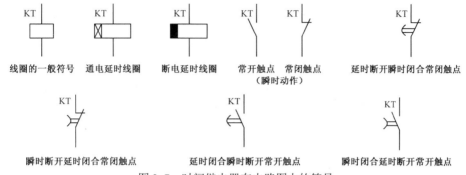

图 2-7　时间继电器在电路图中的符号

4）选用

（1）根据系统的延时范围和精度选择时间继电器的类型和系列。在延时精度要求不高的场合，一般可选用价格较低的 JS7-A 系列空气阻尼式时间继电器；反之，对精度要求较高的场合，可选用晶体管时间继电器。

（2）根据控制电路的要求选择时间继电器的延时方式（通电延时或断电延时）。同时，还必须考虑电路对瞬时动作触点的要求。

（3）根据控制电路的电压选择时间继电器吸引线圈的电压。

5）安装和使用

（1）时间继电器应按说明书规定的方向安装。无论是通电延时型时间继电器还是断电延时型时间继电器，都必须使时间继电器在断电后释放时，衔铁的运动方向垂直向下，其倾斜度不得超过 5°。

（2）时间继电器的整定值应预先在不通电时整定好，并在试车时校正。

（3）时间继电器金属底板上的接地螺钉必须与接地线可靠连接。

（4）通电延时型时间继电器和断电延时型时间继电器可在整定时间内自行调换。

（5）使用时，应经常清除灰尘及油污，否则延时误差将变大。

2. 晶体管时间继电器

晶体管时间继电器也称为半导体时间继电器或电子式时间继电器，具有机械结构简单、延时范围广、精度高、消耗功率小、调整方便及寿命长等优点，所以发展迅速，其应用越来越广泛。晶体管时间继电器按结构分为阻容式时间继电器和数字式时间继电器；按延时方式分为通电延时型时间继电器、断电延时型时间继电器及带瞬动触点的通电延时型时间继电器、断电延时型时间继电器。常用的 JS20 系列晶体管时间继电器是全国推广的统一设计产品，适用于交流 50 Hz、电压 380 V 及以下或直流 110 V 及以下的控制电路，作为时间控制元件，按预定的时间延时，周期性地接通或断开电路。

1）型号含义

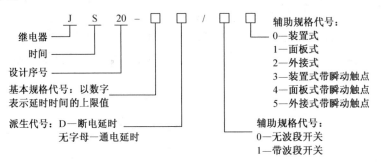

2）结构

JS20 系列晶体管时间继电器的外形如图 2-8（a）所示。时间继电器具有保护外壳，其内部结构采用印制电路组件，其安装和接线采用专用的插座，并配有带插脚标记的下标牌提供接线指示，上标盘上还带有发光二极管提供动作指示。

时间继电器的结构形式有外接式、装置式和面板式三种。外接式时间继电器的整定电位器可通过插座用导线接到所需的控制板上；装置式时间继电器具有带接线端子的胶木底座；面板式时间继电器采用通用八大脚插座，可直接安装在控制台的面板上，另外还带有延时刻度和延时旋钮供整定延时时间用。

JS20 系列晶体管时间继电器的接线示意图如图 2-8（b）所示。

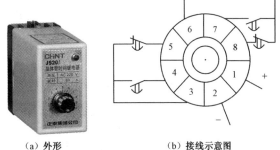

（a）外形　　（b）接线示意图

图 2-8　JS20 系列晶体管时间继电器的外形与接线示意图

3）工作原理

JS20 系列晶体管时间继电器的电路图如图 2-9 所示。它由电源、电容充放电电路、电压鉴别电路、输出电路和指示电路 5 个部分组成。电源接通后，经整流滤波和稳压后的直流电经过 RP1 和 R2 向电容 C2 充电。当场效应管 VT1 的栅源电压 U_{gs} 低于夹断电压 U_p 时，VT1 截止，VT2、VD6 也处于截止状态。随着充电的不断进行，电容 C2 的电位按指数规律上升，当满足 U_{gs} 高于 U_p 时，VT1 导通，VT2、VD6 也导通，继电器 KA 动作，输出延时信号。同时电容 C2 通过 R8 和 KA 的常开触点放电，为下次动作做好准备。当切断电源时，KA 释放，电路恢复原始状态，等待下次动作。调节 RP1 和 RP2 即可调整延时时间。

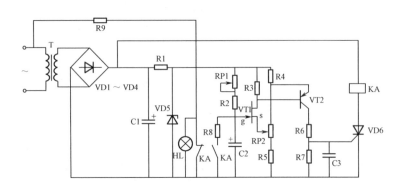

图 2-9　JS20 系列晶体管时间继电器的电路图

晶体管时间继电器适用于以下场合。

（1）电磁式时间继电器不能满足要求的场合。

（2）延时精度要求较高的场合。

（3）控制电路相互协调需要无触点输出等场合。

2.3　电气控制电路

2.3.1　顺序控制

在装有多台电动机的生产机械上，各台电动机所起的作用是不同的，有时需要按一定的顺序启动或停止，才能保证操作过程的合理和工作的安全可靠。例如，对于 X62W 型万能铣床，要求主轴电动机启动后，进给电动机才能启动；对于 M7120 型平面磨床的冷却泵电动机，要求砂轮电动机启动后它才能启动。像这种要求几台电动机的启动或停止必须按一定的先后顺序来完成的控制方式，叫作电动机的顺序控制。

几种在控制电路中实现电动机顺序控制的电路图如图 2-10 所示。

图 2-10（b）所示顺序启动控制电路的特点是：在电动机 M2 的控制电路中串接了接触器 KM1 的常开辅助触点。显然，只要电动机 M1 不启动，即使按 SB2，由于 KM1 的常开辅助触点未闭合，KM2 的线圈也不能得电，从而实现了电动机 M1 启动后，电动机 M2 才能启动的控制要求。在电路中，SB3 控制两台电动机同时停止，SB4 控制电动机 M2 单独停止。

顺序启动、逆序停止控制电路如图 2-10（c）所示，在图 2-10（b）所示控制电路中 SB3 的两端并接了接触器 KM2 的常开辅助触点，从而实现了电动机 M1 启动后电动机 M2 才能启动，而电动机 M2 停止后，电动机 M1 才能停止的控制要求，电动机 M1、M2 是顺序启动、逆序停止的。

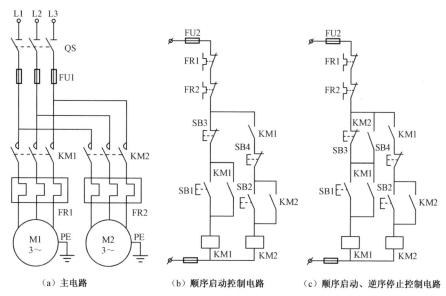

（a）主电路　　　　　（b）顺序启动控制电路　　　　（c）顺序启动、逆序停止控制电路

图 2-10　在控制电路中实现电动机顺序控制的电路图

2.3.2 时间控制

在生产中经常需要按一定的时间间隔来对生产机械进行控制，例如，电动机的降压启动需要经过一定时间，才能加上额定电压；在一条自动生产线中的多台电动机，经常需要分批启动，在第一批启动后，需要经过一定时间，才能启动第二批等。这类自动控制被称为时间控制，时间控制通常是利用时间继电器来实现的。时间继电器广泛用于需要按时间顺序进行控制的电气控制电路中。

图 2-11 所示为由时间继电器 KT 控制的两台电动机顺序启动、逆序停止的控制电路。按 SB1，KM1 的线圈、KT 的线圈同时得电，电动机 M1 启动，经过一定时间，KT 的常开延时闭合触点闭合，KM2 的线圈得电，电动机 M2 启动。因 SB2 的两端并接了接触器 KM2 的常开辅助触点，所以电动机 M2 停止后，电动机 M1 才能停止。

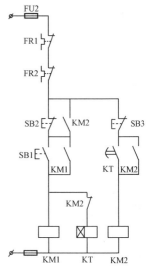

图 2-11　由时间继电器 KT 控制的两台电动机顺序启动、逆序停止的控制电路

项目实施：Z3050 型摇臂钻床的电气控制电路分析与故障诊断

2.4　摇臂钻床的电气控制电路分析

扫一扫下载 Z3050 型摇臂钻床电气控制电路分析教学课件

Z3050 型摇臂钻床的电气图如图 2-12 所示。

2.4.1　主电路分析

Z3050 型摇臂钻床有 4 台电动机，除冷却泵利用开关直接启动外，其余 3 台异步电动机均利用接触器启动。

M1 为主轴电动机，由接触器 KM1 控制，只要求其单方向旋转。主轴的正、反转由机械手柄操作，M1 装在主轴箱顶部，带动主轴及进给传动系统，热继电器 FR1 为过载保护电器，短路保护电器为总电源开关中的电磁脱扣装置。

M2 为摇臂升降电动机，装在立柱顶部，用接触器 KM2 和 KM3 控制其正、反转。因为该电动机的工作时间短，故不设过载保护电器。

M3 为液压油泵电动机，可以正、反转。其正、反转由接触器 KM4 和 KM5 控制。热继电器 FR2 为液压油泵电动机的过载保护电器。该电动机的主要作用是供给夹紧装置压力油，实现摇臂和立柱的夹紧和松开。

M4 为冷却泵电动机，其功率很小，由开关直接启动和停止。

2.4.2　控制电路分析

1. 开车前的准备工作

为了安全，钻床具有"开门断电"功能，所以开车前应将立柱下部及摇臂后部的电门盖关好方能接通电源，合上电源开关 QF1，则电源指示灯 HL1 亮，表示机床的电气线路已进入带电状态。

2. 主轴电动机 M1 的控制

按启动按钮 SB3，则接触器 KM1 吸合并自锁，使主轴电动机 M1 启动运行；按停止按钮 SB2，则接触器 KM1 释放，使主轴电动机 M1 停止运行。

2.4.3　摇臂的升降控制

1. 摇臂上升

按上升按钮 SB4，则时间继电器 KT1 通电吸合，它的瞬时闭合的动合触点（17 区）闭合，接触器 KM4 的线圈通电，液压油泵电动机 M3 启动正向旋转，供给压力油，压力油经分配阀进入摇臂的"松开油腔"，推动活塞移动，活塞推动菱形块，将摇臂松开。同时活塞杆通过弹簧片使位置开关 SQ2 动作，使其动断触点断开、动合触点闭合。前者切断了接触器 KM4 的线圈电路，KM4 的主触点断开，M3 停止工作；后者使接触器 KM2 的线圈通电，主触点接通摇臂升降电动机 M2 的电源，M2 启动正向旋转，带动摇臂上升。如果此时摇臂未松开，则 SQ2 的常开触点不闭合，KM2 就不能吸合，摇臂就不能上升。

当摇臂上升到所需位置时，松开按钮 SB4，则 KM2 和 KT1 同时断电释放，M2 停止工作，随之摇臂停止上升。

由于 KT1 断电释放，经 1～3 s 的延时后，其延时闭合的常闭触点（18 区）闭合，接触器 KM5 吸合，M3 反向旋转，随之泵内压力油经分配阀进入摇臂的"夹紧油腔"，摇臂夹紧。在摇臂夹紧的同时，活塞杆通过弹簧片使位置开关 SQ3 的动断触点断开，KM5 断电释放，最终 M3 停止工作，完成摇臂松开、上升、夹紧的整套动作。

2. 摇臂下降

按下降按钮 SB5，则时间继电器 KT1 通电吸合，其常开触点闭合，接通接触器 KM4 的线圈电源，液压油泵电动机 M3 启动正向旋转，供给压力油。与前面叙述的过程相似，先使摇臂松开到位，然后位置开关 SQ2 动作，其常闭触点断开，使 KM4 断电释放，M3 停止工作；其常开触点闭合，使 KM3 的线圈通电，M2 反向旋转，带动摇臂下降。

当摇臂下降到所需位置时，松开按钮 SB5，则 KM3 和 KT1 同时断电释放，M2 停止工作，摇臂停止下降。

由于 KT1 断电释放，经 1～3 s 的延时后，其延时闭合的常闭触点闭合，接触器 KM5 的线圈得电，M3 反向旋转，随之摇臂夹紧。在摇臂夹紧的同时，位置开关 SQ3 的常闭触点断开，KM5 断电释放，最终 M3 停止工作，完成摇臂松开、下降、夹紧的整套动作。

位置开关 SQ1a 和 SQ1b 用来限制摇臂的升降超程。当摇臂上升到极限位置时，SQ1a 动作，接触器 KM2 断电释放，M2 停止运行，摇臂停止上升；当摇臂下降到极限位置时，SQ1b 动作，接触器 KM3 断电释放，M2 停止运行，摇臂停止下降。摇臂的自动夹紧由 SQ3 控制。

2.4.4　立柱和主轴箱的夹紧与松开控制

立柱和主轴箱的夹紧（或松开）既可以同时进行，也可以单独进行，由转换开关 SA1 和按钮 SB6（或 SB7）进行控制。SA1 有 3 个位置，将其扳到中间位置时，立柱和主轴箱同时夹紧（或松开）；将其扳到左边位置时，立柱夹紧（或松开）；将其扳到右边位置时，主轴箱夹紧（或松开）。SB6 是松开控制按钮，SB7 是夹紧控制按钮。

1	2	3	4	5		6		7
				摇臂升降电动机		液压油泵电动机		
电源进线	电源开关	冷却泵电动机	主轴电动机	上升	下降	松开	夹紧	控制变压器

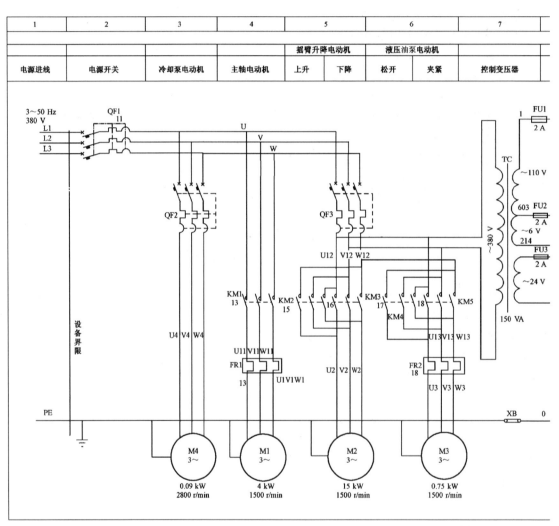

图2-12　Z3050型

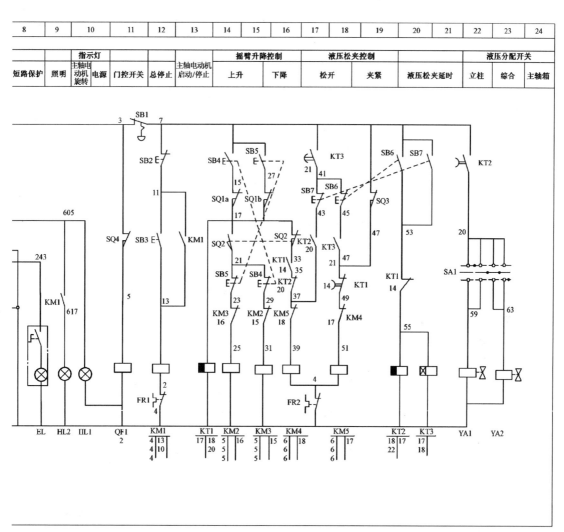

摇臂钻床的电气图

1. 立柱和主轴箱同时松开、夹紧

将转换开关 SA1 扳到中间位置，然后按松开控制按钮 SB6，时间继电器 KT2、KT3 同时得电。KT2 的延时断开的常开触点闭合，电磁铁 YA1、YA2 通电吸合。然而 KT3 的延时闭合的常开触点经 1～3 s 的延时后才闭合，随后，接触器 KM4 得电，液压油泵电动机 M3 正转，供出的压力油进入立柱和主轴箱的"松开油腔"，使立柱和主轴箱同时松开。

立柱和主轴箱同时夹紧的工作原理与其同时松开的工作原理相似，只要把 SB6 换成 SB7，KM4 换成 KM5，M3 由正转换成反转即可。

2. 立柱和主轴箱单独松开、夹紧

如果希望单独控制主轴箱，可将转换开关 SA1 扳到右侧位置，按松开控制按钮 SB6（或夹紧控制按钮 SB7），此时时间继电器 KT2 和 KT3 的线圈同时得电，电磁铁 YA2 单独通电吸合，即可实现主轴箱的单独松开（或夹紧）。

松开 SB6（或 SB7），KT2 和 KT3 断电释放，KT3 的通电延时闭合的常开触点瞬时断开，KM4（或 KM5）断电释放，M3 停转。经 1～3 s 的延时，YA2 断电释放，主轴箱松开（或夹紧）的操作结束。

同理，把 SA1 扳到左侧，则可使立柱单独松开或夹紧。

2.5　摇臂钻床常见故障的分析与检修

摇臂钻床电气控制的特殊环节为摇臂升降、立柱和主轴箱的夹紧与松开。Z3050 型摇臂钻床的工作过程是由机械系统、电气系统及液压系统紧密配合实现的。因此，在检修中不仅要注意电气系统能否正常工作，而且也要注意它与机械系统和液压系统的协调关系。

1. 摇臂不能升降

由摇臂升降过程可知，摇臂升降电动机 M2 旋转，带动摇臂升降，其条件是使摇臂从立柱上完全松开后，活塞杆压合位置开关 SQ2。所以发生故障时，应首先检查 SQ2 是否动作，如果 SQ2 不能动作，常见的故障是 SQ2 的安装位置移动或已损坏。这样，摇臂虽已松开，但活塞杆压不上 SQ2，摇臂就不能升降。有时，液压系统发生故障，放松不够，也会压不上 SQ2，使摇臂不能运动。由此可知，SQ2 的位置非常重要，排除故障时，应配合机械系统、液压系统调整好后紧固。

另外，液压油泵电动机 M3 的电源相序接反时，按上升按钮 SB4（或下降按钮 SB5），M3 反转，使摇臂夹紧，压不上 SQ2，摇臂也就不能升降。所以，在钻床大修或安装后，一定要检查电源的相序。

2. 摇臂升降后，摇臂夹不紧

由摇臂夹紧的动作过程可知，夹紧动作的结束是由位置开关 SQ3 来完成的，如果 SQ3 动作过早，会使 M3 尚未充分夹紧就停转。常见的故障原因是 SQ3 的安装位置不合适，或固定螺钉松动造成 SQ3 移位，使 SQ3 在摇臂夹紧动作未完成时就被压下，切断了 KM5 的电路，M3 停转。

排除故障时，首先判断是液压系统的故障（如活塞杆阀芯卡死或油路堵塞造成的夹紧力

不够），还是电气系统的故障。对于电气系统的故障，应重新调整 SQ3 的动作距离，固定好螺钉即可。

3. 立柱、主轴箱不能夹紧或松开

立柱、主轴箱不能夹紧或松开的可能原因是油路堵塞，接触器 KM4 或 KM5 不能吸合。出现故障时，应检查按钮 SB6、SB7 的接线情况是否良好。若 KM4 或 KM5 能吸合，M3 能运转，可排除电气系统的故障，则应请液压、机械维修人员检修油路，以确定是否为油路故障。

4. 摇臂上升或下降的限位保护开关失灵

组合开关 SQ1 的失灵分两种情况：一是 SQ1 损坏，SQ1 的触点不能因开关动作而闭合，或者因接触不良使电路断开，因此摇臂不能上升或下降；二是 SQ1 不能动作，触点熔焊，电路始终处于接通状态，当摇臂上升或下降到极限位置后，M2 发生堵转，这时应立即松开按钮 SB4 或 SB5。根据上述情况进行分析，找出故障原因，更换或修理失灵的 SQ1 即可。

5. 按 SB6，立柱、主轴箱能夹紧，但释放后就松开

由于立柱、主轴箱的夹紧和松开机构都采用机械菱形块结构，所以这种故障多由机械问题造成，可能是菱形块和承压块的角度方向装错，或者距离不合适。如果菱形块立不起来，这是因为夹紧力调得太大或夹紧液压系统的压力不够，可找机械维修人员检修。

【安全无小事，重在守规章】

某单位职工 A 正在摇臂钻床上进行钻孔作业。测量零件时，A 没有关停钻床，只是把摇臂推到一边，就用戴手套的手去搬动工件，这时，飞速旋转的钻头猛地绞住了 A 的手套，强大的力量拽着 A 的手臂往钻头上缠绕，最终造成不可逆转的手指伤害。

大部分机械设备都有高速旋转的部件，如车床的主轴、走刀光杆、丝杆、钻床的钻头等，戴着手套操作会导致触觉不灵敏、感觉麻木、反应迟钝。一旦手套接触到这些部件，会很快缠绕在旋转件上，进而造成肢体的伤害。安全操作规程中明确规定：接触旋转部位不允许戴手套。

电气安全无小事，关系到用户的人身安全和财产安全，容不得丁点马虎。电气从业人员必须严格遵守电气安全操作规程，在工作中具有高度责任感，以严谨、认真、细心的态度对待工作，杜绝违章作业、消除事故隐患。同学们在进行实践操作或进入企业岗位后，一定要熟记安全操作规程，树立良好的安全意识、规范操作意识、岗位责任意识，时刻牢记安全无小事，防患于未然，保障人身和设备安全。

知识梳理与总结

本项目以 Z3050 型摇臂钻床为学习目标，从其基本组成器件、断路器、时间继电器等的结构、工作原理入手，着重讲述了时间控制原则和顺序控制电路的设计方法。在项目中还重点对 Z3050 型摇臂钻床的电气控制电路进行了分析和讨论。从分析中发现，各种机床的电气控制电路都是从各种机床的加工工艺出发，由若干典型控制环节有机组合而成的。因此，在分析机床的电路时，应首先对机床的基本结构、运动形式、工艺要求等有全面的了解，并由此出发明确其对电气控制的要求，在此基础上去分析控制电路。

分析机床的电气控制电路时，首先分析其主电路，观察机床由几台电动机拖动，其作用如何，各台电动机的启动方法、制动方式及保护环节等；进而分析其控制电路，分析时，以电动机的各个控制环节为索引，一个环节一个环节地分析，观察其控制方式、操作方法，尤其要注意机械系统与电气系统的联动，注意各个环节之间的联锁与保护。项目的最后对 Z3050 型摇臂钻床的常见故障进行了分析，并指出了一般的故障排除方法。

练习与思考题 2

2-1　简述空气阻尼式时间继电器的结构。

2-2　晶体管时间继电器适用于什么场合？

2-3　什么是顺序控制？常见的顺序控制有哪些？各举一例说明。

2-4　图 2-13 所示为两种在控制电路中实现电动机顺序控制的电路（主电路略），试分析各电路有什么特点，能满足什么控制要求。

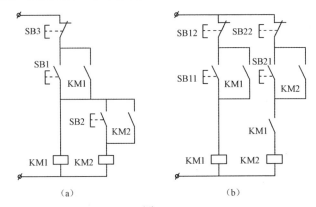

图 2-13

2-5　某控制电路可以实现以下控制要求：①电动机 M1、M2 可以分别启动和停止；②电动机 M1、M2 可以同时启动、同时停止；③当一台电动机发生过载时，两台电动机同时停止。试设计该控制电路，并分析其工作原理。

2-6　试设计一小车的运行电路，要求：

（1）小车由原位开始前进，到终点后自动停止；

（2）小车在终点停留 2 min 后自动返回到原位停止；

（3）小车在前进或后退中的任一位置均可停止或启动。

2-7　在 Z3050 型摇臂钻床的电路中，摇臂上升时液压松开无效，且 KT1 的线圈不得电，试分析故障的可能原因。

2-8　在 Z3050 型摇臂钻床的电路中，摇臂的升降控制、液压的松紧控制、立柱与主轴箱的控制失效，试分析故障的可能原因。

2-9　在 Z3050 型摇臂钻床的电路中，除冷却泵电动机可正常运转外，其余电动机及控制电路均失效，试分析故障的可能原因。

项目 3

卧式镗床的电气控制电路分析

教学导航

教	建议课时	24
	推荐教学方法	1. 理论实践一体化教学； 2. 以 T68 型卧式镗床的电气控制电路分析为项目，引导学生学习相关知识
	重点	1. 电动机的降压启动控制电路； 2. 双速异步电动机的调速原理及控制电路； 3. 制动控制方法，分析、设计制动控制电路
	难点	T68 型卧式镗床的电路故障现象，分析故障、排除故障
学	推荐学习方法	1. 以小组为单位，模拟车间班组，小组成员分别扮演工艺员、质检员、安全员、操作员等不同角色完成项目； 2. 边学边做，小组讨论
	学习目标	1. 掌握速度继电器的结构、作用及工作原理； 2. 掌握电动机的降压启动控制电路； 3. 掌握三相异步电动机的制动控制电路； 4. 能正确选择启动方法，分析、设计降压启动控制电路； 5. 能分析、设计双速异步电动机的启动运行控制电路； 6. 能正确选择制动控制方法，分析、设计制动控制电路； 7. 熟悉 T68 型卧式镗床的结构、工作原理及电气控制电路； 8. 能根据 T68 型卧式镗床的电路故障现象分析故障、排除故障

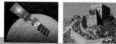

项目描述

镗床也是用于孔加工的机床，与钻床比较，镗床主要用于加工精确的孔和各孔间的距离要求较精确的零件，如一些箱体零件（机床的主轴箱、变速箱等）。镗床的加工形式主要是用镗刀镗削在工件上已铸出或已粗钻的孔，此外，大部分镗床还可以进行铣削、钻孔、扩孔、铰孔等加工。

镗床的主要类型有卧式镗床、坐标镗床、金刚镗床和专用镗床等，其中卧式镗床应用最广。本章介绍 T68 型卧式镗床的电气控制电路。

T68 型卧式镗床的型号含义如下。

镗轴的直径为85 mm
卧式
镗床

3.1 T68 型卧式镗床的主要结构和运动形式

扫一扫看 T68 型卧式镗床结构及控制要求微课视频

T68 型卧式镗床主要由床身、前立柱、镗头架、工作台、后立柱和尾架等部分组成，其结构示意图如图 3-1 所示。

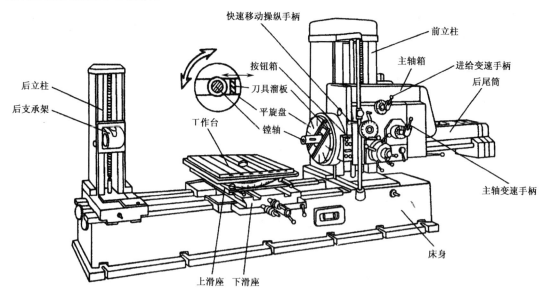

图 3-1 T68 型卧式镗床的结构示意图

T68 型卧式镗床的运动形式如下。

（1）主运动：镗轴和平旋盘的旋转运动。

（2）进给运动包括：

➤ 镗轴的轴向进给运动；

➤ 平旋盘上刀具溜板的径向进给运动；

➢ 主轴箱的垂直进给运动;

➢ 工作台的纵向和横向进给运动。

（3）辅助运动包括:

➢ 主轴箱、工作台等进给运动的快速调位移动;

➢ 后立柱的纵向调位移动;

➢ 后支承架与主轴箱的垂直调位移动;

➢ 工作台的转位运动。

3.2　T68 型卧式镗床的电力拖动形式和控制要求

（1）卧式镗床的主运动和进给运动都用同一台异步电动机拖动。为了适应各种形式和各种工件的加工,要求卧式镗床的主轴有较宽的调速范围,因此多采用由双速或三速笼型异步电动机拖动的滑移齿轮有级变速系统。采用双速或三速笼型异步电动机拖动,可简化机械变速机构。目前,采用电力电子器件控制的异步电动机的无级调速系统已在卧式镗床上获得广泛应用。

（2）卧式镗床的主运动和进给运动都采用机械滑移齿轮变速,为了有利于变速后齿轮的啮合,要求有变速冲动。

（3）要求主轴电动机能够正、反转,可以点动进行调整,并要求其具有电气制动功能,通常采用反接制动方式。

（4）要求卧式镗床的各个进给运动部件能快速移动,一般由单独的快速移动电动机拖动。

以下具体分析与该项目相关的知识内容:速度继电器和双速异步电动机,三相异步电动机的降压启动和调速等内容。

相关知识

3.3　电气控制器件

扫一扫看速度继电器微课视频

3.3.1　速度继电器

速度继电器是反映转速和转向的继电器,主要用于笼型异步电动机的反接制动控制,所以也被称为反接制动继电器。它主要由转子、定子和触点三部分组成。转子是一个圆柱形永久磁铁;定子是一个笼型空心圆环,由硅钢片叠成,并装有笼型绕组;触点由两组转换触点组成,一组在转子正转时动作,另一组在转子反转时动作。图 3-2 所示为 JY1 型速度继电器的外形及结构原理图,速度继电器的电路图形符号如图 3-3 所示。

速度继电器的工作原理为:速度继电器转子的轴与被控电动机的轴相连接,而定子空套在转子上。当电动机转动时,速度继电器的转子随之转动,定子内的短路导体便切割磁场,产生感应电动势,从而产生电流。此电流与旋转转子的磁场作用产生转矩,于是定子开始转动,当其转到一定角度时,装在定子轴上的摆锤推动簧片动作,使常闭触点断开、常开触点闭合。当电动机的转速低于某一值时,定子产生的转矩减小,触点在弹簧的作用下复位。

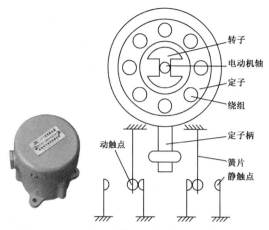

扫一扫看速度继电器工作原理教学动画

图 3-2　JY1 型速度继电器的外形及结构原理图

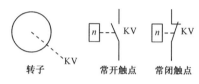

图 3-3　速度继电器的电路图形符号

3.3.2　双速异步电动机

扫一扫看双速异步电动机微课视频

1. 双速异步电动机的简介

双速异步电动机属于异步电动机变极调速，它主要通过改变定子绕组的连接方式达到改变定子旋转磁场磁极对数的目的，从而改变双速异步电动机的转速。变极调速主要用于对调速性能要求不高的场合，如铣床、镗床、磨床等机床及其他设备上，它所需的设备简单，体积小、质量轻，但双速异步电动机绕组的抽头较多，其调速级数少、级差大，不能实现无级调速。

2. 变极调速的原理

变极原理：定子一半绕组中的电流方向变化，磁极对数成倍变化。变极调速电动机绕组的展开示意图如图 3-4 所示，每相绕组由两个线圈组成，将每个线圈看作一个半相绕组。若两个半相绕组顺向串联，电流同向，可产生四极磁场；其中一个半相绕组的电流反向，可产生两极磁场。

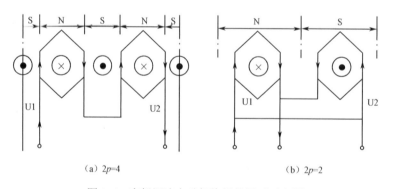

（a）2p=4　　　　　　　　　　（b）2p=2

图 3-4　变极调速电动机绕组的展开示意图

根据公式 $n_1=60f/p$ 可知，在电源频率不变的条件下，双速异步电动机的同步转速与磁极对数成反比，磁极对数增加一倍，同步转速 n_1 下降至原转速的一半，双速异步电动机的额定转速 n 也将下降近似一半，所以改变磁极对数可以达到改变双速异步电动机转速的目的。

3. 双速异步电动机定子绕组的连接方式

双速异步电动机定子绕组的连接方式有两种：Y-YY 形和△-YY 形。这两种连接方式都

能使双速异步电动机的极数减少一半。图 3-5（a）所示为双速异步电动机定子绕组的 Y-YY 形连接方式，图 3-5（b）所示为双速异步电动机定子绕组的△-YY 形连接方式。

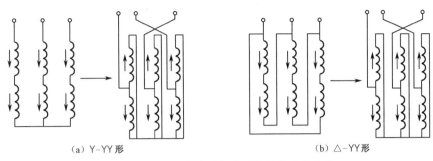

（a）Y-YY 形　　　　　　　　　　　　　（b）△-YY 形

图 3-5　双速异步电动机定子绕组的连接方式

当变极前后绕组与电源的接线如图 3-5 所示时，变极前后双速异步电动机的转向相反，因此，若要使变极后双速异步电动机保持原来的转向不变，应调换电源的相序。

本项目介绍的是最常见的单绕组双速异步电动机，其转速比等于磁极倍数比，如 2 极/4 极、4 极/8 极。对于 2 极/4 极的双速异步电动机，当其定子绕组的△（或 Y）形接法变为 YY 形接法时，磁极对数从 $p=2$ 变为 $p=1$，此时转速比等于 2。

3.4　电气控制电路

扫一扫看星三角降压启动控制微课视频

3.4.1　电动机的降压启动控制电路

扫一扫下载后解压看星三角降压启动控制教学动画

1. Y-△形降压启动控制电路

定子绕组接成 Y 形时，由于电动机每相绕组的额定电压只为△形接法的 $1/\sqrt{3}$，电流为△形接法的 1/3，电磁转矩也为△形接法的 1/3。因此，对于采用△形接法运行的电动机，在电动机启动时，先将定子绕组接成 Y 形，实现降压启动，减小启动电流；当启动即将完成时再将其换接成△形，各相绕组承受额定电压工作，电动机正常运行，故这种降压启动方法被称为 Y-△形降压启动。

图 3-6 所示为 Y-△形降压启动控制电路图。在图 3-6 中，主电路中 3 组接触器的主触点分别将电动机的定子绕组接成△形和 Y 形，即当 KM1、KM3 的主触点闭合时，定子绕组接成 Y 形；当 KM1、KM2 的主触点闭合时，定子绕组接成△形。这两种接线方式的切换要在很短的时间内完成，在控制电路中采用时间继电器实现定时自动切换。

电路的工作过程为：先合上电源开关 QS，再按以下步骤操作。

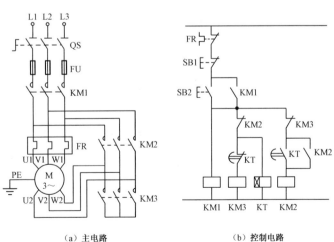

（a）主电路　　　　　　（b）控制电路

图 3-6　Y-△形降压启动控制电路图

1）采用 Y 形接法降压启动→采用△形接法运行

按SB2
- KM1的线圈通电吸合
  - KM1的自锁触点闭合
  - KM1的主触点闭合
    定子绕组接成Y形，电动机降压启动
- KM3的线圈通电吸合
  - KM3的主触点闭合
  - KM3的联锁触点断开→保证KM2的线圈断电
- KT的线圈通电吸合
  - KT的常闭触点延时断开→KM3的线圈断电
  - KT的常开触点延时闭合
- →KM2的线圈通电吸合
  - KM2的自锁触点闭合
  - KM2的主触点闭合
  - KM1的主触点闭合
    定子绕组接成△形，电动机全压运行
  - KM2的联锁触点断开

2）停止

按 SB1→KM1、KM2、KM3 的线圈断电释放→电动机断电停车。

采用 Y-△形降压启动方法时，由于其启动转矩降低很多，所以只适用于轻载或空载启动的设备。此法最大的优点是所需的设备较少、价格低，因此获得较广泛的应用。由于此法只能用于正常运行时定子绕组为△形连接的电动机，因此我国生产的 JO2 系列、Y 系列、Y2 系列三相笼型异步电动机，凡是功率在 4 kW 及以上者，正常运行时都采用△形接法。

2. 自耦变压器降压启动控制电路

自耦变压器的降压启动利用自耦变压器来降低加在电动机三相定子绕组上的电压，达到限制启动电流的目的。自耦变压器降压启动时（见图 3-7），将电源电压加在自耦变压器的高压绕组上，而电动机的定子绕组与自耦变压器的低压绕组连接。电动机启动后，将自耦变压器切除，电动机的定子绕组直接与电源连接，在全电压下运行。自耦变压器降压启动比 Y-△形降压启动的启动转矩大，并且可用抽头调节自耦变压器的变比以改变启动电流和启动转矩。这种启动需要一个庞大的自耦变压器，并且不允许频繁启动。因此，自耦变压器的降压启动适用于容量较大但不能采用 Y-△形降压启动方法启动的电动机。一般自耦变压器的降压启动利用降压启动补偿器进行，降压启动补偿器包括手动、自动两种操作形式，手动操作的补偿器有 QJ3、QJ5 等型号，自动操作的补偿器有 XJ01 型和 CTZ 系列等。

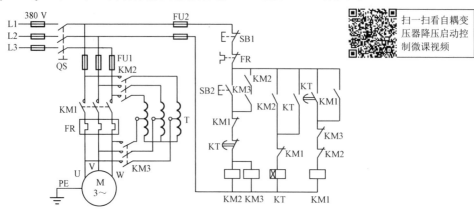

图 3-7　自耦变压器降压启动控制电路图

控制电路的工作过程：先合上电源开关 QS，再按以下步骤完成。

1）自耦变压器降压启动、全压运行

按SB2 ⎰ KM2的线圈通电吸合 ⎰ KM2的自锁常开触点闭合
　　　⎱　　　　　　　　　⎟ KM2的主触点闭合
　　　　　　　　　　　　⎟ KM2的辅助常开触点闭合→KT的线圈通电吸合
　　　　　　　　　　　　⎟ KM2的联锁常闭触点断开 ⎰ KM1的线圈断电　　　降压启动
　　　　KM3的线圈通电吸合 ⎰ KM3的联锁常闭触点断开 ⎱
　　　　　　　　　　　　⎟ KM3的主触点闭合
　　　　　　　　　　　　⎱ KM3的自锁常开触点闭合

⎰ KT的自锁常开触点闭合
⎟ KT的常闭触点延时断开→KM2、KM3的线圈断电
⎱ KT的常开触点延时闭合→KM1的线圈通电吸合 ⎰ KM1的自锁常开触点闭合
　　　　　　　　　　　　　　　　　　　　　　⎟ KM1的主触点闭合→电动机全压运行
　　　　　　　　　　　　　　　　　　　　　　⎟ KM1的联锁常闭触点断开→KT的线圈断电
　　　　　　　　　　　　　　　　　　　　　　⎱ KM1的联锁常闭触点断开→KM2、KM3的线圈断电

2）停止

按 SB1→控制电路断电→KM1、KM2、KM3 的线圈断电释放→电动机断电停车。

3. 定子绕组串联电阻降压启动控制电路

图 3-8 所示为定子绕组串联电阻降压启动控制电路图，电动机启动时在三相定子电路中串联电阻，使电动机定子绕组的电压降低，电动机启动后再将电阻短路，电动机仍然在正常电压下运行。这种启动方式由于不受电动机接线形式的限制，设备简单，因此在中小型机床中也有应用，机床中常用这种串联电阻的方法限制点动调整时的启动电流。

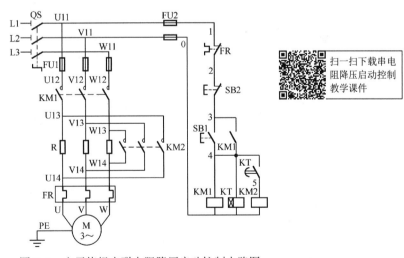

图 3-8　定子绕组串联电阻降压启动控制电路图

电路的工作原理如下（合上电源开关 QS）：

按SB1 ⎰ KM1的线圈得电 ⎰ KM1的自锁触点闭合自锁
　　　⎟　　　　　　　　⎱ KM1的主触点闭合→电动机串联电阻R降压启动
　　　⎱ KT的线圈得电→至转速上升一定值时，KT延时结束→KT的常开触点闭合→
　　　　KM2的线圈得电→KM2的主触点闭合→R被短接→电动机全压运转

停止时，按 SB2 即可实现。

由以上分析可知，当电动机全压正常运转时，接触器 KM1 和 KM2、时间继电器 KT 的线圈均需要长时间通电，从而使能耗增加、电器寿命缩短。因此，可以对图 3-8 所示的控制电路图进行改进，KM2 的 3 对主触点不直接并联在电阻 R 的两端，而是把 KM1 的主触点也并联进去，这样 KM1 和 KT 只作为短时间的降压启动电器使用，待电动机全压运转后就全部从电路中切除，从而延长了 KM1 和 KT 的使用寿命，节省了电能，提高了电路的可靠性（控制电路可自行设计）。

定子绕组串联电阻降压电路中的电阻一般采用由电阻丝绕制的板式电阻或铸铁电阻，其电阻功率大，能够通过较大电流，但能耗较大，为了降低能耗可采用电抗器代替电阻。

3.4.2 电动机的制动控制电路

1. 反接制动控制电路

反接制动是通过改变电动机电源的相序，使定子绕组产生相反方向的旋转磁场，因此产生制动转矩的一种制动方法。

反接制动刚开始时，转子与旋转磁场的相对速度接近于两倍的同步转速，所以定子绕组中流过的制动电流相当于全压直接启动电流的两倍，因此，反接制动的特点是制动迅速、效果好，但冲击大，故反接制动一般用于电动机须快速停车的场合，如镗床上主轴电动机的停车等。为了减小冲击电流，通常要求在电动机的主电路中串接一定的电阻以限制反接制动电流。对反接制动的另一个要求是在电动机的转速接近零时，必须及时切断反相序电源，以防止电动机反向再启动。反接制动电阻的接线方法有对称和不对称两种接法。

图 3-9 所示为三相串联电阻的异步电动机单向运行的反接制动电路图，KM1 为电动机单向旋转接触器，KM2 为反接制动接触器，制动时在电动机的三相中串入制动电阻，用速度继电器来检测电动机的转速。

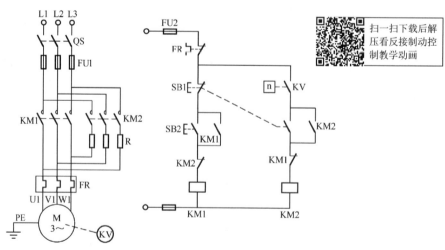

图 3-9 三相串联电阻的异步电动机单向运行的反接制动电路图

电路的工作过程如下：假设速度继电器 KV 的动作值为 120 r/min，释放值为 100 r/min。合上开关 QS，按启动按钮 SB2，KM1 动作，电动机的转速很快上升至 120 r/min，KV 的动合触点闭合。电动机正常运转时，此对触点一直保持闭合状态，为进行反接制动做好准备。

当需要停车时，按停止按钮 SB1，SB1 的动断触点先断开，使 KM1 的线圈断电释放。在主电路中，KM1 的主触点断开，使电动机脱离正相序电源，SB1 的动合触点后闭合，KM2 通电自锁，主触点动作。电动机的定子绕组中串入对称电阻进行反接制动，使电动机的转速迅速下降。当电动机的转速下降至 100 r/min 时，KV 的动合触点断开，使 KM2 的线圈断电解除自锁，电动机断开电源后自由停车。

2. 能耗制动控制电路

能耗制动是指电动机脱离交流电源后，立即在定子绕组的任意两相中加入一直流电源，在电动机的转子上产生一制动转矩，使电动机快速停下来。由于能耗制动采用直流电源，故将其称为直流制动，可按速度原则与时间原则进行控制。

（1）按速度原则控制的电动机单向运行的能耗制动控制电路图如图 3-10 所示，由 KM2 的一对主触点接通交流电源，经整流后，由 KM2 的另两对主触点通过限流电阻向电动机的两相定子绕组提供直流。

扫一扫看能耗制动控制微课视频

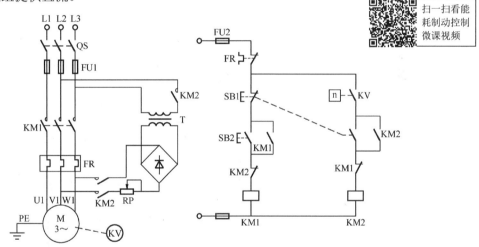

图 3-10 按速度原则控制的电动机单向运行的能耗制动控制电路图

电路的工作过程如下：假设速度继电器 KV 的动作值为 120 r/min，释放值为 100 r/min。合上开关 QS，按启动按钮 SB2，KM1 的线圈通电自锁，电动机启动；当转速上升至 120 r/min 时，KV 的动合触点闭合，为 KM2 的线圈通电做准备。当电动机正常运行时，KV 的动合触点一直保持闭合状态；当停车时，按停车按钮 SB1，SB1 的动断触点首先断开，使 KM1 的线圈断电解除自锁。在主电路中，电动机脱离三相交流电源，SB1 的动合触点后闭合，使 KM2 的线圈通电自锁。KM2 的主触点闭合，交流电源经整流后经限流电阻向电动机提供直流电源，在电动机的转子上产生一制动转矩，使电动机的转速迅速下降。当转速下降至 100 r/min 时，KV 的动合触点断开，KM2 的线圈断电释放，切断直流电源，制动结束。电动机在最后阶段自由停车。

对于功率较大的电动机应采用三相整流电路，而对于功率为 10 kW 以下的电动机，在制动要求不高的场合，为减少设备、降低成本、减小体积，可采用无变压器的单管直流制动，其制动电路可参考相关书籍。

（2）按时间原则控制的电动机可逆运行的能耗制动控制电路图如图 3-11 所示。在图 3-11 中，KM1、KM2 分别为电动机的正、反转接触器，KM3 为能耗制动接触器，SB2、SB3 分别为电动机的正、反转启动按钮。

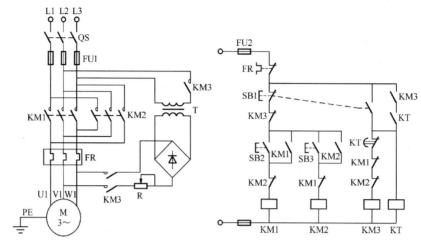

图 3-11　按时间原则控制的电动机可逆运行的能耗制动控制电路图

电路的工作原理如下（合上电源开关 QS）。

按SB2（SB3），KM1（KM2）的线圈得电 $\rightarrow$ $\begin{cases} \text{KM1（KM2）的自锁触点闭合自锁} \\ \text{KM1（KM2）的主触点闭合}\rightarrow\text{电动机正向（反向）启动运行} \end{cases}$

停车时按停止按钮 SB1，SB1 的动断触点首先断开，KM1（正转时）或 KM2（反转时）的线圈断电并解除自锁，电动机断开交流电源，SB1 的动合触点闭合，使 KM3、KT 的线圈通电并自锁。KM3 的动断辅助触点断开，进一步保证 KM1、KM2 的线圈失电。在主电路中，KM3 的主触点闭合，电动机的定子绕组串联电阻进行能耗制动，电动机的转速迅速降低。当转速接近零时，KT 的延时结束，其延时动断触点断开，使 KM3、KT 的线圈相继断电释放。在主电路中，KM3 的主触点断开，切断直流电源，直流制动结束。电动机在最后阶段自由停车。

按时间原则控制的直流制动，一般适合于负载转矩和转速较稳定的电动机，这样时间继电器的整定值无须经常调整。

3. 电磁离合器制动

扫一扫下载电磁离合器制动教学课件

电磁离合器制动是一种机械制动方式。电磁离合器的工作原理是，电磁离合器的主动部分和从动部分借助接触面的摩擦作用，或用液体作为介质（液力耦合器），或用磁力传动（电磁离合器）来传动转矩，使得两者可以暂时分离，又逐渐接合，在传动过程中又允许两部分相互转动。

电磁离合器又称电磁联轴节，它是利用表面摩擦和电磁感应原理，在两个旋转运动的物体间传递力矩的执行电器。由于它便于远距离控制，其控制能量小，动作迅速、可靠，结构简单，可广泛用于机床的自身控制。铣床上采用的是摩擦式电磁离合器。

摩擦式电磁离合器按摩擦片的数量可以分为单片式电磁离合器与多片式电磁离合器，机床上普遍采用多片式电磁离合器，在主动轴的花键轴端，装有主动摩擦片，它可以沿轴向自由移动，但因为是花键连接，故它将随主动轴一起转动。从动摩擦片与主动摩擦片交替叠装，其外缘凸起部分卡在与从动齿轮固定在一起的套筒内，因此它可以随从动齿轮转动，并在主动轴转动时，它不可以转动。

线圈通电后产生磁场，将摩擦片吸向铁芯，衔铁也被吸住，紧紧压住各摩擦片，于是，依靠主动摩擦片与从动摩擦片之间的摩擦力，使从动齿轮随主动轴转动，实现力矩的传递。

当电磁离合器的线圈电压达到额定值的 85%～105% 时，电磁离合器就能可靠地工作。当线圈断电时，装在内外摩擦片之间的圈状弹簧使衔铁和摩擦片复原，电磁离合器便失去传递力矩的作用。

多片式电磁离合器具有传递力矩大、体积小、容易安装的优点。多片式电磁离合器的数量为 2～12 片时，随着片数的增加，传递力矩也增加，但片数大于 12 片后，由于磁路气隙增大等原因，所传递的力矩会减小。因此多片式电磁离合器的摩擦片以 2～12 片较为合适。

图 3-12 所示为线圈旋转（带滑环）多片式电磁离合器的结构，在磁轭的外表面和线圈槽中分别用环氧树脂固定连接滑环和线圈，线圈引出线的一端焊在滑环上，另一端焊在磁轭上接地。外连接件与外摩擦片组成回转部分，内摩擦片与传动轴套、磁轭组成另一回转部分。当线圈通电时，衔铁被吸引沿花键套右移压紧摩擦片组，电磁离合器接合。这种结构的摩擦片位于线圈产生的磁力线回路内，因此需要用导磁材料制成。由于受摩擦片的剩磁和涡流影响，其脱开时间较非导磁摩擦片长，常在湿式条件下工作，因此其广泛用于远距离控制的传动系统和随动系统中。

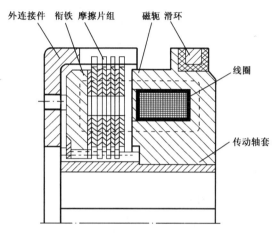

图 3-12 线圈旋转（带滑环）多片式电磁离合器的结构

摩擦片处在磁路外的电磁离合器，其摩擦片既可用导磁材料制成，也可用摩擦性能较好的铜基粉末冶金等非导磁材料制成，或在钢片两侧面黏合具有高耐磨性、高韧性且摩擦因数大的石棉橡胶材料，它可在湿式或干式条件下工作。

为了提高导磁性能和减少剩磁影响，磁轭和衔铁可用电工纯铁或 08 号、10 号低碳钢制成，滑环一般用淬火钢或青铜制成。

3.4.3 双速异步电动机的控制电路

根据变极调速原理，图 3-13（a）所示为低速△形接法，定子绕组的 U1、V1、W1 三个端子接三相电源，定子绕组的 U2、V2、W2 三个端子悬空，三相定子绕组接成△形。这时每相的两个定子绕组串联，电动机以 4 极运行，为低速。图 3-13（b）所示为高速 YY 形接法，定子绕组的 U2、V2、W2 三个端子接三相电源，定子绕组的 U1、V1、W1 连成星点，三相定子绕组接成 YY 形。这时每相的两个定子绕组并联，电动机以 2 极运行，为高速。根据变极调速原理，为了保证变极前后电动机的转动方向不变，要求变极的同时改变电源的相序。

图 3-14 所示为双速异步电动机的按钮控制电路图，其控制原理如下。

1. 低速控制的工作原理

合上电源开关 QS，按低速按钮 SB2，接触器 KM1 的线圈通电，其自锁和互锁触点动作，实现对 KM1 的线圈自锁和对 KM2、KM3 的线圈互锁。主电路中 KM1 的主触点闭合，电动机的定子绕组按△形连接，电动机低速运转。

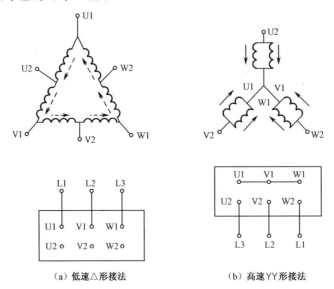

(a) 低速△形接法　　　　　　(b) 高速YY形接法

图 3-13　4/2 极△/YY 形接法的双速异步电动机定子绕组的接线图

2. 高速控制的工作原理

合上电源开关 QS，按高速按钮 SB3，接触器 KM1 的线圈断电，在解除其自锁和互锁的同时，主电路中 KM1 的主触点也断开，电动机的定子绕组暂时断电。因为 SB3 为复合按钮，其动断触点断开后，动合触点就闭合，此刻接通接触器 KM2 和 KM3 的线圈，KM2 和 KM3 的自锁和互锁触点同时动作，完成对 KM2 和 KM3 的线圈自锁及对 KM1 的线圈互锁。KM2 和 KM3 在主电路中的主触点闭合，电动机的定子绕组按 YY 形连接，电动机高速运转。

利用时间继电器可使电动机在低速启动后自动切换至高速运转状态。图 3-15 所示为双速异步电动机的自动加速控制电路图，其主电路与图 3-14 所示的一致。

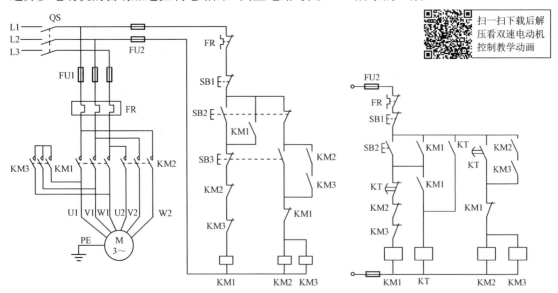

扫一扫下载后解压看双速电动机控制教学动画

图 3-14　双速异步电动机的按钮控制电路图　　图 3-15　双速异步电动机的自动加速控制电路图

电路的控制过程为：合上电源开关 QS，按启动按钮 SB2，KM1 的线圈通电自锁，其主触点闭合，电动机的定子绕组接成△形启动；同时，KM1 的动合辅助触点闭合，使 KT 的线

圈通电自锁，KT 开始延时。KT 的延时时间到，KT 的延时动断辅助触点断开，KM1 的线圈断电解除自锁，电动机断开电源；KT 的延时动合辅助触点闭合，KM2、KM3 的线圈通电自锁。在主电路中，KM2、KM3 的主触点闭合，电动机按 YY 形连接进入高速运转。

【大国工匠李刚：蒙上眼睛 方寸间插接百条线路】

2016 年 7 月，世界首创的"马蹄形"盾构机在中铁工程装备集团有限公司下线。马蹄形盾构机的电路系统拥有 4 万多根电缆电线、4100 个元件、1000 多个开关，一旦有一根线接错，整个盾构机就会"神经错乱"。作为首创，电路系统的创新是由李刚领队完成的。李刚设计出的新型"脑神经系统"使中国异型盾构装备的生产实现全面自主化，也标志着世界异型隧道掘进机的研制技术跨入了新阶段，中国工匠们站到了这个领域的世界巅峰。

"每天在车间，我至少要接上万根电线头，每一根都确保无误，才能从源头上把控产品质量。"这个被工友们称为"刀手"的技术大咖，能蒙着眼在上千根电缆数百个走向、数万个节点中，一口气精确无误地插接百余条线路。李刚从一名技校生，经过 20 年在电气领域的摸爬滚打后，凭借过硬的技术和勇于创新的精神，最终成长为当前国内顶尖的盾构机电气高级技师，先后获得了中华全国铁路总工会"2015 年度火车头奖章""河南省五一劳动奖章"等荣誉。谈及对"工匠精神"的理解，李刚认为，工匠精神的核心是"精"，即精益求精、一丝不苟、完美奉献、追求卓越。

2016 年，国家以先进人物名称"李刚"命名 436 号盾构机。正因为有无数"李刚"们的突出奉献和追求卓越的"螺丝钉"精神，中铁工程装备集团有限公司历经近 20 年的创新和涅槃，从中国制造到中国创造、从产品到品牌、从速度到质量，实现了加速跨越。

项目实施：T68 型卧式镗床的电气控制电路分析与故障诊断

3.5 卧式镗床的电气控制电路分析

扫一扫下载 T68 型卧式镗床电气控制电路分析教学课件

T68 型卧式镗床的电气原理图如图 3-16 所示。

3.5.1 主电路分析

T68 型卧式镗床的电气控制电路中有两台电动机：一台为主轴电动机 M1，提供主轴旋转及常速进给的动力，同时还带动润滑油泵；另一台为快速移动电动机 M2，提供各进给运动快速移动的动力。

M1 为双速异步电动机，由接触器 KM4、KM5 控制：低速时 KM4 吸合，M1 的定子绕组为△形连接，$n_N=1460$ r/min；高速时 KM5 吸合，KM5 由两只接触器并联使用，M1 的定子绕组为 YY 形连接，$n_N=2880$ r/min。KM1、KM2 控制 M1 的正、反转。KV 为与 M1 同轴的速度继电器，在 M1 停车时，由 KV 控制进行反接制动。为了限制启动、制动电流和减小机械冲击，M1 在制动、点动及主轴和进给的变速冲动时串入了限流电阻器 R，M1 正常运行时由 KM3 短接。热继电器 FR 作为 M1 的过载保护电器。

M2 为快速移动电动机，由接触器 KM6、KM7 控制其正、反转。由于 M2 为短时工作制，所以不需要用热继电器 FR 进行过载保护。

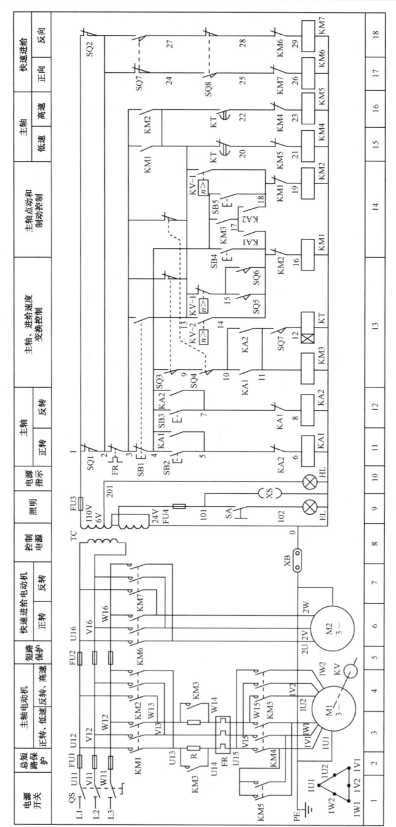

图3-16 T68型卧式镗床的电气原理图

QS 为电源引入开关,FU1 提供全电路的短路保护,FU2 提供 M2 及控制电路的短路保护。

3.5.2　控制电路分析

控制电路由控制变压器 TC 提供 110 V 工作电压,FU3 提供变压器二次侧的短路保护。控制电路包括 KM1~KM7 7 个接触器和 KA1、KA2 2 个中间继电器,以及时间继电器 KT 共 10 个电器的线圈支路,该电路的主要功能是对主轴电动机 M1 进行控制。在启动 M1 之前,首先要选择好 M1 的转速和进给量(在主轴变速和进给变速时,与之相关的行程开关 SQ3~SQ6 的状态如表 3-1 所示),并且调整好主轴箱和工作台的位置〔在调整好后行程开关 SQ1、SQ2 的动断触点(1—2)均处于闭合接通状态〕。

表 3-1　与主轴变速和进给变速相关的行程开关 SQ3~SQ6 的状态

项目	相关行程开关的触点	正常工作时	变速时	变速后手柄推不上时
主轴变速	SQ3(4—9)	+	−	−
	SQ3(3—13)	−	+	+
	SQ5(14—15)	−	−	+
进给变速	SQ4(9—10)	+	−	−
	SQ4(3—13)	−	+	+
	SQ6(14—15)	−	+	+

注:+表示接通,−表示断开。

1. M1 的正、反转控制

SB2、SB3 分别为正、反转启动按钮,下面以正转启动为例。

按 SB2→KA1 的线圈通电自锁→KA1 的一对动合触点(10—11)闭合→KM3 的线圈通电→KM3 的主触点闭合→短接电阻 R;KA1 的另一对动合触点(14—17)闭合,与闭合的 KM3 的辅助动合触点(4—17)使 KM1 的线圈通电→KM1 的主触点闭合→KM1 的动合辅助触点(3—13)闭合→KM4 的线圈通电→M1 低速启动。

同理,在反转启动运行时,按 SB3,相继通电的电器为 KA2→KM3→KM2→KM4。

2. M1 的高速运行控制

若按上述过程进行控制,M1 低速运行,此时机床的主轴变速手柄置于"低速"位置,微动开关 SQ7 不吸合,由于 SQ7 的动合触点(11—12)断开,KT 的线圈不通电。要使 M1 高速运行,可将主轴变速手柄置于"高速"位置,SQ7 动作,其动合触点(11—12)闭合,这样在启动控制过程中 KT 与 KM3 同时通电吸合,经过 3 s 左右的延时后,KT 的动断触点(13—20)断开而动合触点(13—22)闭合,使 KM4 的线圈断电而 KM5 的线圈通电,M1 按 YY 形连接高速运行。无论 M1 原来处于低速运行还是停车状态,若将主轴变速手柄由低速挡转至高速挡,M1 都是先低速启动运行,再经 3 s 左右的延时后自动转换至高速运行状态。

3. M1 的停车制动

M1 采用反接制动,KV 为与 M1 同轴的反接制动控制用的速度继电器,它在控制电路中有 3 对触点:一对动合触点(13—18)在 M1 正转时动作,另一对动合触点(13—14)在

M1 反转时闭合，还有一对动断触点（13—15）提供变速冲动控制。当 M1 的转速达到 120 r/min 以上时，KV 的触点动作；当其转速降至 40 r/min 以下时，KV 的触点复位。下面以 M1 正转高速运行，按停车按钮 SB1 停车制动为例进行分析。

按 SB1→SB1 的动断触点（3—4）先断开，先前得电的 KA1、KM3、KT、KM1、KM5 的线圈相继断电→SB1 的动合触点（3—13）闭合，经 KV-1 使 KM2 的线圈通电→KM4 的线圈通电，对 M1 采用△形接法串联电阻反接制动→M1 的转速迅速下降至 KV 的复位值→KV-1 的动合触点断开→KM2 的线圈断电→KM2 的动合触点断开→KM4 的线圈断电，制动结束。

如果是在 M1 反转时进行制动，则 KV-2（13—14）闭合，控制 KM1、KM4 进行反接制动。

4. M1 的点动控制

SB4 和 SB5 分别为正、反转点动控制按钮。当需要进行点动调整时，可按 SB4（或 SB5），使 KM1 的线圈（或 KM2 的线圈）通电，KM4 的线圈也随之通电，由于此时 KA1、KA2、KM3、KT 的线圈都没有通电，所以 M1 中串入电阻低速转动。当松开 SB4（或 SB5）时，由于其没有自锁作用，M1 停止运行。

5. 主轴的变速控制

主轴的各种转速是由主轴变速盘调节变速传动系统得到的。在主轴运转时，如果要变速，可不必停车，只要将主轴变速盘的操作手柄拉出即可（见图 3-17，将主轴变速手柄拉至②的位置），与主轴变速手柄有机械联系的行程开关 SQ3、SQ5 均复位（见表 3-1），此后的控制过程如下（以主轴正转低速运行为例）。

将主轴变速手柄拉出→SQ3 复位→SQ3 的动合触点断开→KM3 和 KT 的线圈都断电→KM1、KM4 的线圈断电→M1 断电后由于惯性继续旋转。

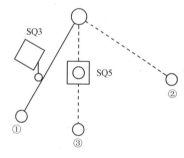

图 3-17　主轴变速手柄的位置示意图

SQ3 的动断触点（3　13）后闭合，由丁此时 M1 的转速较高，故 KV-1 的动合触点为闭合状态→KM2 的线圈通电→KM4 的线圈通电，M1 采用△形接法进行制动，转速很快下降到 KV 的复位值→KV-1 的动合触点断开→KM2、KM4 的线圈断电→M1 的反向电源断开，制动结束。

转动变速盘进行变速，变速后将主轴变速手柄推回→SQ3 动作→SQ3 的动断触点（3—13）断开、动合触点（4—9）闭合→KM1、KM3、KM4 的线圈重新通电→M1 重新启动。

由以上分析可知，如果变速前 M1 处于停转状态，那么变速后 M1 也处于停转状态。若变速前 M1 处于正向低速（△形连接）状态运转，由于中间继电器仍然保持通电状态，变速后 M1 仍处于△形连接状态运转。同理，如果变速前 M1 处于高速（YY 形连接）正转状态，那么变速后 M1 仍按△形连接，经 3 s 左右的延时后，才进入 YY 形连接高速运转状态。

6. 主轴的变速冲动

SQ5 为变速冲动行程开关，由表 3-1 可知，在不进行变速时，SQ5 的动合触点（14—15）是断开的；在变速时，如果齿轮未啮合好，主轴变速手柄就合不上，即在图 3-17 中处于③的

位置，则 SQ5 被压合→SQ5 的动合触点（14—15）闭合→KM1 由（13—15—14—16）支路通电→KM4 的线圈支路也通电→M1 低速串联电阻启动→当 M1 的转速升至 120 r/min 时，KV 动作，其动断触点（13—15）断开→KM1、KM4 的线圈支路断电→KV-1 的动合触点闭合→KM2 的线圈通电→KM4 的线圈通电，M1 进行反接制动，转速下降→当 M1 的转速降至 KV 的复位值时，KV 复位，其动合触点断开→M1 断开制动电源→动断触点（13—15）又闭合→KM1、KM4 的线圈支路再次通电→M1 的转速再次上升……这样使 M1 的转速在 KV 的复位值和动作值之间反复升降，进行连续低速冲动，直至齿轮啮合好以后，方能将主轴变速手柄推合至图 3-17 中①的位置，使 SQ3 被压合，而 SQ5 复位，变速冲动才结束。

7. 进给变速控制

与上述主轴变速控制的过程基本相同，只是在进给变速控制时，拉动的是进给变速手柄，动作的行程开关是 SQ4 和 SQ6。

8. M2 的快速正、反转控制

为了缩短辅助时间，提高生产效率，由快速移动电动机 M2 经传动机构拖动镗头架和工作台做各种快速移动，由装在工作台前方的操作手柄进行运动部件及运动方向的预选，由镗头架的快速操作手柄进行快速移动控制。当扳动快速操作手柄时，快速操作手柄将压合行程开关 SQ8 或 SQ7，接触器 KM6 或 KM7 的线圈通电，实现 M2 快速正转或快速反转。M2 带动相应的传动机构拖动预选的运动部件快速移动。将快速操作手柄扳回原位时，SQ8 或 SQ7 不再受压，KM6 或 KM7 的线圈断电，M2 停转，快速移动结束。

9. 联锁保护

为了防止工作台及主轴箱与主轴同时进给，将行程开关 SQ1 和 SQ2 的动断触点并联在控制电路（1—2）中。当工作台及主轴箱的进给变速手柄在进给位置时，SQ1 的触点断开；而当主轴的进给变速手柄在进给位置时，SQ2 的触点断开。如果两个手柄都处在进给位置，则 SQ1、SQ2 的触点都断开，机床不能工作。

3.5.3　照明电路和指示灯电路

由变压器 TC 提供 24 V 安全电压供给照明灯 EL，EL 的一端接地，SA 为灯开关，由 FU4 提供照明电路的短路保护。XS 为 24 V 的电源插座，HL 为 6 V 的电源指示灯。

3.6　卧式镗床常见故障的分析与诊断

卧式镗床常见故障的诊断与其他机床的大致相同，但由于卧式镗床的机-电联锁较多，且采用双速异步电动机，所以会有一些特有的故障，现举例分析如下。

1. 主轴的转速与标牌的指示不符

主轴的转速与标牌的指示不符，这种故障一般有两种现象：第一种是主轴的实际转速比标牌指示的转数增加一倍或减少一半，第二种是 M1 只高速运行或只低速运行。前者大多是由传动机构安装调整不当引起的。T68 型卧式镗床有 18 种转速，是由双速异步电动

机 M1 和机械滑移齿轮联合调速来实现的。第 1、2、4、6、8、…挡是由 M1 低速运行来驱动的，而 3、5、7、9、…挡是由 M1 高速运行来驱动的。由以上分析可知，M1 的高低速转换是靠主轴变速手柄推动微动开关 SQ7，由 SQ7 的动合触点（11—12）通、断来实现的。如果 SQ7 安装调整不当，SQ7 的动作恰好相反，则会发生第一种故障；而产生第二种故障的主要原因是 SQ7 损坏（或安装位置移动）。如果 SQ7 的动合触点（11—12）总是接通的，则 M1 只高速运行；如果总是断开的，则 M1 只低速运行。此外，KT 的损坏（如线圈烧断、触点不动作等）也会造成此类故障发生。

2. M1 能低速启动，但置"高速"挡时，不能高速运行且自动停车

M1 能低速启动，说明 KM3、KM1、KM4 工作正常；而低速启动后不能换成高速运行且自动停车，说明 KT 是工作的，其动断触点（13—20）能切断 KM4 的线圈支路，而动合触点（13—22）不能接通 KM5 的线圈支路。因此，应重点检查 KT 的动合触点（13—22）；此外，还应检查 KM4 的互锁动断触点（22—23）。按此思路，接下来还应检查 KM5 有无故障。

3. M1 不能进行正反转点动、制动及变速冲动控制

M1 不能进行正反转点动、制动及变速冲动控制的原因往往是上述各种控制功能的公共电路部分出现故障，如果伴随着不能低速运行，则故障可能是控制电路的 13—20—21—0 支路中有断开点；否则，故障可能是主电路的制动电阻器 R 及引出线上有断开点。如果在主电路中仅断开一相电源，M1 还会伴有断相运行时发出的"嗡嗡"声。

知识拓展：万能铣床的结构、电路分析及故障诊断

X62W 型万能铣床与 T68 型卧式镗床一样，动作比较复杂，主轴旋转和进给都具有变速及变速冲动；但 X62W 型万能铣床的主轴电动机是普通的三相异步电动机，制动采用的是电磁离合器，传动机构也通过接通不同的电磁离合器来实现正常进给和快速移动。以下以 X62W 型万能铣床为例，介绍其型号、拖动及控制要求、电气控制电路及故障诊断。

铣床是一种用途十分广泛的金属切削机床，其使用范围仅次于车床。铣床可用于加工平面、斜面和沟槽，如果装上分度头，可以铣削直齿齿轮和螺旋面；如果装上圆工作台，还可以加工凸轮和弧形槽等。铣床的种类很多，主要有卧式铣床、立式铣床、龙门铣床、仿形铣床及各种专用铣床等，其中卧式铣床的主轴是水平的，而立式铣床的主轴是垂直的。常用的万能铣床有 X62W 型万能铣床和 X53K 型万能铣床，其电气控制电路经改进后两者通用。

X62W 型万能铣床的型号含义如下。

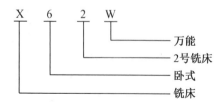

扫一扫看 X62W 型万能铣床结构与控制要求微课视频

3.7　铣床的主要结构和运动形式

由于铣床的加工范围较广,运动形式较多,其结构也较为复杂。

X62W 型万能铣床的主要结构示意图如图 3-18 所示。其床身固定于底座上,用于安装和支承铣床的各个部件,在床身内还装有主轴部件、主传动装置及其变速操纵机构等。床身顶部的水平导轨上装有悬梁,悬梁上装有刀杆支架。铣刀则装在刀杆上,刀杆的一端装在主轴上,另一端装在刀杆支架上。刀杆支架可以在悬梁上水平移动,悬梁又可以在床身顶部的水平导轨上水平移动,因此刀杆支架可以适应各种不同长度的刀杆。

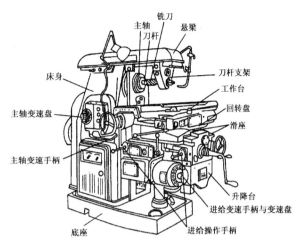

图 3-18　X62W 型万能铣床的主要结构示意图

床身的前部有垂直导轨,升降台可以沿垂直导轨上下移动,升降台内装有进给运动和快速移动的传动装置及其变速操纵机构等。在升降台的水平导轨上装有滑座,滑座可以沿水平导轨做平行于主轴轴线方向的横向移动;工作台又经过回转盘装在滑座的水平导轨上,工作台可以沿水平导轨做垂直于主轴轴线方向的纵向移动。这样,紧固在工作台上的工件,通过工作台、回转盘、滑座和升降台,可以在相互垂直的 3 个方向上实现进给或调整运动。工作台与滑座之间的回转盘还可以使工作台左右转动 45°,因此工作台在水平面上除可以做横向和纵向进给外,还可以实现在不同角度的各个方向上的进给,用以铣削螺旋槽。

由此可知,铣床的主运动是主轴带动刀杆和铣刀的旋转运动;其进给运动是工作台带动工件在水平的纵、横方向及垂直方向 3 个方向的运动;其辅助运动则是工作台在 3 个方向的快速移动。图 3-19 所示为铣床的几种主要加工形式的主运动和进给运动示意图。

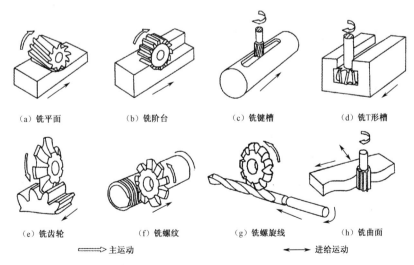

图 3-19　铣床的几种主要加工形式的主运动和进给运动示意图

3.8 铣床的电力拖动形式和控制要求

铣床的主运动和进给运动各由一台电动机拖动，这样铣床的电力拖动系统一般由 3 台电动机组成：主轴电动机、进给电动机和冷却泵电动机。主轴电动机通过主轴变速箱驱动主轴旋转，并由齿轮变速箱变速，以适应铣削工艺对转速的要求，不需要调速。由于铣削分为顺铣和逆铣两种加工方式，分别使用顺铣刀和逆铣刀，所以要求主轴电动机能够正、反转，但只要求预先选定主轴电动机的转向，在加工过程中则不需要主轴反转。又由于铣削是多刃不连续的切削，负载不稳定，所以主轴上装有飞轮，以提高主轴旋转的均匀性，消除铣削加工时产生的振动，这样主轴传动系统的惯性较大，因此还要求主轴电动机在停车时有电气制动。进给电动机作为工作台进给运动及快速移动的动力设备，也要求能够正、反转，以实现 3 个方向的正、反向进给运动，通过进给变速箱，可获得不同的进给速度。为了使主轴和进给传动系统在变速时齿轮能够顺利地啮合，要求主轴电动机和进给电动机在变速时能够稍微转动一下（称为变速冲动）。3 台电动机之间还要求有联锁控制，即在主轴电动机启动之后，另两台电动机才能启动运行。由此可知，铣床对电力拖动及其控制有以下要求。

（1）铣床的主运动由一台笼型异步电动机拖动，直接启动，能够正、反转，并设有电气制动环节，能进行变速冲动。

（2）工作台的进给运动和快速移动均由同一台笼型异步电动机拖动，直接启动，能够正、反转，要求有变速冲动环节。

（3）冷却泵电动机只要求单向旋转。

（4）3 台电动机之间有联锁控制，即主轴电动机启动之后，才能对其余两台电动机进行控制。

3.9 X62W 型万能铣床的电气控制电路分析

扫一扫下载 X62W 型万能铣床电气控制电路分析教学课件

X62W 型万能铣床的电气原理图如图 3-20 所示。

1. 主电路

三相电源由电源引入开关 QS1 引入，FU1 提供全电路的短路保护。主轴电动机 M1 的运行由接触器 KM1 控制，由换相开关 SA3 预选转向。冷却泵电动机 M3 由 QS2 控制其单向旋转，但必须在 M1 启动运行之后才能运行。进给电动机 M2 由接触器 KM3、KM4 实现正、反转控制。3 台电动机分别由热继电器 FR1、FR2、FR3 提供过载保护。

2. 控制电路

由控制变压器 TC1 提供 110 V 工作电压，FU4 提供变压器二次侧的短路保护。该电路的主轴制动、工作台的常速进给和快速进给分别由电磁离合器 YC1、YC2、YC3 实现，电磁离合器需要的直流工作电压由整流变压器 TC2 降压后经桥式整流器 VC 提供，FU2、FU3 分别提供交、直流侧的短路保护。

1）控制 M1

M1 由 KM1 控制，为操作方便，在机床的不同位置各安装了一套启动和停车按钮：SB2

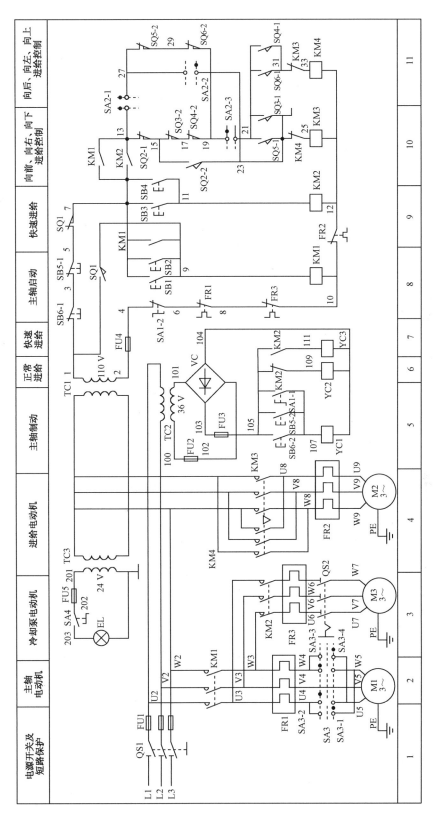

图3-20 X62W型万能铣床的电气原理图

和 SB6 装在床身上，SB1 和 SB5 装在升降台上。对 M1 的控制包括主轴的启动控制、停车控制、制动控制、变速冲动控制和换刀制动控制。

（1）启动：在启动前先按照顺铣或逆铣的工艺要求，用组合开关 SA3 预先确定 M1 的转向。按 SB1 或 SB2→KM1 的线圈通电→M1 启动运行，同时 KM1 的动合辅助触点（7－13）闭合，为 KM3、KM4 的线圈支路接通做好准备。

（2）停车与制动：按 SB5 或 SB6→SB5 或 SB6 的动断触点断开（3－5 或 1－3）→KM1 的线圈断电→M1 停车→SB5 或 SB6 的动合触点闭合（105－107），起制动作用的电磁离合器 YC1 的线圈通电→M1 制动。

YC1 装在主轴传动系统与 M1 转轴相连的第一根传动轴上，当 YC1 通电吸合时，将摩擦片压紧，对 M1 进行制动。停转时，应按住 SB5 或 SB6 直至主轴停转才能松开，一般主轴的制动时间不超过 0.5 s。

（3）主轴的变速冲动：主轴的变速是通过改变齿轮的传动比实现的。在需要变速时，将主轴变速手柄（见图 3-18）拉出，转动主轴变速盘至所需的转速，然后再将主轴变速手柄复位。主轴变速手柄在复位的过程中，瞬间压动了主轴变速行程开关 SQ1，主轴变速手柄复位后，SQ1 也随之复位。在 SQ1 动作的瞬间，SQ1 的动断触点（5—7）先断开其他支路，然后其动合触点（1—9）闭合，点动控制 KM1，使 M1 产生瞬间的冲动，利于齿轮的啮合。如果点动一次齿轮不能啮合，可重复进行上述动作。

（4）主轴的换刀制动：在上刀或换刀时，主轴应处于制动状态，以免发生事故。只要将主轴换刀制动开关 SA1 拨至"接通"位置，其动断触点 SA1-2（4—6）即断开控制电路，保证在换刀时机床没有任何动作；其动合触点 SA1-1（105—107）接通 YC1，使主轴处于制动状态。换刀结束后，要记住将 SA1 扳回"断开"位置。

2）控制进给运动

工作台的进给运动分为常速（工作）进给和快速进给，常速进给必须在 M1 启动运行后才能进行，而快速进给属于辅助运动，可以在 M1 不启动的情况下进行。工作台在 6 个方向上的进给运动是由手动操作进给操作手柄（见图 3-18）带动相关的行程开关 SQ3～SQ6，通过控制 KM3、KM4 来控制 M2 正、反转实现的。SQ5 和 SQ6 分别控制工作台的向右和向左运动，而 SQ3 和 SQ4 分别控制工作台的向前、向下运动和向后、向上运动。

进给拖动系统使用的 YC2 和 YC3 都安装在进给传动链中的第 4 根传动轴上。当 YC2 吸合而 YC3 断开时，工作台的进给运动为常速进给；当 YC3 吸合而 YC2 断开时，工作台的进给运动为快速进给。

（1）工作台的纵向进给运动：将纵向进给操作手柄扳向右边→SQ5 动作→其动断触点 SQ5-2（27—29）先断开，动合触点 SQ5-1（21—23）后闭合→KM3 的线圈通过（13—15—17—19—21—23—25）路径通电→M2 正转→工作台向右运动。

若将纵向进给操作手柄扳向左边，则 SQ6 动作→KM4 的线圈通电→M2 反转→工作台向左运动。

SA2 为圆工作台的控制开关，此时应处于"断开"位置，其 3 组触点的状态为 SA2-1、SA2-3 接通，SA2-2 断开。

（2）工作台的垂直与横向进给运动：工作台的垂直与横向进给运动由一个十字形手柄操纵，十字形手柄有向上、向下、向前、向后和中间 5 个位置，将十字形手柄扳至"向下"或

"向上"位置时，其分别压动 SQ3 或 SQ4，控制 M2 正转或反转，并通过机械传动机构使工作台分别向下或向上运动；而当手柄扳至"向前"或"向后"位置时，虽然同样是压动 SQ3 或 SQ4，但此时机械传动机构使工作台分别向前或向后运动；当手柄在"中间"位置时，SQ3 和 SQ4 均不动作。下面就以向上运动的操作为例分析电路的工作情况，其余的可自行分析。

将十字形手柄扳至"向上"位置，SQ4 的动断触点 SQ4-2 先断开，动合触点 SQ4-1 后闭合→KM4 的线圈经（13—27—29—19—21—31—33）路径通电→M2 反转→工作台向上运动。

（3）工作台的进给变速冲动：与主轴变速时一样，工作台进给变速时也需要使 M2 瞬间点动一下，使齿轮易于啮合。进给变速冲动由行程开关 SQ2 控制，在操纵进给变速手柄和变速盘时，瞬间压动了 SQ2，在 SQ2 通电的瞬间，其动断触点 SQ2-1（13—15）先断开，而动合触点 SQ2-2（15—23）后闭合，使 KM3 的线圈经（13—27—29—19—17—15—23—25）路径通电，M2 正向点动。由 KM3 的通电路径可知：只有在进给操作手柄均处于零位（SQ3～SQ6 均不动作）时，才能进行进给变速冲动。

（4）工作台的快速进给操作：要使工作台在 6 个方向上快速进给，在按常速进给的操作方法操纵进给操作手柄的同时，还要按快速进给按钮 SB3 或 SB4（两地控制），KM2 的线圈通电，其动断触点（105—109）切断 YC2 的线圈支路，其动合触点（105—111）接通 YC3 的线圈支路，使机械传动机构改变传动比，实现快速进给。由于 KM1 的动合触点（7—13）并联了 KM2 的一个动合触点，所以在 M1 不启动的情况下，也可以进行快速进给。

3）控制圆工作台

当需要加工弧形槽、弧形面和螺旋槽时，可以在工作台上加装圆工作台，圆工作台的回转运动是由 M2 拖动的。在使用圆工作台时，将控制开关 SA2 扳至"接通"位置，此时 SA2-2 接通，而 SA2-1、SA2-3 断开。在 M1 启动的同时，KM3 的线圈经（13—15—17—19—29—27—23—25）的路径通电，使 M2 正转，带动圆工作台做旋转运动（圆工作台只需要单向旋转）。由 KM3 的线圈通电路径可知，只要扳动工作台的任何一个进给操作手柄，SQ3～SQ6 中任何一个行程开关的动断触点就会断开，切断 KM3 的线圈支路，使圆工作台停止运动，从而保证工作台的进给运动和圆工作台的旋转运动不会同时进行。

3. 照明电路

照明灯 EL 由照明变压器 TC3 提供 24 V 的工作电压，SA4 为灯开关，FU5 提供短路保护。

3.10　X62W 型万能铣床常见电气故障的诊断与检修

X62W 型万能铣床的电气控制电路较常见的故障主要是主轴电动机控制电路和工作台进给控制电路的故障。

1. 主轴电动机控制电路的故障

1）M1 不能启动

与前面已分析过的机床的同类故障类似，可从电源、QS1、FU1、KM1 的主触点、FR1 到 SA3，从主电路到控制电路进行检查。因为 M1 的容量较大，应注意检查 KM1 的主触点、SA3 的触点有无熔化、有无接触不良。

此外，如果 SA1 仍处在"换刀"位置，SA1-2 断开；或者 SA1 虽处于正常工作的位置，

但 SA1-2 接触不良，那么控制电源未接通，M1 不能启动。

2）M1 停车时无制动

M1 停车时无制动，重点检查 YC1，如 YC1 的线圈有无断线、接点有无接触不良、整流电路有无故障等。此外，还应检查控制按钮 SB5 和 SB6。

3）主轴换刀时无制动

如果在 M1 停车时主轴的制动正常，而在换刀时制动不正常，从电路分析可知应重点检查 SA1。

4）按停车按钮后 M1 不停

按停车按钮后 M1 不停，故障的主要原因可能是：KM1 的主触点熔焊。如果在按停车按钮后，KM1 不释放，则可断定故障是由 KM1 的主触点熔焊引起的。应注意此时 YC1 正在对主轴起制动作用，会造成 M1 过载，并产生机械冲击。所以一旦出现这种情况，应马上松开停车按钮，进行检查，否则很容易烧坏 M1。

5）主轴变速时无瞬时冲动

由于 SQ1 在频繁动作后，造成开关位置移动，甚至开关底座被撞碎或触点接触不良，这都将造成主轴变速时无瞬时冲动。

2. 工作台进给控制电路的故障

铣床的工作台应能够进行向前、向后、向左、向右、向上、向下 6 个方向的常速和快速进给运动，其控制是由机械系统和电气系统配合进行的，所以在出现工作台进给运动的故障时，如果对机械系统、电气系统的部件逐个进行检查，难以尽快查出故障所在，可通过依次进行其他方向的常速进给、快速进给、进给变速冲动和圆工作台的进给控制试验，来逐步缩小故障范围、分析故障原因，然后在故障范围内逐个对电气元件、触点、接线和接点进行检查。在检查时，还应考虑机械磨损或移位使操纵失灵等非电气系统故障的原因。这部分电路的故障较多，下面仅以一些较典型的故障为例进行分析。

1）工作台不能纵向进给

工作台不能纵向进给，此时应先对工作台的横向进给和工作台的垂直进给进行试验检查，如果正常，则说明 M2、主电路、KM3、KM4 及与纵向进给相关的公共支路都正常，就应重点检查图 3-20 中的行程开关 SQ2-1、SQ3-2 及 SQ4-2，即接线端编号为 13—15—17—19 的支路，因为只要这 3 对动断触点之中有 1 对不能闭合、接触不良或接线松脱，纵向进给就不能进行。同时，可检查进给变速冲动是否正常，若正常，则故障范围已缩小到 SQ2-1、SQ5-1 及 SQ6-1。一般情况下 SQ5-1、SQ6-1 两个行程开关的动合触点同时发生故障的可能性较小，而 SQ2-1 在进给变速时，常常会因用力过猛而损坏，所以应先检查它。

2）工作台不能向上进给

工作台不能向上进给，首先进行进给变速冲动试验，若进给变速冲动正常，则可排除与向上进给控制相关的支路 13—27—29—19 存在故障的可能性；再进行向左的进给试验，若正常，则又排除 19—21 和 31—33—12 支路存在故障的可能性。这样，故障点就已缩小到 SQ4-1（21—31）。例如，可能是在多次操作后，SQ4 因安装螺钉松动而移位，造成进给操作手柄虽已到位，但其触点 SQ4-1（21—31）仍不能闭合，因此工作台不能向上进给。

3）工作台在各个方向上都不能进给

工作台在各个方向上都不能进给，此时可先进行进给变速冲动实验和圆工作台的控制实验，如果都正常，则故障可能在圆工作台控制开关 SA2-3 及其接线（19—21）上；但若进给变速冲动也不能进行，则要检查 KM3 能否吸合，如果 KM3 不能吸合，除了 KM3 本身的故障，还应检查控制电路中有关的电气元件、接点和接线，如接线端 2—4—6—8—10—12、7—13 等部分；如果 KM3 能吸合，则应着重检查主电路，包括 M2 的接线及其绕组有无故障。

4）工作台不能快速进给

如果工作台的常速进给运行正常，仅不能快速进给，则应检查 SB3、SB4 和 KM2。如果这 3 个电器无故障，电磁离合器电路的电压也正常，则故障可能发生在 YC3 本身，常见的有 YC3 的线圈损坏或机械卡死，YC3 的动、静摩擦片的间隙调整不当等。

知识梳理与总结

以 T68 型卧式镗床的电气控制电路分析为项目，引出速度继电器、双速异步电动机及其启动控制、制动控制、调速控制的相关电路。速度继电器是反映转速和转向的继电器，其结构类似于笼型异步电动机，它也主要用于笼型异步电动机的反接制动控制，所以被称为反接制动继电器。双速异步电动机的调速属于变极调速，它通过改变定子绕组的接线方式来改变旋转磁场的极对数，从而实现调速。

三相异步电动机常见的降压启动有 Y-△ 形降压启动、自耦变压器降压启动、定子绕组串联电阻启动等。本项目介绍了这些降压启动电路及其工作原理，T68 型卧式镗床的电路应用了 Y-△ 形降压启动电路。

三相异步电动机的常用电气制动方法有能耗制动和反接制动。能耗制动是在电动机需要停车时切断交流电源，在定子绕组的任意两相中通入直流电流，从而在电动机的转子上产生一制动转矩，使电动机快速停下来。能耗制动常用的控制原则有时间原则和速度原则。反接制动是在停车时改变电动机所接电源的相序，使定子绕组产生相反方向的电磁转矩。在制动时，定义绕组上将产生很大的制动电流，因此反接制动必须在定子绕组中串入电阻进行限流。反接制动的另一特点是，在转速变为零以前必须将制动电源切除，否则电动机将反向启动，反接制动常用的原则是速度原则，不能使用时间原则。

本项目还详细分析了 T68 型卧式镗床的基本结构、运动形式、拖动及控制要求，分析了其电气控制电路，并对 T68 型镗床电气系统的常见故障进行了分析和诊断。铣床也是加工中的一种常用机床，X62W 型万能铣床与 T68 型卧式镗床一样，进给运动比较复杂，且同样具有主运动和进给运动的变速及变速冲动，本项目同样对铣床的电气系统进行了分析，并介绍了其电气故障诊断与检修。

练习与思考题 3

3-1 什么叫作降压启动？三相笼型异步电动机常采用哪些降压启动方法？

3-2 T68 型卧式镗床在进给时能否变速？

3-3 T68 型卧式镗床能低速启动，但不能高速运行，试分析其故障原因。

3-4　双速异步电动机高速运行时通常须先低速启动而后转入高速运行，为什么？

3-5　简述速度继电器的结构、工作原理及用途。

3-6　一台电动机采用 Y-△形接法，允许轻载启动，设计满足下列要求的控制电路。

（1）采用手动控制和自动控制降压启动。

（2）实现连续运转和点动工作，且当点动工作时要求其处于降压状态工作。

（3）具有必要的联锁和保护环节。

3-7　有一输送带采用功率为 50 kW 的电动机进行拖动，试设计其控制电路，其设计要求如下。

（1）电动机采用 Y-△形降压启动控制。

（2）采用两地控制方式。

（3）加装启动预告装置。

（4）至少有一个现场紧停开关。

3-8　控制电路工作的准确性和可靠性是电路设计的核心和难点，在设计时必须特别重视。试分析图 3-21 中设计的电路是否合理，若不合理，请改之。设计本意：按 SB2，KM1得电，延时一段时间后，KM2 得电运行，KM1 失电；按 SB1，整个电路失电。

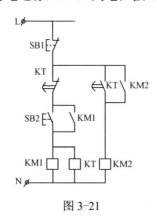

图 3-21

项目 **4**

桥式起重机的电气控制电路分析

教学导航

教	建议课时	12
	推荐教学方法	1. 理论实践一体化教学； 2. 以桥式起重机的电气控制电路分析为项目，引导学生学习相关知识
	重点	1. 凸轮控制器、主令控制器、电磁抱闸制动器的结构及工作原理； 2. 电流继电器、电压继电器的结构、用途及工作原理； 3. 绕线转子异步电动机的启动、调速控制方法； 4. 桥式起重机的结构，拖动、控制、保护要求及电气控制电路
	难点	桥式起重机的电气控制电路分析
学	推荐学习方法	1. 以小组为单位，模拟车间班组，小组成员分别扮演工艺员、质检员、安全员、操作员等不同角色完成项目； 2. 边学边做，小组讨论
	学习目标	1. 熟悉凸轮控制器、主令控制器的结构及工作原理； 2. 熟悉电磁抱闸制动器的结构及工作原理； 3. 掌握电流继电器、电压继电器的结构、用途及工作原理； 4. 熟悉桥式起重机的结构，拖动、控制、保护要求及电气控制电路； 5. 掌握绕线转子异步电动机的启动、调速控制方法； 6. 能正确设计绕线转子异步电动机的启动、停止及调速控制电路； 7. 会正确使用电流继电器、电压继电器

项目描述

起重机是一种专门用来起吊或放下负载，并使负载在短距离内水平移动的一种大型起重机械，其工作特点是：工作频繁，具有周期性和间歇性，要求工作可靠并确保安全。

本项目以 10 t 桥式起重机的电气控制为例，学习凸轮控制器、主令控制器、电磁抱闸制动器的结构及工作原理，学习电流继电器和电压继电器的结构、用途及工作原理，掌握电流继电器和电压继电器动作值的整定及返回系数的测量，并熟悉绕线转子异步电动机的启动及调速控制。

4.1 起重机的分类与结构

扫一扫看起重机分类、结构与控制要求微课视频

1. 起重机的用途和分类

起重机广泛应用于工矿企业、车站、港口、仓库、建筑工地等场所，按其结构可分为桥式起重机、门式起重机、塔式起重机、旋转起重机及缆索起重机等；按起吊的重量可分为小型 5～10 t、中型 10～50 t、重型 50 t 以上 3 级。其中，桥式起重机的应用最为广泛，并具有一定的代表性。

2. 桥式起重机的结构和运动情况

桥式起重机由桥架、大车移动行走机构、小车运行机构及驾驶室等几部分组成，桥式起重机的结构示意图如图 4-1 所示。

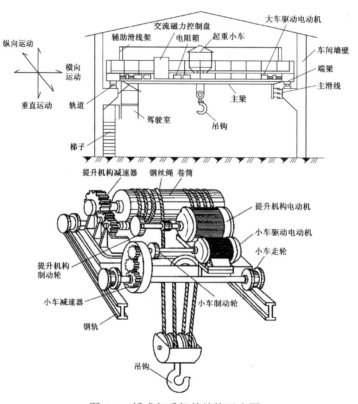

图 4-1　桥式起重机的结构示意图

　　1）桥架

　　桥架由主梁、端梁等几部分组成。主梁跨架在车间上空，其两端连有端梁，主梁外侧装有走台并设有安全栏杆。桥架上装有大车驱动电动机、交流磁力控制盘、起吊机构和小车运行轨道及辅助滑线架。桥架的一头装有驾驶室，另一头装有引入电源的主滑线。

　　2）大车移动行走机构

　　大车移动行走机构由大车驱动电动机、制动器、传动轴（减速器）和车轮等几部分组成，其驱动方式有集中驱动和分别驱动两种。整个桥式起重机在大车移动行走机构的驱动下，可沿车间的长度方向前后运动。

　　3）小车运行机构

　　小车运行机构由小车架、小车移动行走机构和提升机构组成。小车架由钢板焊成，其上装有小车移动行走机构、提升机构、栏杆及提升限位开关。小车可沿桥架主梁上的轨道左右运动，在小车运动方向的两端装有缓冲器和限位开关。小车的移动行走机构由小车驱动电动机、小车减速器、卷筒、制动器等组成，小车驱动电动机经减速后带动主动轮使小车运动；小车的提升机构由提升机构电动机、提升机构减速器、卷筒、制动器等组成，提升机构电动机通过提升机构制动轮、联轴节与提升机构减速器连接，提升机构减速器的输出轴与卷筒相连。

　　通过对桥式起重机的结构分析可知，其运动形式有由大车驱动电动机驱动的前后运动，由小车驱动电动机驱动的左右运动，以及由提升机构电动机驱动的负载升降运动，每种运动都要求有极限位置保护。

4.2　起重机的电力拖动和电气控制要求

　　起重机的工作环境通常十分恶劣，而且环境变化大，大都在粉尘多、高温、高湿度或室外露天场所等环境中使用，其工作方式属于重复短时工作制。由于起重机的工作是间歇的（时开时停，有时轻载，有时重载），要求电动机经常处于频繁启动、制动、反向工作状态，同时能承受较大的机械冲击，并对它有一定的调速要求。因此，专门设计了起重用的电动机，它分为交流和直流两大类，交流异步电动机有绕线和笼型两种，一般在中小型起重机上用交流异步电动机，直流电动机一般用在大型起重机上。

　　为了提高起重机的工作效率及可靠性，对其电力拖动和电气控制等方面提出了很高的要求，主要要求如下。

　　（1）空钩时能快速升降，以缩短上升和下降时间，轻载时的提升速度应大于额定负载时的提升速度。

　　（2）具有一定的调速范围，普通起重机的调速范围一般为 3:1，而要求高的地方则要求达到 5:1～10:1。

　　（3）在开始提升或负载接近预定位置时，需要低速运行。因此应将速度分为几挡，以便灵活操作。

　　（4）提升第一挡的作用为消除传动间隙，使钢丝绳张紧。为了避免过大的机械冲击，这一挡的电动机的启动转矩不能过大，一般限制在额定转矩的 50% 以下。

　　（5）在负载下降时，根据负载的大小，驱动电动机的转矩可以是电动转矩，也可以是制

动转矩，两者之间的转换是自动进行的。

（6）为了确保安全，要采用机械与电气双重制动，这样既可以减小机械抱闸的磨损，又可以防止突然断电而使负载自由下落造成人身和设备事故。

（7）要有完备的电气保护与联锁环节。由于起重机的应用很广泛，所以它的控制设备已经标准化了。根据驱动电动机容量的大小，常用的控制方式有两种：一种是采用凸轮控制器直接去控制电动机的启停、正反转、调速和制动，这种控制方式由于受到控制器触点容量的限制，故只适用于小容量起重电动机的控制；另一种是采用主令控制器与磁力控制屏配合的控制方式，这种控制方式适用于容量较大、调速要求较高的起重电动机和工作十分繁重的起重机。对于 15 t 以上的桥式起重机，一般同时采用这两种控制方式，其主提升机构采用主令控制器配合磁力控制屏的控制方式，而其大车、小车移动行走机构和副提升机构则采用凸轮控制器的控制方式。

相关知识

4.3 电气控制器件

扫一扫看凸轮控制器微课视频

4.3.1 凸轮控制器

凸轮控制器就是利用凸轮来操作动触点动作的控制器。它主要用于功率不大于 30 kW 的中小型绕线转子异步电动机的电路，借助其触点系统直接控制电动机的启动、停止、调速、反转和制动，具有电路简单、运行可靠、维护方便等优点，在桥式起重机等设备中得到广泛应用。

常用的凸轮控制器有 KTJ1、KTJ15、KT10、KT12 及 KT14 等系列，下面以 KTJ1 系列凸轮控制器为例进行介绍。

1. 凸轮控制器的型号含义

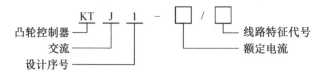

2. 凸轮控制器的结构与工作原理

KTJ1-50/1 型凸轮控制器如图 4-2 所示。它主要由手柄（或手轮）、触点系统、转轴、凸轮和外壳等部分组成。其触点系统共有 12 对触点，9 对常开、3 对常闭。其中，4 对常开触点接在主电路中，用于控制电动机的正、反转，配有石棉水泥制成的灭弧罩；其余 8 对触点接在控制电路中，不带灭弧罩。

凸轮控制器的工作原理：动触点与凸轮固定在转轴上，每个凸轮控制一对触点。当转动手柄时，凸轮随转轴转动，当凸轮的凸起部分顶住滚轮时，动、静触点断开；当凸轮的凹处与滚轮相碰时，动触点受到触点弹簧的作用压在静触点上，动、静触点闭合。在转轴 11 上叠装形状不同的凸轮片，可使各个触点按预定的顺序断开或闭合，从而实现不同的控制目的。

凸轮控制器的触点分合情况，通常用触点分合表来表示。KTJ1-50/1 型凸轮控制器的触点分合表如图 4-3 所示。图的上面第 2 行表示手柄的 11 个位置，左侧就是凸轮控制器的 12 对触点。各对触点在手柄处于某一位置时的通、断状态用某些符号标记，符号"×"表示对应触点在手柄处于此位置时是闭合的，无此符号表示是断开的。例如：手柄在反转"3"位置时，触点 AC2、AC4、AC5、AC6 及 AC11 处有"×"标记，表示这些触点是闭合的，其余触点是断开的。两对触点之间有短接线的（如 AC2—AC3 左边的短接线），表示它们一直是接通的。

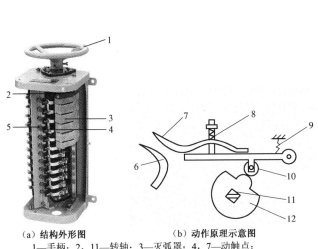

（a）结构外形图　　（b）动作原理示意图
1—手柄；2，11—转轴；3—灭弧罩；4，7—动触点；
5，6—静触点；8—触点弹簧；9—弹簧；10—滚轮；12—凸轮。

图 4-2　KTJ1-50/1 型凸轮控制器

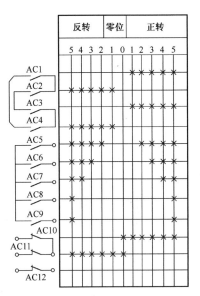

图 4-3　KTJ1-50/1 型凸轮控制器的触点分合表

触点	反转					零位	正转				
	5	4	3	2	1	0	1	2	3	4	5
AC1							×	×	×	×	×
AC2	×	×	×	×	×						
AC3	×	×	×	×	×						
AC4	×	×	×	×	×						
AC5	×	×	×	×	×		×	×	×	×	×
AC6	×	×	×	×	×		×	×	×	×	×
AC7	×	×	×	×	×		×	×	×	×	×
AC8	×	×	×	×	×		×	×	×	×	×
AC9	×	×	×	×	×		×	×	×	×	×
AC10							×	×	×	×	×
AC11	×	×	×	×	×						
AC12											

3. 凸轮控制器的选用

凸轮控制器主要根据其所控制电动机的容量、额定电压、额定电流、工作制和控制位置的数目等来选用。

4. 凸轮控制器的安装与使用

（1）凸轮控制器在安装前应检查外壳及零件有无损坏，并清除内部灰尘。

（2）安装前应操作凸轮控制器的手柄不少于 5 次，检查有无卡轧现象；检查触点的分合顺序是否符合规定的触点分合表要求，以及每一对触点是否动作可靠。

（3）凸轮控制器必须牢固可靠地安装在墙壁或支架上，其金属外壳上的接地螺钉必须与接地线可靠连接。

（4）应按触点分合表或电路图的要求接线，经反复检查，确认无误后才能通电。

（5）凸轮控制器安装结束后，应进行空载试验。启动时若凸轮控制器转到"2"位置后电动机仍未转动，则应停止启动，检查电路。

（6）启动操作时，手柄不能转动太快，应逐级启动，防止电动机的启动电流过大。

（7）凸轮控制器停止使用时，应将手柄准确地停在零位。

扫一扫看主令控制器微课视频

4.3.2　主令控制器

主令控制器是用于频繁地按照预定程序操纵多个控制电路的主令电器，它通过控制接触器来实现电动机的启动、制动、调速和反转，其触点的工作电流不大。

1. 主令控制器的型号含义

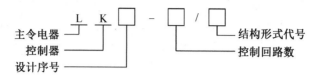

主令电器 — L K □ － □ / □ — 结构形式代号
控制器 — 控制回路数
设计序号

2. 主令控制器的结构与工作原理

主令控制器的外形及结构如图 4-4 所示。主令控制器所有的静触点都安装在绝缘板上，动触点固定在转动轴 6 转动的支架 5 上；凸轮鼓由多个凸轮块嵌装而成，凸轮块根据触点系统的开闭顺序制成不同角度的几处轮缘，每个凸轮块控制两对触点。

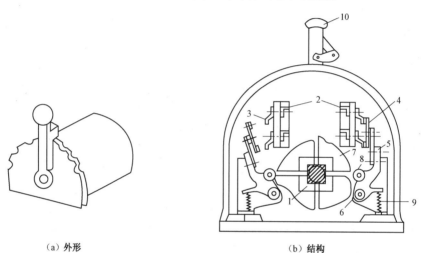

（a）外形　　　　（b）结构

1，7—凸轮块；2—接线柱；3—静触点；4—动触点；5—支架；6—转动轴；8—小轮；9—复位弹簧；10—手柄。

图 4-4　主令控制器的外形及结构

主令控制器的工作原理如下。

转动手柄→方形转轴带动凸轮块转动→凸轮块的凸出部分压动小轮 8，使动触点 4 离开静触点 3，断开电路。

转动手柄→小轮 8 位于凸轮块 7 的凹处，在复位弹簧 9 的作用下→动触点和静触点闭合，接通电路。

主令控制器的触点分合情况也用触点分合表来表示。LK1-12/90 型主令控制器的符号如图 4-5 所示，其触点分合表如表 4-1 所示。

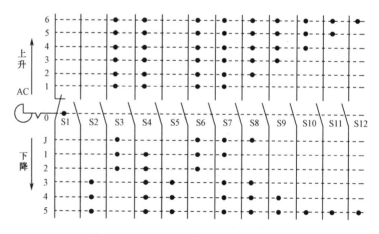

图 4-5　LK1-12/90 型主令控制器的符号

表 4-1　LK1-12/90 型主令控制器的触点分合表

触点	下降						零位	上升					
	5	4	3	2	1	J	0	1	2	3	4	5	6
S1							×						
S2	×	×	×										
S3				×	×	×		×	×	×	×	×	×
S4	×	×	×	×	×			×	×	×	×	×	×
S5	×	×	×										
S6				×	×	×		×	×	×	×	×	×
S7	×	×	×						×	×	×	×	×
S8	×	×	×						×	×	×	×	×
S9	×	×	×						×				
S10	×									×	×	×	
S11	×											×	×
S12	×												×

3. 主令控制器的选用

（1）主令控制器主要根据其使用环境、所需控制的电路数、触点闭合顺序进行选择。

（2）主令控制器投入运行前，应使用 500 V 或 1 000 V 的兆欧表测量其绝缘电阻，其绝缘电阻一般应大于 0.5 MΩ，同时根据接线图检查接线是否正确。

（3）主令控制器外壳上的接地螺栓应与接地网可靠连接。

（4）主令控制器不使用时手柄应停在零位。

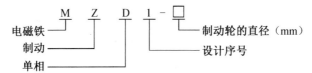

4.3.3　电磁抱闸制动器

电磁铁利用电磁吸力来牵引机械装置，以完成预期的动作，或将其用于钢铁零件的吸持固定、铁磁物体的起重搬运等，因此它是将电能转化为机械能的一种低压电器。

电磁铁主要由铁芯、衔铁、线圈和工作机构 4 个部分组成。

按线圈中通过电流的种类，电磁铁可分为交流电磁铁和直流电磁铁。下面只简单分析交流短行程制动电磁铁。

交流短行程制动电磁铁是转动式的，其制动力矩较小，多为单相或二相结构，常用的有 MZD1 系列，其型号含义如下。

```
            M   Z   D   1 - □
电磁铁 ————┘   │   │   │       └—— 制动轮的直径（mm）
制动 ——————————┘   │   └————————— 设计序号
单相 ——————————————┘
```

MZD1 系列制动电磁铁常与 TJ2 型闸瓦制动器配合使用，共同组成电磁抱闸制动器，电磁抱闸制动器的结构与符号如图 4-6 所示。

制动电磁铁由铁芯、衔铁和线圈三部分组成。闸瓦制动器包括闸轮、闸瓦、杠杆和弹簧等部分。闸轮装在轴上，当线圈通电后，衔铁绕轴转动吸合，衔铁克服弹簧拉力，迫使杠杆

带动闸瓦向外移动，使闸瓦离开闸轮，闸轮和轴可以自由转动。当线圈断电后，衔铁会释放，在弹簧的作用下，杠杆带动闸瓦向里运动，使闸瓦紧紧地抱住闸轮完成制动。

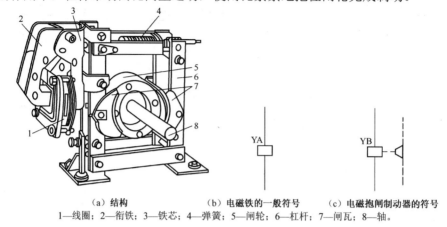

（a）结构　　　　　（b）电磁铁的一般符号　　　（c）电磁抱闸制动器的符号
1—线圈；2—衔铁；3—铁芯；4—弹簧；5—闸轮；6—杠杆；7—闸瓦；8—轴。

图 4-6　电磁抱闸制动器的结构与符号

1. 电磁抱闸制动器的断电制动控制电路

电磁抱闸制动器分为断电制动型和通电制动型两种。断电制动型的工作原理如下：当制动电磁铁的线圈得电时，闸瓦制动器的闸瓦与闸轮分开，无制动作用；当制动电磁铁的线圈失电时，闸瓦紧紧地抱住闸轮制动。通电制动型的工作原理如下：当制动电磁铁的线圈得电时，闸瓦紧紧地抱住闸轮制动；当制动电磁铁的线圈失电时，闸瓦与闸轮分开，无制动作用。

电磁抱闸制动器的断电制动控制电路图如图 4-7 所示。

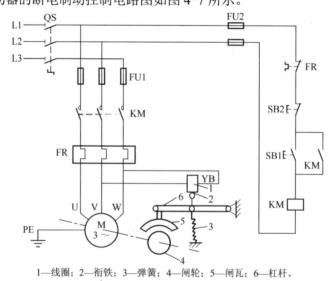

1—线圈；2—衔铁；3—弹簧；4—闸轮；5—闸瓦；6—杠杆。

图 4-7　电磁抱闸制动器的断电制动控制电路图

电路的工作原理如下（先合上电源开关 QS）。

启动运转：按启动按钮 SB1，接触器 KM 的线圈得电，其自锁触点和主触点闭合，电动机 M 接通电源，同时电磁抱闸制动器 YB 的线圈得电，衔铁与铁芯吸合，衔铁克服弹簧拉力，迫使杠杆向上移动，从而使电磁抱闸制动器的闸瓦与闸轮分开，电动机 M 正常运转。

制动停转：按停止按钮 SB2，接触器 KM 的线圈失电，其自锁触点和主触点断开，电动

机 M 失电，同时电磁抱闸制动器 YB 的线圈也失电，衔铁与铁芯分开，在弹簧拉力的作用下闸瓦紧紧地抱住闸轮，使电动机 M 迅速制动而停转。

电磁抱闸制动器的断电制动在起重机上被广泛应用。其优点是能够准确定位，同时可防止电动机突然断电导致负载自行坠落。当负载起吊到一定高度时，按停止按钮，电动机和电磁抱闸制动器的线圈同时断电，闸瓦立即抱住闸轮，电动机立即制动停转，负载随之被准确定位。如果电动机在工作时，电路发生故障而突然断电，电磁抱闸制动器同样会使电动机迅速制动停转，从而避免负载自行坠落。这种制动方法的缺点是不经济，因为电磁抱闸制动器线圈的耗电时间与电动机的一样长。另外，切断电路后，由于电磁抱闸制动器的制动作用，手动调整工件很困难。因此，对于要求电动机制动后能调整工件位置的机床设备不能采用这种制动方法，可采用下述通电制动控制电路。

2. 电磁抱闸制动器的通电制动控制电路

电磁抱闸制动器的通电制动控制电路图如图 4-8 所示。这种通电制动方法与上述断电制动方法稍有不同。当电动机得电运转时，电磁抱闸制动器的线圈断电，闸瓦与闸轮分开，无制动作用；当电动机失电停转时，电磁抱闸制动器的线圈得电，闸瓦紧紧地抱住闸轮制动；当电动机处于停转常态时，电磁抱闸制动器的线圈无电，闸瓦与闸轮分开，这样操作人员可以用手扳动主轴调整工件、对刀等。

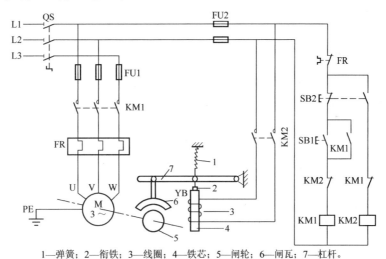

1—弹簧；2—衔铁；3—线圈；4—铁芯；5—闸轮；6—闸瓦；7—杠杆。

图 4-8　电磁抱闸制动器的通电制动控制电路图

电路的工作原理如下（先合上电源开关 QS）。

（1）启动运转：按启动按钮 SB1，接触器 KM1 的线圈得电，其自锁触点和主触点闭合，电动机 M 启动运转。由于 KM1 的联锁触点断开，接触器 KM2 不能得电动作，所以电磁抱闸制动器 YB 的线圈无电，衔铁与铁芯分开，在弹簧拉力的作用下，闸瓦与闸轮分开，电动机 M 不受制动正常运转。

（2）制动停转：按复合按钮 SB2，其常闭触点先断开，接触器 KM1 的线圈失电，KM1 的自锁触点和主触点断开，电动机 M 失电，KM1 的联锁触点恢复闭合，待 SB2 的常开触点闭合后，接触器 KM2 的线圈得电，KM2 的主触点闭合，电磁抱闸制动器 YB 的线圈得电，铁芯吸合衔铁，衔铁克服弹簧拉力，带动杠杆向下移动，使闸瓦紧抱闸轮，电动机 M 被迅速

扫一扫看电流继电器微课视频

制动而停转。KM2 的联锁触点断开对 KM1 的联锁。

4.3.4 电流继电器

电流继电器是反映电流变化情况的控制电器。使用时，将电流继电器的线圈串联在被测电路中，电流继电器根据通过线圈的电流大小而动作。为了使串联电流继电器的线圈后不影响电路的正常工作，电流继电器线圈的匝数要少、导线要粗、阻抗要小。

电流继电器分为过电流继电器和欠电流继电器两种。

1. 过电流继电器

当电流继电器中的电流超过预定值时，引起开关电器有延时或无延时动作的电流继电器叫作过电流继电器。它主要用于频繁启动和重载启动的场合，作为电动机和主电路的过载和短路保护电器。

1）型号含义

常用的过电流继电器有 JT4 系列交流通用过电流继电器和 JL14 系列交直流通用过电流继电器，其型号含义分别如下。

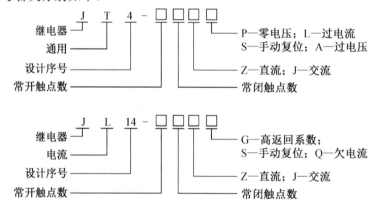

2）结构及工作原理

JT4 系列过电流继电器如图 4-9 所示。它主要由线圈、静铁芯、衔铁、触点和反作用弹簧等组成。JT4 系列过电流继电器适用于交流 60 Hz 的控制电路。

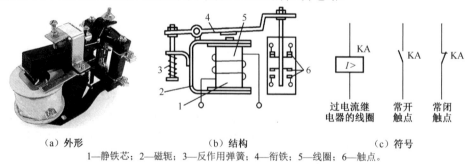

（a）外形　　　　　　（b）结构　　　　　　（c）符号
1—静铁芯；2—磁轭；3—反作用弹簧；4—衔铁；5—线圈；6—触点。

图 4-9　JT4 系列过电流继电器

当通过线圈的电流为额定值时，过电流继电器所产生的电磁吸力不足以克服反作用弹簧的反作用力，此时衔铁不动作。当通过线圈的电流超过整定值时，其电磁吸力大于反作用弹簧的反作用力，铁芯吸引衔铁动作，带动常闭触点断开、常开触点闭合。调整反作用弹簧的

反作用力，可整定过电流继电器的动作电流值。JT4 系列中有的过电流继电器带有手动复位机构，这类过电流继电器因过电流动作后，当电流再减小甚至到零时，衔铁也不能自动复位，只有当操作人员检查并排除故障后，手动松掉锁扣机构，衔铁才能在复位弹簧的作用下返回，从而避免重复过电流事故的发生。

JT4 和 JL14 系列过电流继电器都是瞬动型过电流继电器，主要用于电动机的短路保护。在生产中还用到一种具有过载、启动延时、过电流迅速动作保护特性的过电流继电器，如 JL12 系列过电流继电器，其外形和结构如图 4-10 所示。它主要由螺管式电磁系统（包括线圈、磁轭、动铁芯、封帽、封口塞等）、阻尼系统（包括导管、硅油和动铁芯中的钢珠）和触点（微动开关）等组成，当通过过电流继电器线圈的电流超过整定值时，导管中的动铁芯受到电磁力的作用开始上升，当动铁芯上升时，钢珠关闭油孔，使动铁芯的上升受到阻尼作用，动铁芯须经过一段时间的延迟后才能推动顶杆，使微动开关的常闭触点断开，切断控制电路，使电动机得到保护。触点延时动作的时间由过电流继电器下端封帽内装有的调节螺钉调节。当故障排除后，动铁芯因重力作用返回原来的位置。由于过电流继电器从线圈过电流到触点动作须延迟一段时间，防止了在电动机启动过程中过电流继电器发生误动作。

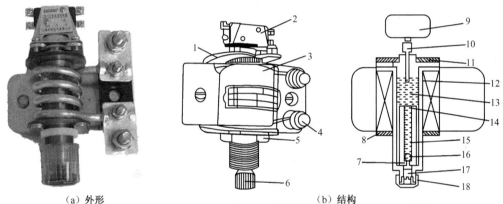

（a）外形　　　　　　　　　（b）结构

1，8—磁轭；2，9—微动开关；3，12—线圈；4—接线柱；5—紧固螺母；6，18—封帽；
7—油孔；10—顶杆；11—封口塞；13—硅油；14—导管（油杯）；15—衔铁；16—钢珠；17—调节螺钉。

图 4-10　JL12 系列过电流继电器的外形和结构

过电流继电器在电路图中的符号如图 4-9（c）所示。

2. 欠电流继电器

当通过电流继电器的电流低于其整定值时发生动作的电流继电器叫作欠电流继电器。当通过线圈的电流正常时，这种电流继电器的衔铁与铁芯是吸合的，它常用于直流电动机励磁电路和电磁吸盘的弱磁保护。

常用的欠电流继电器有 JL14 等系列产品，其结构与工作原理和 JT4 系列过电流继电器的相似。这种欠电流继电器的动作电流为线圈额定电流的 30%～65%，释放电流为线圈额定电流的 10%～20%。因此，当通过欠电流继电器线圈的电流降低到其额定电流的 10%～20%时，欠电流继电器释放复位，其常开触点断开、常闭触点闭合，给出控制信号，使控制电路做出相应的反应。

欠电流继电器在电路图中的符号如图 4-11 所示。

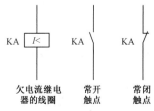

欠电流继电 　　常开　　　　常闭
器的线圈 　　触点　　　　触点

图 4-11　欠电流继电器在电路图中的符号

扫一扫看电
压继电器微
课视频

4.3.5　电压继电器

反映的输入量为电压的继电器叫作电压继电器。使用时，将电压继电器的线圈并联在被测电路中，电压继电器根据线圈两端电压的大小而接通或断开电路。因此这种继电器线圈的匝数多、导线细、阻抗大。

根据实际应用的要求，电压继电器分为过电压继电器、欠电压继电器和零电压继电器。过电压继电器是当电压大于其整定值时动作的电压继电器，主要用于对电路或设备的过电压保护。常用的过电压继电器为 JT4-A 系列，其动作电压可在 105%～120% 的额定电压范围内调整。欠电压继电器是当电压降至某一规定范围内时动作的电压继电器。零电压继电器是欠电压继电器的一种特殊形式，是当电压继电器的端电压降至零或接近消失时才动作的电压继电器。由此可知，欠电压继电器和零电压继电器在电路中正常工作时，其铁芯与衔铁是吸合的。当电压低于整定值时，衔铁释放，带动触点动作，对电路实现欠电压或零电压保护。常用的欠电压和零电压继电器有 JT4-P 系列，欠电压继电器的释放电压可在 40%～70% 的额定电压范围内整定，零电压继电器的释放电压可在 10%～35% 的额定电压范围内调节。

电压继电器的结构、工作原理及安装使用等知识与电流继电器的类似，这里不再重复。

电压继电器主要依据其线圈的额定电压、触点的数目和种类进行选择。

电压继电器在电路图中的符号如图 4-12 所示。

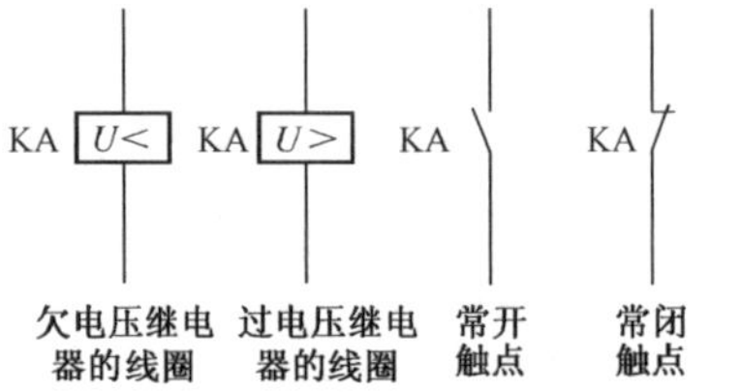

【科技创新，引领发展】

正泰集团股份有限公司始创于 1984 年，它从拥有 8 名员工的小开关厂起家，本着精益求精和技术创新的精神发展壮大至今，成为全球知名的智慧能源系统解决方案提供商，业务遍及 140 多个国家和地区，在全球拥有 4 万余名员工，年营业收入逾 1000 亿元，连续 21 年上榜中国企业 500 强。正泰电器股份有限公司是正泰集团的核心控股公司，已成为国内低压电器行业的龙头，在国内中端市场占有的份额已接近 50%。

正泰集团的发展史不仅是一家民营企业的创业史，更是一部中国自主品牌的成长史。30余年励精图治，正泰集团坚持走技术兴企之路，在民营企业中率先建立了国家级的技术研发中心、理化测试中心、计量中心和低压电器检测中心等，为企业的技术创新提供了良好的硬件保证，先后被认定为国家企业技术中心、国家级工业设计中心，获得国家技术创新示范企业、国家知识产权示范企业、中国产学研合作创新奖等荣誉。正泰集团的产品开发从"跟随型"向"领先型"发展，一步步向国际化迈进。

正泰作为我国的一个民族品牌，成长至今非常不易。同学们不仅要珍惜中国制造，支持民族的品牌，同时，也要向前辈学习精益求精、脚踏实地的工匠精神，在学习与工作中积极探索、大胆实践、创新方式方法、提高工作效率，用创新举措开创新局面。

图 4-12　电压继电器在电路图中的符号

（图中符号标注：KA ⎍U<⎍　KA ⎍U>⎍　KA　KA　欠电压继电器的线圈　过电压继电器的线圈　常开触点　常闭触点）

4.4　电气控制电路

下面以绕线转子异步电动机的转子绕组串联电阻启动控制电路的设计来讲述上述相关知识的应用。

在实际生产中对要求启动转矩较大且能平滑调速的场合，常常采用绕线转子异步电动机。绕线转子异步电动机的优点是可以通过滑环在转子绕组中串联电阻来改善电动机的机械特性，从而达到减小启动电流、增大启动转矩及平滑调速的目的。

电动机的转子绕组中串联的三相电阻在每段切除前和切除后，始终是对称的，被称为三相对称电阻器，如图 4-13（a）所示。在启动过程中依次切除 R1、R2、R3，最后全部电阻被切除。与上述情况相反，启动时串联的全部三相电阻是不对称的，且每段切除后仍不对称，这样的三相电阻被称为三相不对称电阻器，如图 4-13（b）所示。在启动过程中依次切除 R1、R2、R3、R4、R5，最后全部电阻被切除。

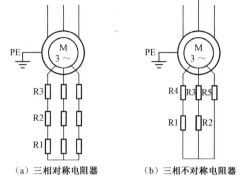

图 4-13　转子绕组串联三相电阻

4.4.1　按钮操作控制电路

按钮操作转子绕组串联电阻启动的电路图如图 4-14 所示。

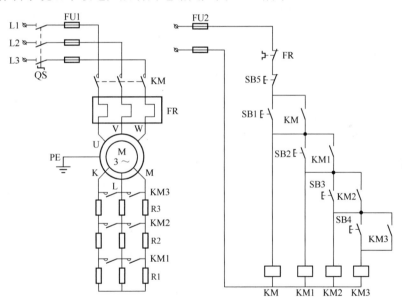

图 4-14　按钮操作转子绕组串联电阻启动的电路图

电路的工作原理如下（先合上电源开关 QS）。

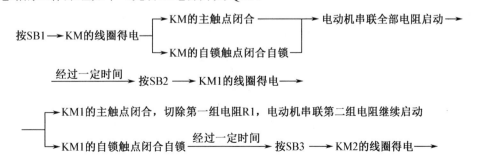

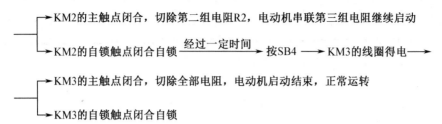

停止时，按 SB5 即可。

4.4.2 时间继电器自动控制电路

按钮操作控制电路的缺点是操作不便，工作也不安全可靠，所以在实际生产中常采用时间继电器自动控制短接电阻的电路，其电路图如图 4-15 所示。该电路利用 3 个时间继电器 KT1、KT2、KT3 和 3 个接触器 KM2、KM3、KM4 的相互配合来依次自动切除转子绕组中的三级电阻。

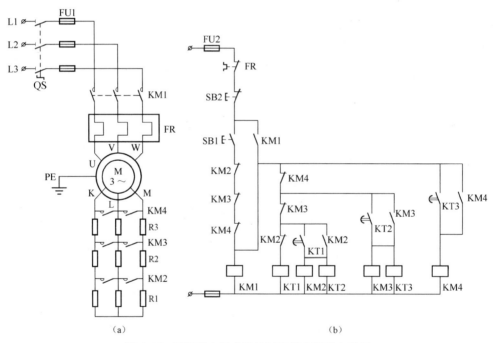

图 4-15 时间继电器自动控制短接电阻的电路图

电路的工作原理如下（先合上电源开关 QS）。

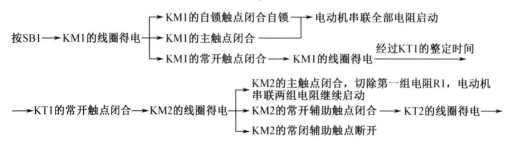

$\xrightarrow{\text{经KT2整定时间}}$ KT2的常开触点闭合 $\longrightarrow$ KM3的线圈得电 $\begin{cases} \text{KM3的主触点闭合，切除第二组电阻R2，}\\ \text{电动机串联第一组电阻继续启动}\\ \text{KM3的常开辅助触点闭合} \longrightarrow\\ \text{KM3的常开辅助触点断开} \end{cases}$

$\longrightarrow$ KM3的线圈得电 $\xrightarrow{\text{经过KT3的整定时间}}$ KT3的常开触点闭合 $\longrightarrow$ KM4的线圈得电 $\longrightarrow$

$\begin{cases} \text{KM4的自锁触点闭合自锁}\\ \text{KM4的主触点闭合，切除第三组电阻R3，电动机启动结束，正常运转}\\ \text{KM4的常闭辅助触点断开} \longrightarrow \text{使KT1、KM2、KT2、KM3、KT3依次断电释放，触头复位}\\ \text{KM4的常闭辅助触点断开} \end{cases}$

与启动按钮 SB1 串联的接触器 KM2、KM3 和 KM4 的常闭辅助触点的作用是保证电动机在转子绕组中接入全部外加电阻时才能启动。如果 KM2、KM3 和 KM4 中任何一个的触点因熔焊或机械故障而没有释放，那么电阻就没有被全部接入转子绕组中，从而使启动电流超过规定值。若把 KM2、KM3 和 KM4 的常闭触点与 SB1 串联在一起，就可以避免这种现象的发生，因为 3 个接触器中只要有 1 个触点没有恢复闭合，电动机就不可能接通电源直接启动。

停止时，按 SB2 即可。

4.4.3　电流继电器自动控制电路

电流继电器自动控制电路图如图 4-16 所示。该电路利用 3 个欠电流继电器 KA1、KA2 和 KA3 根据电动机的转子电流变化，来控制接触器 KM1、KM2 和 KM3 依次得电动作，逐级切除外加电阻。KA1、KA2、KA3 的线圈串联在转子电路中，它们的吸合电流都一样，但释放电流不同，KA1 的释放电流最大，KA2 的次之，KA3 的最小。

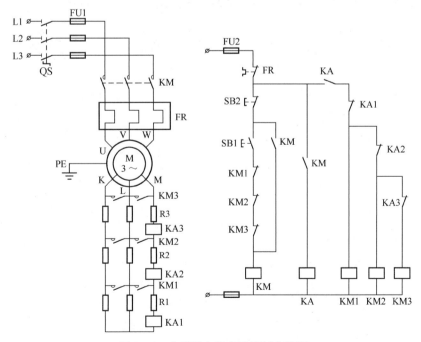

图 4-16　电流继电器自动控制电路图

电路的工作原理如下（先合上电源开关 QS）。

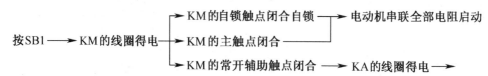

按SB1 ⟶ KM的线圈得电 ⟶ KM的自锁触点闭合自锁 ⟶ 电动机串联全部电阻启动
KM的主触点闭合
KM的常开辅助触点闭合 ⟶ KA的线圈得电 ⟶

⟶ KA的常开触点闭合，为 KM1、KM2、KM3 的线圈得电做准备

由于电动机刚启动时，其转子电流很大，3 个欠电流继电器 KA1、KA2、KA3 都吸合，它们接在控制电路中的常闭触点都断开，使接触器 KM1、KM2、KM3 的线圈都不能得电，接在转子电路中的常开触点都处于断开状态。全部电阻均被串联在转子绕组中，随着电动机转速的升高，转子电流逐渐减小，当减小至 KA1 的释放电流时，KA1 首先释放，使控制电路中 KA1 的常闭触点恢复闭合，KM1 的线圈得电，其主触点闭合，短接切除第一组电阻 R1；当 R1 被切除后，转子电流重新增大，但随着电动机转速的继续升高，转子电流又会减小，当减小至 KA2 的释放电流时，KA2 释放，它的常闭触点恢复闭合，KM2 的线圈得电，其主触点闭合，短接切除第二组电阻 R2。如此继续下去，直到全部电阻被切除，电动机启动完毕，进入正常运转状态。

中间继电器 KA 的作用是保证电动机在转子电路中接入全部电阻时开始启动。因为电动机开始启动时的启动电流由零增大到最大值需要一定的时间，这样就有可能出现 KA1、KA2、KA3 还未动作，KM1、KM2、KM3 就已吸合而把电阻 R1、R2、R3 短接，使电动机直接启动的情况。采用 KA 后，无论 KA1、KA2、KA3 有无动作，电动机开始启动时都可由 KA 的常开触点切断 KM1、KM2、KM3 的线圈通电电路，保证电动机启动时串联全部电阻。

项目实施：桥式起重机的控制电路分析

4.5　桥式起重机凸轮控制器的控制电路分析

扫一扫下载桥式起重机凸轮控制器控制电路教学课件

凸轮控制器的控制电路具有电路简单、维护方便、价格便宜等优点，普遍用于中小型起重机的平移机构电动机和提升机构电动机的控制。

图 4-17 所示为采用 KT14-25J/1 与 KT14-60J/1 型凸轮控制器直接控制起重机的平移机构电动机或提升机构电动机的启停、正反转、调速与制动的电路原理图。

4.5.1　电动机的工作特点

起重机采用三相交流绕线转子异步电动机作为提升机构的驱动电动机，被控制的绕线转子异步电动机的转子绕组串联了不对称电阻,有利于减少转子电阻的段数及控制触点的数目。提升负载时，凸轮控制器的第 1 挡为预备级，用于张紧钢丝绳，在第 2、3、4、5 挡时提升速度逐渐提高。图 4-18 所示为凸轮控制器控制电动机的机械特性曲线。

从特性曲线上工作点的变化，可以分析出其控制特点。

下放负载时，由于负载较重，电动机工作在发电制动状态，因此操作负载下降时应将凸轮控制器的手柄从零位迅速扳至第 5 挡，中间不允许停留。往回操作时也应从下降第 5 挡快速扳至零位，以免引起负载的高速下落而造成事故。

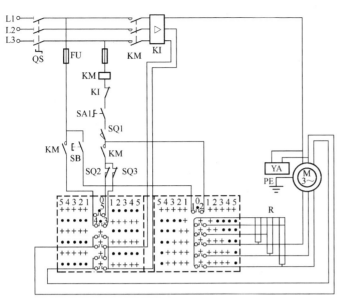

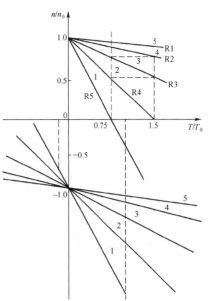

图4-17 采用凸轮控制器直接控制起重机的平移机构电动机或提升机
构电动机的启停、正反转、调速与制动的电路原理图

图4-18 凸轮控制器控制电动机
的机械特性曲线

对于轻载提升，第 1 挡为启动级，第 2、3、4、5 挡的提升速度逐渐提高，但提升速度变化不大。下降时当起吊物太轻而不足以克服摩擦转矩时，电动机工作在强力下降状态，即电磁转矩与负载的重力矩方向一致。

由以上分析可知，该控制电路不能使重载或轻载低速下降，在下降操作中需要准确定位时（如需要装配时），可采用点动操作方式，即凸轮控制器的手柄扳至下降第 1 挡后立即扳回零位，经多次点动，并配合电磁抱闸制动器便能实现准确定位。

4.5.2 主电路分析

QS 为电源开关，KI 为过电流继电器，用于过载保护，YA 为电磁抱闸制动器的电磁铁。YA 断电时，在强力弹簧的作用下，电磁抱闸制动器的闸瓦紧紧地抱住电动机的转轴进行制动；YA 通电时，电磁铁吸动抱闸使之松开，电动机由接触器 KM 进行启动和停止控制，电动机的转子电路串联了几段三相不对称电阻，在凸轮控制器的不同控制位置，凸轮控制器控制转子的各相电路接入不同的电阻，以得到不同的转速，实现一定范围内的调速。

在电动机的定子电路中，三相电源进线中有一相直接引入，其他两相经凸轮控制器控制。由图4-17可知，凸轮控制器的手柄位于左边1～5挡与位于右边1～5挡的区别是两相电源互换，可以实现电动机电源相序的改变，达到正转与反转控制的目的；YA 与电动机同时得电或失电，从而实现停电制动的目的。凸轮控制器的手柄使电动机的定子和转子电路同时处在左边或右边对应各挡控制的位置。左右两边1～5挡转子电路的接线完全一样，当手柄位于第1挡时，由图4-17可知，转子电路中的各对触点都不接通，转子电路中的电阻全部接入，电动机的转速最低；而手柄位于第 5 挡时，5 对触点全部接通，转子电路中的电阻全部短接，电动机的转速提高。

由此可知，凸轮控制器的控制触点串联在电动机的定子、转子电路中，用来直接控制电动机的工作状态。

4.5.3 控制电路分析

凸轮控制器的另外 3 对触点串联在接触器 KM 的控制电路中，当手柄位于零位时，触点 1—2、3—4、4—5 接通。此时若按 SB，则 KM 通电吸合并自锁，电源接通，电动机的运行状态由凸轮控制器控制。

4.5.4 保护联锁环节分析

此控制电路中有过电流保护、失电压保护、短路保护、极限位置保护、安全门及紧急操作等保护环节，其中主电路的过电流保护由串联在主电路中的过电流继电器 KI 来提供。KI 的控制触点串联在接触器 KM 的控制电路中，一旦发生过电流，KI 动作，KM 释放而切断控制电路的电源，起重机便停止工作。由 KM 的线圈和零位触点串联来提供失电压保护，在操作中一旦断电，KM 释放，必须将手柄扳回零位，并重新按启动按钮，电动机方能工作。控制电路的短路保护由 FU 提供，串联在控制电路中的 SA1、SQ1、SQ2 与 SQ3 分别是紧急操作开关、安全门开关、提升机构上极限位置与下极限位置的保护行程开关。

4.6 桥式起重机主令控制器的控制电路分析

扫一扫下载桥式起重机主令控制器控制电路教学课件

由凸轮控制器组成的起重机控制电路虽然具有电路简单，操作、维护方便，经济等优点，但受到触点容量的限制，调速性能不够好，因此，常采用主令控制器与磁力控制屏相配合的控制方式。图 4-19 和图 4-20 所示为主令控制器与磁力控制屏相配合的主电路图和控制电路图。控制系统中只有尺寸较小的主令控制器安装在驾驶室，其余设备如磁力控制屏、电阻箱、电磁抱闸制动器等均安装在桥架上。

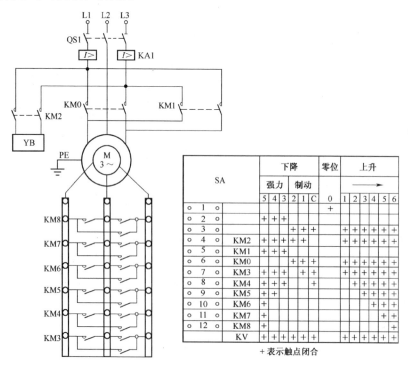

图 4-19 主令控制器与磁力控制屏相配合的主电路图

下面分析由 LK1-12/90 型主令控制器与 PQR10A 系列磁力控制屏组成的桥式起重机的主提升机构和控制系统。

4.6.1　主电路分析

LK1-12/90 型主令控制器共有 12 对触点，提升、下降各有 6 个控制位置。通过 12 对触点的闭合与断开组合去控制定子电路与转子电路中的接触器，从而控制电动机的工作状态（转向、转速等），使吊钩上升、下降，高速或低速运行。

在图 4-19 中，QS1 为主电路的开关，KM0 与 KM1 为提升机构电动机正、反转控制接触器（控制吊钩升降），YB 为三相制动电磁铁，KA1 为过电流继电器。电动机的转子电路中共有 7 段对称连接的电阻，其中前 2 段为反接制动电阻，分别由接触器 KM3、KM4 控制；后 4 段为启动加速调速电阻，分别由接触器 KM5~KM8 控制；最后一段为固定的软化特性电阻，一直串联在转子电路中。当 KM3~KM8 依次闭合时，电动机的转子电路中串入的电阻依次减少，磁力控制屏控制的电动机的机械特性曲线如图 4-21 所示。

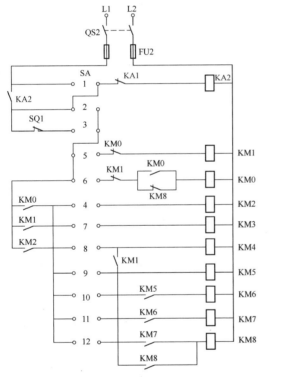

图 4-20　主令控制器与磁力控制屏相配合的控制电路图

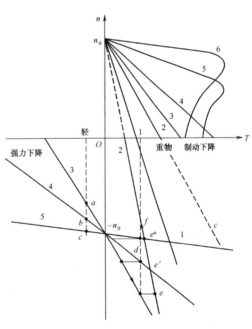

图 4-21　磁力控制屏控制的电动机的机械特性曲线

4.6.2　控制电路分析

1．正转提升控制

先合上 QS1、QS2，主电路、控制电路上电，当主令控制器的手柄置于零位时，SA-1（表示 SA 的第 1 对触点，以下类同）闭合，使电压继电器 KA2 吸合并自锁，控制电路便处于准备工作状态。当手柄处于工作位置时，虽然 SA-1 断开，但不影响 KA2 的吸合状态，但当电源断电后，必须使手柄回到零位后才能再次启动，这就是零位保护作用。如图 4-19 和图 4-20

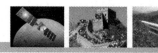
所示，正转提升有6个控制位置，当主令控制器的手柄转到上升第1位时，SA-3、SA-4、SA-6、SA-7闭合，接触器KM0、KM2、KM3通电吸合，电动机接上正转电源，制动电磁铁同时通电，松开电磁抱闸制动器的闸瓦，由于转子电路中KM3的触点短接一段电阻，所以电动机按照第一象限特性曲线1的机械特性工作（见图4-21），其对应的电磁转矩较小，一般吊不起负载，只作为张紧钢丝绳和消除齿轮间隙的预备启动级。

当手柄依次转到上升第2、3、4、5、6位时，主令控制器的触点SA-8～SA-12相继闭合，依次使接触器KM4、KM5、KM6、KM7、KM8通电吸合，对应的转子电路逐渐短接各段电阻，电动机的工作点从第2条特性曲线向第3、4、5条并最终向第6条特性曲线过渡，其提升速度逐渐增加，可获得5种提升速度。

主令控制器的手柄在提升位置时，SA-3的触点始终闭合，限位开关SQ1串入控制电路起到上升极限位置保护作用。当负载到达上升的上限位置时，所有接触器全部断电，电动机在制动电磁铁的作用下使负载停在空中。

2. 下降操作控制

由图4-21可知，下降控制也有6个位置，根据吊钩上负载的大小和控制要求，分为3种情况。

（1）下降C位（第1挡）用于负载稳定停于空中或在空中做平移运动。由图4-20可知，此时主令控制器的SA-3、SA-6、SA-7、SA-8闭合，使KM0、KM3、KM4通电吸合，电动机的定子正向通电，转子短接两段电阻，产生一个提升转矩。此时KM2未通电，因此电磁抱闸制动器对电动机起制动作用，电磁抱闸制动器的制动力矩加上电动机产生的提升转矩与吊钩上的负载力矩相平衡，使负载能安全停留在空中。

该操作挡的另一个作用是在下放负载时，手柄由下降任一位置扳回零位时，都要经过第1挡，这时既有电动机的倒拉反接制动，又有电磁抱闸制动器的机械制动，在两者共同作用下，可以防止负载溜钩，以实现准确停车。

下降C位的电动机转子电阻与提升第2位的相同，所以该挡的机械特性曲线为上升特性曲线2及其在第四象限的延伸。

（2）下降第1、2位用于负载低速下降，手柄在下降第1、2位时，SA-4闭合，KM2和YB通电，电磁抱闸制动器松开，SA-8、SA-7相继断开，KM4、KM3相继断电释放，电动机的转子电阻逐渐加入，使电动机产生的制动力矩减小，进而使电动机工作在不同速度的倒拉反接制动状态，获得两级重载下降速度，其机械特性曲线如图4-21中第四象限的1、2两种特性曲线所示。

必须注意，只有在负载下降时，为获得低速才能用这两挡。倘若空钩或下放轻载时手柄置于第1、2位，这时非但不会下降，而且由于电动机产生的提升转矩大于负载转矩，还会上升，此时应立即将手柄推至强力下降控制位置。为了防止误操作而产生空钩或轻载在第1、2位不下降，反而上升超过上极限位置的事故，手柄在下降第1、2位时SA-3闭合，将SQ1串入控制电路，以实现上升极限位置保护作用。

（3）下降第3、4、5位用于强力下降。当手柄在下降第3、4、5位时，KM1及KM2通电吸合，电动机的定子反向通电，同时电磁抱闸制动器松开，电动机产生的电磁转矩与吊钩负载力矩的方向一致，强迫推动吊钩下降，故将其称为强力下降，适用于空钩或轻载下降。因为提升机构存在一定的摩擦阻力，空钩或轻载时的负载力矩不足以克服摩擦转矩自动下降。

从第 3 位到第 5 位，转子电阻依次切除，可以获得三种强力下降速度，电动机的机械特性曲线对应于图 4-21 中第三象限的 3、4、5 三条特性曲线。

4.7 桥式起重机的保护电路分析

由于起重机的控制是一种远距离控制，很可能发生判断失误。例如，实际上是一个负载下降，而司机估计不足，以为是轻载，将手柄扳到下降第 5 位，在电磁转矩及负载力矩的共同作用下，电动机的工作状态沿下降特性曲线 5 过渡到第四象限的 d 点，电动机的转速超过同步转速而进入发电制动状态。因为高速下放负载是危险的，所以必须迅速将手柄从第 5 位转到下降第 1 位或第 2 位，以使负载低速下降。但是，在转位的过程中手柄必须经过下降第 4 位、第 3 位，电动机的工作状态将沿下降特性曲线 4 到下降特性曲线 3，一直到 e 点再过渡到 f 点，才稳定下来，在转位的过程中将会产生更危险的超高速，可能发生人身及设备事故。

为了避免因判断错误而引起的负载高速下降危险，从下降第 5 位回转到第 2 位或第 1 位的过程中，希望从特性曲线 5 上的 d 点直接过渡到 f 点稳定下来，即希望在转换过程中，转子电路中不串入电阻，使电动机工作点的变化保持在下降特性曲线 5 上。因此，在控制电路中，将 KM1 和 KM8 的动合触点串联，使 KM8 通电后自锁，在转换过程中经第 4、3 位时，KM8 保持吸合，电动机始终运行在下降特性曲线 5 上，由 d 点经 e 点平稳过渡到 f 点，最后稳定在低速下降状态，避免超高速下降出现危险。在 KM8 的自锁触点电路中串入 KM1 的触点是为了不影响上升操作的调速性能。

在下降第 3 位转到第 2 位时，SA-5 断开、SA-6 接通，KM1 断电、KM0 通电吸合，电动机由电动状态进入反接制动状态。为了避免反接时的冲击电流和保证正确进入第 2 位的反接特性，应使 KM8 立即断开，以加入反接制动电阻，并且要求只有在 KM8 断开之后，KM0 才能闭合。采用 KM8 的动断触点和 KM0 的动合触点并联的联锁触点，保证在 KM8 的动断触点复位后，KM0 才能吸合并自锁。此环节也可防止由于 KM8 的主触点因电流过大而烧结，使转子短路，造成提升操作时直接启动的危险。

在控制电路中将 KM0、KM1、KM2 的动合触点并联，是为了在下降第 2 位到第 3 位的转换过程中，避免高速下降瞬间机械制动引起强烈振动而损坏设备和发生人身事故。因为 KM0 与 KM1 之间采用了电气互锁，一个释放后，另一个才能接通，所以在换接过程中必然有一瞬间两个接触器均不通电，这就会造成 KM2 突然失电而发生突然的机械制动。将 3 个触点并联，则可避免以上情况。

为了保证各级电阻按顺序切除，在每个加速电阻的接触器电路中，都串入了上一级接触器的辅助动合触点，因此只有上一级接触器投入工作后，后一级接触器才能吸合，以防止工作顺序错乱。此外，该电路还具有零位保护、零电压保护、过电流保护及上限位置保护作用。

知识梳理与总结

桥式起重机是一种应用十分普遍的生产机械。本项目对桥式起重机的各种控制设备、电气保护设备做了较为详细的介绍，对典型的凸轮控制器、主令控制器的控制电路及交流起重机的控制做了详尽的讨论和分析。通过本项目的学习，读者应对桥式起重机的控制特点、操作方法有了清晰的了解，应牢固掌握凸轮控制器和主令控制器的控制电路。

起重机按其结构可分为桥式起重机、门式起重机、塔式起重机、旋转起重机及缆索起重机等。桥式起重机由桥架、大车移动行走机构、小车运行机构及驾驶室等几部分组成。其运动形式有由大车驱动电动机驱动的前后运动，由小车驱动电动机驱动的左右运动，以及由提升机构电动机驱动的负载升降运动，每种运动都要求提供极限位置保护。凸轮控制器控制电路的保护联锁环节有过电流保护、失电压保护、短路保护、极限位置保护、安全门及紧急操作等保护环节。

起重机的工作环境通常十分恶劣，而且环境变化大，大都在粉尘多、高温、高湿度或室外露天场所等环境中使用，其工作负载断续周期工作。因此，专门设计了起重用电动机，它分为交流和直流两大类，交流异步电动机有绕线和笼型两种，一般在中小型起重机上用交流异步电动机，直流电动机一般用在大型起重机上。

练习与思考题 4

4-1 起重机有哪几种分类？

4-2 桥式起重机包含哪些部件？对电力拖动和电气控制的要求是什么？

4-3 起重机有哪几种控制方式？在使用场合上有何区别？

4-4 凸轮控制器控制的起重机有哪些保护？它的提升过程如何实现？

4-5 主令控制器与磁力控制屏相配合控制的起重机提供哪些保护？它的提升过程如何实现？

4-6 设计一个控制电路，要求第一台电动机 M1 启动运行 5 s 以后，第二台电动机 M2 自动启动；M2 运行 5 s 以后，M1 停止运行，同时第三台电动机 M3 自行启动；M3 运行 5 s 以后，电动机全部停止。

项目 5

送料小车自动往返运行的 PLC 控制

教学导航

<table>
<tr><td rowspan="5">教</td><td>建议课时</td><td>24</td></tr>
<tr><td>推荐教学方法</td><td>1. 基于项目实施的工作过程教学法；
2. 以送料小车自动往返运行的 PLC 控制为项目，引导学生学习 PLC 的结构、指令和基本编程等相关知识</td></tr>
<tr><td>重点</td><td>1. PLC 的端口结构、数据结构和软元件；
2. 基本指令、常用功能指令的应用；
3. 西门子 PLC 编程软件的使用；
4. 电动机基本控制项目的实施</td></tr>
<tr><td>难点</td><td>电动机基本控制项目的实施</td></tr>
<tr><td rowspan="2">学</td><td>推荐学习方法</td><td>1. PLC 仿真与项目实施相结合；
2. 边学边做，小组讨论</td></tr>
<tr><td>学习目标</td><td>1. 掌握 PLC 的端口结构、数据结构和软元件；
2. 掌握 PLC 的工作过程；
3. 掌握西门子 S7-200 PLC 的基本指令；
4. 掌握 PLC 编程软件的使用；
5. 掌握 PLC 控制系统的电路组成和软件结构；
6. 掌握 PLC 对电动机的基本运行控制调试</td></tr>
</table>

项目描述

5.1 小车自动往返运行的控制原理

小车自动往返运行的控制广泛应用在工业生产设备中。图 5-1 所示为小车自动往返运行及其控制电路，它利用行程开关实现往返运行控制，通常叫作行程控制。

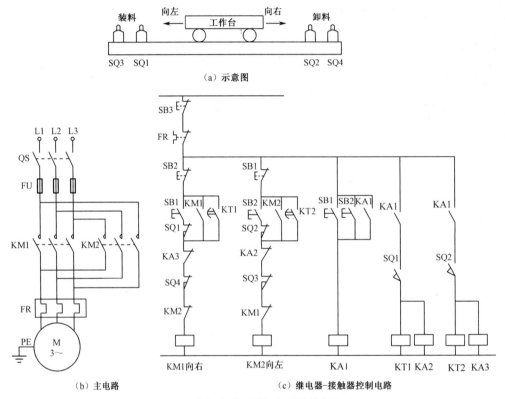

图 5-1　小车自动往返运行及其控制电路

图 5-1（c）所示为小车自动往返运行的继电器–接触器控制电路。图中 KM1、KM2 分别为电动机的正、反转接触器；SQ1 为左行转右行的行程开关，装在左端需要反向的位置；SQ2 为右行转左行的行程开关，装在右端需要反向的位置；SQ3、SQ4 分别为左行、右行极限保护用限位开关，机械挡铁装在运动部件上。

在图 5-1（c）中，KA1 起失压保护作用：保证送电时，即使小车停在左、右两端，KT1 和 KT2 也不会自行得电。SQ1 的常闭触点与 SB1 的常开触点串联，SQ2 的常闭触点与 SB2 的常开触点串联，保证启动时，若小车停在两端，则先完成装料或卸料；若小车停在中间，则 SQ1 和 SQ2 的常闭触点都接通，可通过 SB1 和 SB2 直接控制其前行和后退。

电路的工作原理如下：若小车原来位于左端 SQ1 处，按 SB1，KA1、KT1、KA2 得电，小车装料。KT1 延时结束时装料完毕，KT1 的延时常开触点闭合，KM1 得电，小车右行，离开 SQ1 位置，KT1 和 KA2 失电，KM2 的线圈支路中 KA2 的常闭触点闭合。当小车运行到右端 SQ2 位置时，SQ2 的常开触点闭合，KT2、KA3 得电，小车停止右行，开始卸料。卸

料结束，KT2 的延时触点动作，小车启动左行，左行至 SQ1 又开始装料，开始下一个周期。若启动时小车停在其他位置，小车同样可以开始工作。按 SB3，所有元件失电，小车停止工作。

除了用传统的继电器对小车进行控制，还可利用 PLC 对小车进行更优秀的控制。图 5-2 所示为用西门子 S7-200 PLC 控制小车自动往返运行的电路图。通过本项目的实施，应了解 PLC 的产生、结构、工作原理、编程语言，掌握 PLC 的结构、端口、工作原理、基本指令、控制程序的设计和调试方法等基本知识和技能。

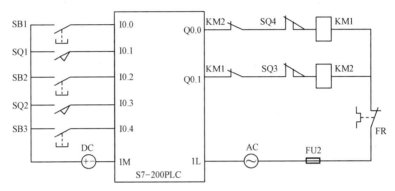

图 5-2　用西门子 S7-200 PLC 控制小车自动往返运行的电路图

相关知识

5.2　PLC 的识别

PLC 最先出现在美国。1969 年，美国数字设备公司（DEC）研制出了世界上第一台 PLC，并应用于通用汽车公司的生产线上，当时叫作可编程逻辑控制器（Programmable Logic Controller，PLC），用来取代继电器，以执行逻辑判断、计时、计数等顺序控制功能。

随着半导体技术，尤其是微处理器和微型计算机技术的发展，到 20 世纪 70 年代中期以后，特别是 20 世纪 80 年代以来，PLC 已广泛地使用 16 位甚至 32 位微处理器作为中央处理器（Central Processing Unit，CPU），I/O 模块和外围电路也都采用了中、大规模甚至超大规模的集成电路，使 PLC 在概念、设计、性价比及应用方面都有了新的突破。这时的 PLC 不仅具有逻辑判断功能，还具有数据处理、PID 调节和数据通信功能，被称为可编程控制器（Programmable Controller）更为合适，简称 PC，但为了与个人计算机（Personal Computer）的简称 PC 相区别，一般仍将它简称为 PLC。

PLC 是微型计算机技术与传统的继电器–接触器控制技术相结合的产物，其基本设计思想是把计算机功能的完善、灵活、通用等优点和继电器控制系统的简单易懂、操作方便、价格便宜等优点结合起来。PLC 的硬件是标准的、通用的，根据实际的应用对象，将控制内容编成程序写入 PLC 的用户程序存储器。继电器控制系统已有上百年历史，它是用弱电信号控制强电系统的控制方法，在复杂的继电器控制系统中，故障的查找和排除困难，花费时间长，严重地影响工业生产。在工艺要求发生变化的情况下，控制柜内的元件和接线需要做相应的变动，其改造工期长、费用高，以至于用户宁愿另外制作一台新的控制柜。然而 PLC 克服了

继电器-接触器控制系统中机械触点接线复杂、可靠性低、能耗大、通用性和灵活性差的缺点，充分利用微处理器的优点，并将 PLC 和被控对象方便地连接起来。由于 PLC 由微处理器、存储器和外围器件组成，所以应属于工业控制计算机中的一类。

【发展民族品牌，迈向制造强国】

作为离散控制的首选产品，PLC 自 20 世纪 70 年代后期进入我国以来，应用增长十分迅速。但由于最初 PLC 的价格昂贵，引进的 PLC 主要用于冶金、电力及自动化生产线等大型的成套设备中。随着经济社会的发展和科学技术的进步，我国制造业的发展进入了一个新时代。在生产制造过程中，PLC 的应用领域越来越广，PLC 技术已经成为现代工业自动化的三大技术支柱（PLC、机器人、CAD/CAM）之一，中国的 PLC 市场也早已成为各大自动化厂商的必争之地。

目前，中国 PLC 市场的绝大部分份额虽然仍被欧美品牌产品和日系品牌产品占据主导地位，国产 PLC 品牌产品的市场占有率较低，但不可否认，在引进和吸收国外品牌产品进行国产化的过程中，成长起来了一批国产品牌产品，但主要集中在中小型 PLC 领域。这些国产品牌产品凭借较好的性价比赢得了一定的市场份额，但是这些国产品牌产品还不能完全满足国内对中小型 PLC 产品的需求。一些有较强实力的公司已生产了一些中大型 PLC 产品。在众多 PLC 的国产品牌中，和利时凭借坚定的决心和信心，经过近 20 年的发展，如今已经拥有大型 LK 系列和小型 LE 系列两大 PLC 产品线；信捷电气长期专注于机械设备制造行业自动化水平的提高，其主要产品有 PLC、人机界面（HMI）、伺服控制系统、变频驱动、智能机器视觉系统、工业机器人等产品系列及整套自动化设备，产品广泛应用于各种自动化领域，包括航空航天、太阳能、风电、核电、隧道工程、纺织机械、数控机床、动力设备、煤矿设备、中央空调、环保工程等控制相关的行业和领域；南大傲拓自主研发、生产大中小型全系列 PLC NA600、NA400、NA200，具有完全自主知识产权的产品覆盖人机界面、变频器、伺服系统、组态软件等，为各个行业的用户提供自动化产品的整体解决方案。

此外，黄石科威、安控科技、上海正航电子科技、汇川技术、英威腾等一大批公司也都是国内致力于工业控制领域 PLC 产品开发的知名企业。

中国的 PLC 市场具有无限的增长空间，我国的企业已经具备打造品牌的实力，广阔的中国市场也需要国人自己的品牌，因此，在进一步巩固当前成果的基础上，我们应勇敢地面对挑战，开展技术创新、重塑工匠精神，努力打造优质国产品牌，同时我们也要增强民族自信，提升对国产品牌的认同度，加速推进国产化替代。

5.2.1 PLC 的基本组成

PLC 主要由 CPU、存储器、基本 I/O 接口电路、外设接口、编程装置、电源等组成。

PLC 的结构多种多样，但其组成的一般原理基本相同，都将微处理器作为核心的结构，PLC 的结构如图 5-3 所示。编程装置将用户程序送入 PLC，在 PLC 运行状态下，输入单元接收到外部元件发出的输入信号，PLC 执行程序，并根据程序运行后的结果，由输出单元驱动外部设备。

1. CPU

CPU 是 PLC 的控制中枢，相当于人的大脑。CPU 一般由控制电路、运算器和寄存器组成。这些电路通常都被封装在一个集成的芯片上。CPU 通过地址总线、数据总线、控制总线与存储单元、I/O 接口电路连接。CPU 的功能为，它在系统监控程序的控制下工作，通过扫描方式，将外部输入信号的状态写入输入映像寄存器区域，PLC 进入运行状态后，从存储器逐条读取用户指令，按指令规定的任务进行数据的传送、逻辑运算、算术运算等，然后将结果送到输出映像寄存器区域。

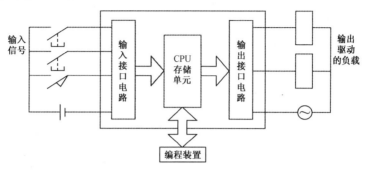

图 5-3　PLC 的结构

2. 存储器

PLC 的存储器由只读存储器（ROM）、随机存储器（RAM）和电可擦除可编程只读存储器（EEPROM）三大部分构成，主要用于存放系统程序、用户程序及工作数据。

3. I/O 单元及 I/O 扩展接口

1）I/O 单元

PLC 内部输入接口电路的作用是将 PLC 外部电路（如行程开关、按钮、传感器等）提供的符合 PLC 内部输入接口电路要求的电压信号，通过光电耦合电路送到 PLC 的内部电路中。PLC 内部输入接口电路通常以光电隔离和阻容滤波的方式提高抗干扰能力，其输入的响应时间一般为 0.1～15 ms。根据输入信号形式的不同，可将 I/O 单元分为模拟量 I/O 单元、数字量 I/O 单元两大类。根据输入单元形式的不同，可将其分为基本 I/O 单元、扩展 I/O 单元两大类。

2）I/O 扩展接口

PLC 利用 I/O 扩展接口使 I/O 扩展单元与 PLC 的基本单元实现连接，当基本 I/O 单元的 I/O 点数不够用时，可以用 I/O 扩展单元来扩充开关量的 I/O 点数和增加模拟量的 I/O 端子。

4. 外设接口

外设接口电路用于连接手持编程器或其他图形编程器、文本显示器，并能通过外设接口组成 PLC 的控制网络。PLC 通过 PC/PPI 电缆或使用 MPI 卡通过 RS-485 接口与计算机连接，可以实现编程、监控、联网等功能。

5. 电源

电源单元的作用是把外部电源（220 V 的交流电源）转换成内部工作电源。外部连接的电源，通过 PLC 内部配有的一个专用开关式稳压电源，将交流/直流供电电源转换成 PLC 内部电路需要的工作电源（直流 5 V、±12 V、24 V），并为外部输入元件（如接近开关）提供24 V 直流电源（仅供输入端点使用），而驱动 PLC 负载的电源由用户提供。

5.2.2 I/O 接口电路

I/O 接口电路实际上是 PLC 与被控对象间传递 I/O 信号的接口部件。I/O 接口电路要有良好的电隔离和滤波作用。

1. 输入接口电路

生产过程中使用的各种开关、按钮、传感器等输入元件直接接到 PLC 的输入接口电路上，为了防止触点抖动或干扰脉冲引起错误的输入信号，输入接口电路必须具有很强的抗干扰能力。

PLC 的输入接口电路如图 5-4 所示，输入接口电路提高抗干扰能力的方法如下。

（1）利用光电耦合器提高输入接口电路的抗干扰能力。光电耦合器的工作原理是：LED 中有驱动电流流过时，导通发光，光敏三极管接收到光线，由截止变为导通，将输入信号送入 PLC 内部。光电耦合器中的 LED 是电流驱动元件，要有足够的能量它才

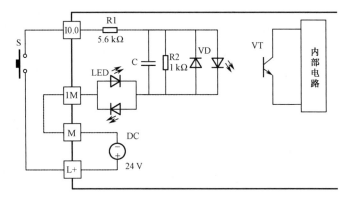

图 5-4 PLC 的输入接口电路

能被驱动。干扰信号中虽然有的电压值很高，但能量较小，不能使 LED 导通发光，所以不能进入 PLC，实现了电隔离。

（2）利用滤波电路提高输入接口电路的抗干扰能力。最常用的滤波电路是阻容滤波电路，如图 5-4 中的电阻 R2、电容 C。

在图 5-4 中，S 为输入开关，当 S 闭合时，LED 点亮，显示 S 处于接通状态，光电耦合器导通，将高电平经滤波器送到 PLC 内部电路中。当 CPU 在循环的输入阶段锁入该信号时，将该输入点对应的映像寄存器的状态置 1；当 S 断开时，将对应的映像寄存器的状态置 0。

根据输入接口电路常用的电压类型及电路形式，可以将其分为干接点式、直流输入式和交流输入式。输入接口电路的电源可由外部提供，有的也可由 PLC 内部提供。

2. 输出接口电路

根据驱动负载的元件不同，可将输出接口电路分为以下 3 种。

（1）小型继电器的输出接口电路如图 5-5 所示。这种输出接口电路既可驱动交流负载，又可驱动直流负载。它的优点是适用电压范围比较宽，导通压降小，承受瞬时过电压和过电流的能力强。其缺点是动作速度较慢，动作次数（寿命）有一定的限制，建议在输出量变化不频繁时优先选用。

图 5-5 所示电路的工作原理是：当内部电路的状态为 1 时，继电器 K 的线圈通电，产生电磁吸力，其触点闭合，负载得电，同时 LED 点亮，表示该路输出点有输出；当内部电路的状态为 0 时，K 的线圈无电流，其触点断开，负载断电，同时 LED 熄灭，表示该路输出点无输出。

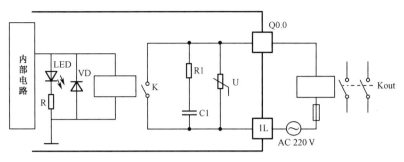

图 5-5 小型继电器的输出接口电路

（2）大功率晶体管或场效应管的输出接口电路如图 5-6 所示。这种输出接口电路只可驱动直流负载。它的优点是可靠性高、执行速度快、寿命长；缺点是过载能力差，适合在直流供电、输出量变化快的场合选用。

图 5-6 所示电路的工作原理是：当内部电路的状态为 1 时，光电耦合器 T 导通，大功率晶体管 VT 饱和导通，负载得电，同时 LED 点亮，表示该路输出点有输出；当内部电路的状

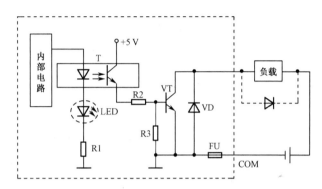

图 5-6 大功率晶体管或场效应管的输出接口电路

态为 0 时，T 断开，VT 截止，负载失电，同时 LED 熄灭，表示该路输出点无输出；当负载为电感性负载时，VT 关断会产生较高的反电动势，VD 为其提供放电电路，避免 VT 承受过电压。

（3）双向晶闸管的输出接口电路如图 5-7 所示。这种输出接口电路适合驱动交流负载。由于双向晶闸管和大功率晶体管同属于半导体材料元件，所以其优缺点与大功率晶体管或场效应管输出接口电路的优缺点相似，适合在交流供电、输出量变化快的场合选用。

图 5-7 所示电路的工作原理是：当内部电路的状态为 1 时，LED 导通发光，相当于对双向晶闸管 T 施加了触发信号，无论外接电源的极性如何，T 均导通，负载得电，同时 LED 点亮，表示该输出点接通；当对应 T 的内部继电器的状态为 0 时，相当于对 T 施加了触发信号，T 关断，此时 LED 不亮，负载失电。

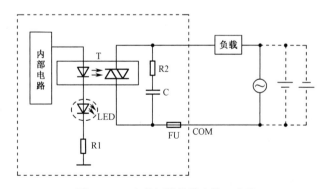

图 5-7 双向晶闸管的输出接口电路

5.2.3 编程器

编程器是 PLC 的重要外围设备。利用编程器将用户程序送入 PLC 的存储器，还可以用编程器检查程序、修改程序、监视 PLC 的工作状态。

常见的给 PLC 编程的装置有手持式编程器和计算机。计算机的普及，使得越来越多的用

户使用基于计算机的编程软件。目前 PLC 的厂商或经销商向用户提供编程软件，在计算机上添加适当的硬件接口和软件包，即可用计算机对 PLC 进行编程。将计算机作为编程器，可以直接编制并显示梯形图，程序可以存盘、打印、调试，对于查找故障非常有利。

5.3　PLC 的工作原理

扫一扫看 PLC
的工作原理微
课视频

结合 PLC 的组成和结构分析 PLC 的工作原理更容易让人理解。PLC 采用周期性循环扫描的工作方式，CPU 连续执行用户程序和任务循环序列的方式被称为扫描。CPU 对用户程序的执行过程是指 CPU 的循环扫描，并用周期性集中采样、集中输出的方式来完成。一个扫描周期主要可分为如下阶段。

（1）执行 CPU 自诊断测试阶段。在此阶段 CPU 检查其硬件、用户程序存储器和所有 I/O 模块的状态。

（2）处理通信请求阶段。这是扫描周期的信息处理阶段，CPU 处理从通信端口接收到的信息。

（3）读取输入阶段。在每次扫描周期开始时，先读取输入点的当前值，然后将其写入输入映像寄存器区域。在之后的用户程序执行过程中，CPU 访问输入映像寄存器区域，而并非读取输入端口的状态，输入信号的变化并不会影响输入映像寄存器的状态，通常要求输入信号有足够的脉冲宽度，这样才能被响应。

（4）执行程序阶段。在用户程序执行阶段，PLC 按照梯形图的顺序，自左而右，自上而下地逐行扫描，在这一阶段 CPU 从用户程序的第一条指令开始执行直到最后一条指令结束，将程序运行结果放入输出映像寄存器区域。在此阶段，允许对数字量 I/O 指令和不设置数字滤波的模拟量 I/O 指令进行处理。在扫描周期的各个阶段，均可对中断事件进行响应。

（5）输出阶段。在每个扫描周期的结尾，CPU 把存入输出映像寄存器的数据输出给数字量输出端点（写入输出锁存器），更新输出状态。然后 PLC 进入下一个循环周期，重新执行输入采样阶段，周而复始。

如果在程序中使用了中断指令，中断事件出现，那么立即执行中断程序，中断程序可以在扫描周期的任意点被执行。

如果在程序中使用了立即 I/O 指令，那么可以直接存取 I/O 点。用立即 I/O 指令读取输入点的值时，相应的输入映像寄存器的值未被修改，用立即 I/O 指令改写输出点的值时，相应的输出映像寄存器的值被修改。

从 PLC 工作的循环扫描过程可以看出，从输入控制指令到输出控制信号有一定的时间延迟，延迟的时间长短与具体 PLC 的型号、用户程序的大小等因素有关。延迟时间一般在纳秒或微秒级别，不影响控制系统的性能。

5.4　西门子 S7-200 PLC 的识别与检测

西门子 S7 系列 PLC 分为 S7-400 PLC、S7-300 PLC、S7-200 PLC，它们分别为 S7 系列的大、中、小型 PLC 系统。S7-200 PLC 中有 CPU 21X 型 PLC、CPU 22X 型 PLC，其中 CPU 22X 型 PLC 提供了 4 种不同的基本型号,常见的有 CPU 221 型 PLC、CPU 222 型 PLC、CPU 224

型 PLC 和 CPU 226 型 PLC。

在小型 PLC 中，CPU 221 型 PLC 价格低廉，能满足多种集成功能的需要。CPU 222 型 PLC 是 S7-200 PLC 家族中低成本的单元，通过可连接的扩展模块即可处理模拟量。CPU 224 型 PLC 具有更多的 I/O 点及更大的存储器。CPU 226 型 PLC 和 CPU 226XM 型 PLC 是功能最强的单元，可以完全满足一些中小型复杂控制系统的要求。4 种型号的 PLC 具有下列特点。

（1）集成的 24 V 电源：可直接连接到传感器和变送器、执行器，CPU 221 型 PLC 和 CPU 222 型 PLC 具有 180 mA 的输出电流。CPU 224 型 PLC 的输出电流为 280 mA，CPU 226 型 PLC、CPU 226XM 型 PLC 的输出电流为 400 mA，可用作负载电源。

（2）高速脉冲输出：具有两路高速脉冲输出端，输出脉冲频率可达 20 kHz，用于控制步进电动机或伺服电动机，实现定位任务。

（3）通信端口：CPU 221 型 PLC、CPU 222 型 PLC 和 CPU 224 型 PLC 具有一个 RS-485 通信端口，CPU 226 型 PLC、CPU 226XM 型 PLC 具有两个 RS-485 通信端口，支持 PPI、MPI 通信协议，有自由口通信能力。

（4）模拟电位器：CPU 221/222 型 PLC 有一个模拟电位器，CPU 224/226/226XM 型 PLC 有两个模拟电位器。模拟电位器用来改变特殊寄存器（SMB28、SMB29）中的数值，从而改变程序运行时的参数，如定时器、计数器的设定值，过程量的控制参数。

（5）中断输入：允许以极快的速度对过程信号的上升沿做出响应。

（6）EEPROM 存储器模块（选件）：可作为修改与复制程序的快速工具，无须编程器就可进行辅助软件归档工作。

（7）电池模块：用户数据（如标志位状态、数据块、定时器、计数器）可通过内部的超级电容存储大约 5 天。选用电池模块能延长存储时间至 200 天（10 年寿命）。电池模块插在存储器模块的卡槽中。

（8）不同的设备类型：CPU 221～CPU 226 型 PLC 各有两种类型的 CPU，它们具有不同的电源电压和控制电压。

（9）数字量 I/O 点：CPU 221 型 PLC 的主机具有 6 个输入点和 4 个输出点；CPU 222 型 PLC 具有 8 个输入点和 6 个输出点；CPU 224 型 PLC 具有 14 个输入点和 10 个输出点；CPU 226/226XM 型 PLC 具有 24 个输入点和 16 个输出点。CPU 22X 型 PLC 主机的输入点接 24 V 直流双向光电耦合输入电路，其输出有继电器输出和直流（MOS 型）输出两种类型。

（10）高速计数器：CPU 221/222 型 PLC 具有 4 个 30 kHz 的高速计数器，CPU 224/226/226XM 型 PLC 具有 6 个 30 kHz 的高速计数器，用于捕捉比 CPU 扫描频率更快的脉冲信号。

5.4.1　CPU 226 型 PLC 的结构

1. CPU 226 型 PLC 的外形及端子介绍

1）CPU 226 型 PLC 的外形

CPU 226 型 PLC 的外形如图 5-8 所示，其 I/O 模块、CPU 模块、电源模块均装设在一个基本单元的机壳内，具有典型的整体式结构。当系统需要扩展时，选用需要的扩展模块与基本单元连接。底部端子盖下是输入量的接线端子和为传感器提供 24 V 直流电源的端子。基本单元的前盖下有工作模式选择开关、电位器和扩展 I/O 连接器，通过扁平电缆可以连接扩展 I/O 模块。西门子整体式 PLC 配有许多扩展模块，如数字量 I/O 扩展模块、模拟量 I/O 扩展

模块、热电偶模块、通信模块等，用户可以根据需要选用，让 PLC 的功能更强大。

2）CPU 226 型 PLC 的端子介绍

（1）基本输入端子。CPU 226 型 PLC 的输入和输出端子如图 5-9 所示。CPU 226 型 PLC 的主机共有 24 个输入点（I0.0～I0.7、I1.0～I1.7、I2.0～I2.7）和 16 个输出点（Q0.0～Q0.7、Q1.0～Q1.7），在编写端子代码时采用八进制数，没有 0.8 和 0.9。CPU 226 型 PLC

图 5-8　CPU 226 型 PLC 的外形

的输入电路采用了双向光电耦合器，24 V 直流极性可任意选择，系统设置 1M 为输入端子（I0.0～I0.7、I1.0～I1.4）的公共端，2M 为输入端子（I1.5～I1.7、I2.0～I2.7）的公共端。

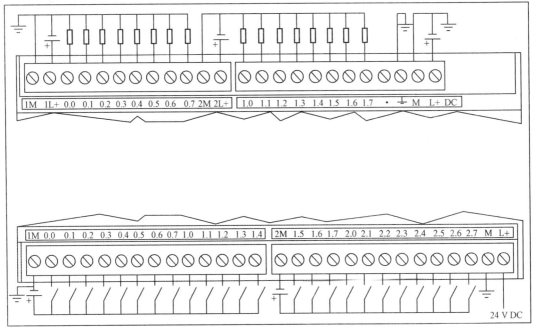

图 5-9　CPU 226 型 PLC 的输入和输出端子

（2）基本输出端子。CPU 226 型 PLC 的晶体管有 16 个输出端（见图 5-9）。Q0.0～Q0.7 共用 1L 公共端，Q1.0～Q1.7 共用 2L 公共端。在公共端上需要用户连接适当的电源，为 PLC 的负载服务。

CPU 226 的输出电路有晶体管输出电路和继电器输出电路两种供用户选用。在晶体管输出电路中，PLC 由 24 V 直流电源供电，负载采用 MOSFET 功率器件驱动，所以只能选用直流电源为负载供电。其输出端将数字量的输出分为两组，每组有一个公共端，共有 1L、2L 两个公共端，可接入不同电压等级的负载电源。在继电器输出电路中，PLC 由 220 V 交流电源供电，负载采用继电器驱动，所以既可以选用直流电源为负载供电，又可以选用交流电源为负载供电。

（3）高速反应性。CPU 226 型 PLC 有 6 个高速脉冲输入端（I0.0～I0.5），其最快的响应频率为 30 kHz，用于捕捉比 CPU 扫描周期更快的脉冲信号。

CPU 226 型 PLC 有 2 个高速脉冲输出端（Q0.0、Q0.1），其输出频率可达 20 kHz，用于 PTO（Pulse Train Output，脉冲串输出）和 PWM（Pulse Width Modulation，脉冲宽度调制）的高速脉冲输出。

（4）存储卡。该卡位可以选择安装扩展卡。扩展卡有 EEPROM 存储卡、电池卡和时钟卡等。存储卡用于用户程序的复制。在 PLC 通电后插入此卡，通过操作可将 PLC 中的程序装载到存储卡中。当卡已经插在基本单元上时，PLC 通电后不需要任何操作，卡上的用户程序数据就会自动复制到 PLC 中。利用这一功能，可对无数台实现同样控制功能的 CPU 22X 型 PLC 进行程序写入。

注意： PLC 通电一次就写入一次，所以在 PLC 运行时，不要插入此卡。

电池模块用于长时间存储数据，CPU 226 型 PLC 内部存储电容的数据存储时间达 190 h，而电池模块的数据存储时间可达 200 天。

2．CPU 226 型 PLC 的结构及性能指标

CPU 226 型 PLC 主要由 CPU、存储器、基本 I/O 接口电路、外设接口、编程装置、电源等组成。

CPU 226 型 PLC 有两种：一种是 CPU 226 AC/DC/RLY 型 PLC，表示交流输入电源，提供 24 V 直流电源给外部元件（如传感器等），以继电器方式输出，其具有 24 个输入点、16 个输出点；另一种是 CPU 226 DC/DC/DC 型 PLC，表示直流输入电源，提供 24 V 直流电源给外部元件（如传感器等），以半导体元件直流方式输出，其具有 24 个输入点、16 个输出点。用户可根据需要选用，它们的主要技术参数如表 5-1～表 5-4 所示。

表 5-1　CPU 22X 型 PLC 的主要技术参数

型号	CPU 221	CPU 222	CPU 224	CPU 226	CPU 226MX
用户数据存储器类型	EEPROM	EEPROM	EEPROM	EEPROM	EEPROM
程序空间（永久保存）/字节	2048	2048	4096	4096	8192
用户数据存储器/字节	1024	1024	2560	2560	5120
数据后备（超级电容）典型值/H	50	50	190	190	190
主机 I/O 点数	6/4	8/6	14/10	24/16	24/16
可扩展模块/个	无	2	7	7	7
24 V 传感器电源最大电流（电流限制）/mA	180/600	180/600	280/600	400/约 1 500	400/约 1 500
最大模拟量 I/O 点数/个	无	16/16	28/7 或 14	32/32	32/32
240 V AC 电源 CPU 输入电流（最大负载电流）/mA	25/180	25/180	35/220	40/160	40/160
24 V DC 电源 CPU 输入电流（最大负载电流）/mA	70/600	70/600	120/900	150/1 050	150/1 050
为扩展模块提供的 5 V DC 电源的输出电流/mA	—	最大 340	最大 660	最大 1 000	最大 1 000
内置高速计数器	4 个（30 kHz）	4 个（30 kHz）	6 个（30 kHz）	6 个（30 kHz）	6 个（30 kHz）
高速脉冲输出	2 个（20 kHz）	2 个（20 kHz）	2 个（20 kHz）	2 个（20 kHz）	2 个（20 kHz）

续表

模拟量调节电位器/个	1	1	2	2	2
实时时钟	有（时钟卡）	有（时钟卡）	有（内置）	有（内置）	有（内置）
RS-485 通信端口/个	1	1	1	1	1
各组输入点数	4，2	4，4	8，6	13，11	13，11
各组输出点数	4（DC 电源） 1，3（AC 电源）	6（DC 电源） 3，3（AC 电源）	5，5（DC 电源） 4，3，3（AC 电源）	8，8（DC 电源） 4，5，7（AC 电源）	8，8（DC 电源） 4，5，7（AC 电源）

表 5-2　电源的主要技术参数

特性	24 V 电源	AC 电源
电压允许范围	20.4～28.8 V	85～264 V，47～63 Hz
冲击电流	10 A，28.8 V	20 A，254 V
内部熔断器（用户不能更换）	3 A，250 V 慢速熔断	2 A，250 V 慢速熔断

表 5-3　数字量输入的主要技术参数

项　目	指　标
输入类型	漏型/源型
输入电压额定值	24 V DC
逻辑"1"信号	15～35 V
逻辑"0"信号	0～5 V
光电隔离	500 V AC，1 min
非屏蔽电缆长度/m	300
屏蔽电缆长度/m	500

表 5-4　数字量输出的主要技术参数

特性	24 V DC 输出	继电器输出
电压允许范围	20.4～28.8 V DC	5～30 V DC/5～250 V AC
逻辑"1"信号的最大电流/A	0.75（电阻负载）	2（电阻负载）
逻辑"0"信号的最大电流/μA	10	0
灯负载	5 W	30 W DC/200 W AC
非屏蔽电缆长度/m	150	150
屏蔽电缆长度/m	500	500
触点机械寿命/次	—	10 000 000
额定负载时触点机械寿命/次	—	100 000

3. PLC 中 CPU 的工作方式

1）CPU 的工作方式

CPU 前面板上用两个发光二极管显示当前的工作方式，绿色指示灯亮，表示运行工作方式；红色指示灯亮，表示停止工作方式；标有 SF 标志的指示灯亮，表示系统故障，PLC 停止工作。

 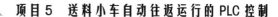

（1）STOP（停止）。CPU在停止工作方式下，不执行用户程序，此时可以通过编程装置给PLC装载程序或进行系统设置。在程序编辑、上载、下载等处理过程中，必须把CPU置于停止工作方式。

（2）RUN（运行）。CPU在运行工作方式下，PLC按照自己的工作方式运行用户程序。

2）改变工作方式的方法

（1）用工作方式开关改变工作方式。

工作方式开关有3个挡位：STOP、TERM（暂态）、RUN。

把工作方式开关切到STOP位，可以停止程序的执行。

把工作方式开关切到RUN位，可以启动程序的执行。

把工作方式开关切到TERM位或RUN位，可以进入STEP7-Micro/WIN 32编程软件设置CPU的工作方式。

如果把工作方式开关切到STOP位或TERM位，则电源上电时，CPU自动进入停止工作方式；如果把工作方式开关切到RUN位，则电源上电时，CPU自动进入运行工作方式。

（2）用编程软件改变工作方式。把工作方式开关切到TERM位，可以使用STEP 7-Micro/WIN编程软件设置CPU的工作方式。

（3）在程序中用指令改变工作方式。在程序中插入一个STOP指令，CPU可由运行工作方式进入停止工作方式。

5.4.2 扩展功能模块

1. 扩展模块及电源模块

1）扩展模块

扩展模块没有CPU，作为基本单元I/O点数的扩充，只能与基本单元连接使用，不能单独使用。S7-200 PLC的扩展模块包括数字量扩展模块、模拟量扩展模块、热电偶扩展模块、热电阻扩展模块、PROFIBUS-DP通信模块。

用户选用具有不同功能的扩展模块，可以满足不同的控制需要、节约投资费用。连接时将CPU模块放在最左侧，用扁平电缆将扩展模块与左侧的模块相连。

2）电源模块

外部提供给PLC的电源，有24 V DC、220 V AC两种，根据PLC的型号不同有所变化。S7-200 PLC的CPU模块有一个内部电源模块，S7-200 PLC的电源模块与CPU封装在一起，通过连接总线为CPU模块、扩展模块提供5 V DC电源。如果容量许可，其还可提供给外部24 V DC电源，供主机的输入点和扩展模块的继电器线圈使用。应根据下面的原则来确定I/O电源的配置。

（1）有扩展模块连接时，如果扩展模块对5 V DC电源的需求超过CPU的5 V电源模块的容量，那么必须减少扩展模块的数量。

（2）当24 V DC电源的容量不满足要求时，可以增加一个外部24 V DC电源给扩展模块供电。此时外部电源不能与S7-200 PLC的传感器电源并联使用，但两个电源的公共端（M）应连接在一起。

I/O电源的主要技术参数如表5-1～表5-4所示。

2. 常用扩展模块

1）数字量扩展模块

当主机的数字量 I/O 点数不够，需要扩展时，可选用数字量扩展模块。用户选择具有不同 I/O 点数的数字量扩展模块，可以满足应用的实际要求，同时节约不必要的投资费用，可选择具有 8、16 和 32 个 I/O 点的扩展模块。

S7-200 PLC 目前可以提供 3 大类共 9 种数字量 I/O 扩展模块，如表 5-5 所示。

表 5-5　数字量 I/O 扩展模块

类型	型号	各组输入点数	各组输出点数
输入扩展模块 EM221	EM221 24V DC 输入	4，4	—
	EM221 230V AC 输入	8 点相互独立	—
输出扩展模块 EM222	EM222 24V DC 输出	—	4，4
	EM222　继电器输出	—	4，4
	EM222 230V AC 双向晶闸管输出	—	8 点相互独立
I/O 扩展模块 EM223	EM223 24V DC 输入/继电器输出	4	4
	EM223 24V DC 输入/24V DC 输出	4，4	4，4
	EM223 24V DC 输入/24V DC 输出	8，8	4，4，8
	EM223 24V DC 输入/继电器输出	8，8	4，4，4，4

2）模拟量扩展模块

模拟量扩展模块提供了模拟量 I/O 的功能。在工业控制中，被控对象常常是模拟量，如温度、压力、流量等，在 PLC 内部执行的是数字量。模拟量扩展模块可以将 PLC 外部的模拟量转换为数字量送入 PLC，经 PLC 处理后，再由模拟量扩展模块将 PLC 输出的数字量转换为模拟量送给被控对象。模拟量扩展模块的优点如下。

（1）最佳适应性。模块量扩展模块可适用于复杂的控制场合，直接与传感器和执行器相连，如 EM235 模块可直接与 PT100 热电阻相连。

（2）灵活性。当实际应用变化时，PLC 可以相应地进行扩展，并可以非常容易地调整用户程序。

模拟量扩展模块的数据如表 5-6 所示。

表 5-6　模拟量扩展模块的数据

模块	EM231	EM232	EM235
点数	4 路模拟量输入	2 路模拟量输出	4 路模拟量输入，1 路模拟量输出

3）热电偶扩展模块、热电阻扩展模块

EM231 热电偶扩展模块、热电阻扩展模块是为 S7-200 CPU 222 PLC、CPU 224 PLC 和 CPU 226/226XM PLC 设计的模拟量扩展模块。EM231 热电偶扩展模块具有特殊的冷端补偿电路，该电路用来测量模块连接器上的温度，并适当改变其测量值，以补偿参考温度与模块温度之间的温度差。如果在 EM231 热电偶扩展模块安装区域的环境温度迅速变化，那么温度测量值会产生额外的误差，要想使结果达到最高的精度和重复度，EM231 热电偶扩展模块应

安装在具有稳定温度的环境中。

EM231 热电偶扩展模块用于 J、K、E、N、S、T 和 R 型 7 种热电偶中。用户必须用 DIP 开关来选择热电偶的类型，连到同模块上的热电偶必须是相同类型的。

4）PROFIBUS-DP 通信模块

通过 EM277 PROFIBUS-DP 扩展从站模块，可将 S7-200 CPU 连接到 PROFIBUS-DP 网络。EM277 PROFIBUS-DP 模块经过串行 I/O 总线连接到 S7-200 CPU，使用 PROFIBUS-DP 协议通信的网络经过其 DP 通信端口，连接到 EM277 PROFIBUS-DP 模块。EM277 PROFIBUS-DP 模块的 DP 端口可以连接到网络的一个 DP 主站上，但仍能作为一个 MPI 从站，与同一网络上的 SIMATIC 编程器或 S7-300/S7-400 CPU 等其他主站进行通信。

5.5　S7-200 PLC 的内部元件

5.5.1　数据存储类型

1. 数据长度

在计算机中使用的都是二进制数，其最小的存储单位是位（Bit），8 位二进制数组成 1 字节（Byte），其中的第 0 位为最低有效位（Least Significant Bit，LSB），第 7 位为最高有效位（Most Significant Bit，MSB），位、字节、字和双字如图 5-10 所示。2 字节（16 位）组成 1 个字（Word），2 个字（32 位）组成 1 个双字（Double Word）。把位、字节、字和双字占用的连续位数称为长度。

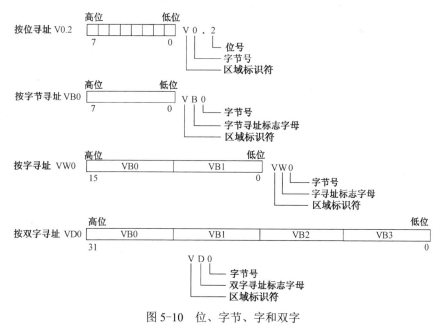

图 5-10　位、字节、字和双字

二进制数的"位"只有 0 和 1 两种取值，开关量（或数字量）也只有两种不同的状态，如触点的断开和接通，线圈的失电和得电等。在 S7-200 PLC 的梯形图中，可用"位"描述它们，如果该位为 1，则表示对应的线圈为得电状态，触点为转换状态（常开触点闭合，常闭触点断开）；如果该位为 0，则表示对应线圈和触点的状态与前者的相反。

2. 数据类型及数据范围

S7-200 PLC 的数据类型可以为字符串、布尔型（0 或 1）、整数型和实数型（浮点数）。布尔型数据指字节型无符号整数；整数型数据包括 16 位符号整数（INT）和 32 位符号整数（DINT）；实数型数据采用 32 位单精度数来表示。数据类型、长度及范围如表 5-7 所示。

表 5-7　数据类型、长度及范围

数据类型、长度	无符号整数范围		符号整数范围	
	十进制数	十六进制数	十进制数	十六进制数
字节（8 位）	0～255	0～FF	−128～127	80～7F
字（16 位）	0～65 535	0～FFFF	−32 768～32 767	8000～7FFF
双字（32 位）	0～4 294 967 295	0～FFFFFFFF	−2 147 483 648～2 147 483 647	80 000 000～7FFFFFFF
位（布尔型）	0、1			
实数	$-10^{38} \sim 10^{38}$			
字符串	每个字符串以字节形式存储，最大长度为 255 字节，在第一个字节中定义该字符串的长度			

3. 常数

在 S7-200 PLC 的许多指令中常会使用常数。常数的数据长度可以是字节、字和双字。CPU 以二进制数的形式存储常数，书写常数时可以用二进制数、十进制数、十六进制数、ASCII 码或实数等多种形式，书写格式如下。

二进制数：1010 0001 1110 0000；十进制数：1234；十六进制数：3AC6；ASCII 码：Show；实数（浮点数）：+1.175495E−38（正数），−1.175495E−38（负数）。

5.5.2　编址方式

PLC 的编址就是对 PLC 内部的元件进行编码，以便执行程序时可以唯一地识别每个元件。在 PLC 内部的数据存储区为每一种元件分配一个存储区域，并用字母作为区域标识符，同时表示元件的类型。例如：数字量输入写入输入映像寄存器（区域标识符为 I），数字量输出写入输出映像寄存器（区域标识符为 Q），模拟量输入写入模拟量输入映像寄存器（区域标识符为 AI），模拟量输出写入模拟量输出映像寄存器（区域标识符为 AQ）。除了输入/输出映像寄存器，PLC 还有其他元件，V 表示变量存储器，M 表示内部标志位存储器，SM 表示特殊标志位存储器，L 表示局部变量存储器，T 表示定时器，C 表示计数器，HC 表示高速计数器，AC 表示累加器，S 表示顺序控制继电器。掌握各个元件的功能和使用方法是编程的基础。下面将介绍元件的编址方式。

存储器的单位可以是位、字节、字、双字，那么编址方式也可以分为位编址、字节编址、字编址、双字编址，其详细结构如图 5-10 所示。

1）位编址

位编址的指定方式：（区域标识符）字节号.位号，如 I0.0、Q0.0、I1.2。

2）字节编址

字节编址的指定方式：（区域标识符）B（字节号），如 IB0 表示由 I0.0～I0.7 这 8 位组成的字节。

3）字编址

字编址的指定方式：（区域标识符）W（起始字节号），且最高有效字节为起始字节，如 VW0 表示由 VB0 和 VB1 这 2 字节组成的字。

4）双字编址

双字编址的指定方式：（区域标识符）D（起始字节号），且最高有效字节为起始字节，如 VD0 表示由 VB0～VB3 这 4 字节组成的双字。

5.5.3　寻址方式

1）直接寻址

直接寻址是指在指令中直接使用存储器或寄存器的元件名称（区域标识符）和地址编号，直接到指定的区域中读取或写入数据，有按位、字节、字、双字寻址的方式，如图 5-10 所示。

2）间接寻址

间接寻址时操作数并不提供直接的数据位置，而是通过地址指针来存取存储器中的数据。在 S7-200 PLC 中允许使用地址指针对 I、Q、M、V、S、T、C（仅当前值）存储区进行间接寻址。

（1）使用间接寻址前，要先创建一个指向该位置的指针。指针为双字（32 位），存放的是另一存储器的地址，只能用变量存储器 V、局部变量存储器 L 或累加器 AC 作为指针。生成指针时，要使用双字传送指令（MOVD），将数据所在单元的内存地址送入指针，在双字传送指令输入操作数的开始处加 "&" 符号，表示某存储器的地址，而不是存储器内部的值。指令输出的操作数为指针地址，如 MOVD &VB200，AC1 指令就是将 VB200 的地址送到累加器 AC1 中。

（2）指针建立好后，利用指针存取数据。在使用指针存取数据的指令时，操作数前加 "*" 号表示该操作数为地址指针，如 MOVW *AC1 AC0，MOVW 表示字传送指令，该指令将累加器 AC1 中的内容为起始地址的一个字长的数据（VB200、VB201 内部数据）送到累加器 AC0 中。

5.5.4　元件功能及地址分配

1. 输入映像寄存器（输入继电器）

1）输入映像寄存器的工作原理

输入映像寄存器是 PLC 用来接收用户设备输入信号的接口。PLC 中的继电器与继电器控制系统中的继电器有本质上的差别，PLC 中的继电器是软继电器，它实质上是存储单元。每一个输入映像寄存器的线圈都与相应的 PLC 输入端相连（如输入映像寄存器 I0.0 的线圈与 PLC 的输入端子 0.0 相连），当外部信号开关闭合时，输入映像寄存器的线圈得电，在程序中，其常开触点闭合、常闭触点断开。由于存储单元可以无限次地被读取，所以有无数对常开和常闭触点供编程时使用。编程时应注意，输入映像寄存器的线圈只能由外部信号来驱动，不能在程序内部用指令来驱动，因此，在用户编制的梯形图中只应出现输入映像寄存器的触点，而不应出现输入映像寄存器的线圈。

2）输入映像寄存器的地址分配

S7-200 PLC 的输入映像寄存器区域有 IB0～IB15 共 16 字节的存储单元。系统对输入映像寄存器是以字节（8 位）为单位进行地址分配的。输入映像寄存器可以按位进行操作，每一位对应一个数字量输入点，如 CPU 224 基本单元的输入为 14 点，需要占用 2×8=16（位），即占用 IB0 和 IB1 这 2 字节；而 I1.6、I1.7 因没有实际输入而未被使用，在用户程序中不可被使用。如果整个字节未被使用，如 IB3～IB15，则可将其作为内部标志位使用。

输入映像寄存器可采用位、字节、字或双字来存取。输入映像寄存器位存取的地址编号范围为 I0.0～I15.7。

2. 输出映像寄存器（输出继电器）

1）输出映像寄存器的工作原理

输出映像寄存器用来将输出信号传送到负载的接口，每一个输出映像寄存器的线圈都与相应的 PLC 输出端相连，并有无数对常开和常闭触点供编程时使用。此外，还有一对常开触点与相应的 PLC 输出端相连（如输出映像寄存器 Q0.0 有一对常开触点与 PLC 的输出端子 0.0 相连）用于驱动负载。输出映像寄存器线圈的通断状态只能在程序内部用指令驱动。

2）输出映像寄存器的地址分配

S7-200 PLC 的输出映像寄存器区域有 QB0～QB15 共 16 字节的存储单元。系统对输出映像寄存器也是以字节（8 位）为单位进行地址分配的。输出映像寄存器可以按位进行操作，每一位对应一个数字量输出点，如 CPU 224 的基本单元有 10 个输出点，需要占用 2×8=16（位），即占用 QB0 和 QB1 这 2 字节。未使用的位和字节均可在用户程序中作为内部标志位使用。

输出映像寄存器可采用位、字节、字或双字来存取。输出映像寄存器位存取的地址编号范围为 Q0.0～Q15.7。

以上介绍的两种软继电器都是和用户有联系的，因此它们是 PLC 与外部联系的窗口。下面要介绍的则是与外部没有联系的内部软继电器。它们既不能用来接收用户信号，也不能用来驱动外部负载，只能用于编制程序，即线圈和接点都只能出现在梯形图中。

3. 变量存储器

变量存储器主要用于存储变量，可以用来存储数据运算的中间运算结果或设置参数，在进行数据处理时，变量存储器会被经常使用。变量存储器可以按位寻址，也可以按字节、字、双字寻址，其位存取的地址编号范围根据 CPU 的型号有所不同，CPU 221/222 的地址编号范围为 V0.0～V2047.7，CPU 224/226 的地址编号范围为 V0.0～V5119.7。

4. 内部标志位存储器（中间继电器）

内部标志位存储器用来保存控制继电器的中间操作状态，其作用相当于继电器控制中的中间继电器。内部标志位存储器在 PLC 中没有 I/O 端与之对应，其线圈的通断状态只能在程序内部用指令驱动。其触点不能直接驱动外部负载，只能在程序内部驱动输出继电器的线圈，再用输出继电器的触点去驱动外部负载。

内部标志位存储器可采用位、字节、字或双字来存取。内部标志位存储器位存取的地址

编号范围为 M0.0～M31.7。

5. 特殊标志位存储器

PLC 中还有若干特殊标志位存储器，特殊标志位存储器提供大量的状态和控制功能，用于在 CPU 和用户程序之间交换信息。特殊标志位存储器能采用位、字节、字或双字来存取，CPU 224 的特殊标志位存储器位存取的地址编号范围为 SM0.0～SM179.7。其中 SM0.0～SM29.7 的 30 字节为只读型区域。

常用的特殊标志位存储器的用途如下。

SM0.0：运行监视。当 PLC 处于运行状态时，SM0.0 始终为 1。PLC 在运行时可以利用其触点驱动输出继电器，在外部显示程序是否处于运行状态。

SM0.1：初始化脉冲。每当 PLC 的程序开始运行时，SM0.1 的线圈接通一个扫描周期，因此 SM0.1 的触点常用于启动控制程序中只执行一次的初始化程序。

SM0.3：开机进入运行状态时，接通一个扫描周期，可用在启动操作之前，给设备提前预热。

SM0.4：输出占空比为 50% 的时钟脉冲。当 PLC 处于运行状态时，产生周期为 1 min 的时钟脉冲，若将时钟脉冲信号送入计数器作为计数信号，可起到定时器的作用。

SM0.5：输出占空比为 50% 的时钟脉冲。当 PLC 处于运行状态时，产生周期为 1 s 的时钟脉冲。

SM0.6：扫描时钟。一个扫描周期为 1，另一个扫描周期为 0，循环交替。

SM0.7：工作方式开关位置指示。当工作方式开关在运行状态位置时，该标志位的值为 1。

SM1.0：零标志位。当运算结果为 0 时，该标志位的值为 1。

SM1.1：溢出标志位。当运算结果溢出或为非法值时，该标志位的值为 1。

SM1.2：负数标志位。当运算结果为负数时，该标志位的值为 1。

SM1.3：被 0 除标志位。

其他特殊标志位存储器的用途可查阅相关手册。

6. 局部变量存储器

局部变量存储器用来存储局部变量，局部变量存储器和变量存储器十分相似，主要区别在于全局变量是全局有效的，即同一个变量可以被任何程序（主程序、子程序和中断程序）访问；而局部变量只是局部有效的，即变量只和特定的程序相关联。

S7-200 PLC 有 64 字节的局部变量存储器，其中 60 字节可以作为暂时存储器，或给子程序传递参数，后 4 字节可以作为系统的保留字节。PLC 在运行时，根据需要动态地分配局部变量存储器，当执行主程序时，将 64 字节的局部变量存储器分配给主程序；当调用子程序或出现中断时，将局部变量存储器分配给子程序或中断程序。

局部变量存储器可以按位、字节、字、双字直接寻址，其位存取的地址编号范围为 L0.0～L63.7，L 可以作为地址指针。

7. 定时器

PLC 所提供的定时器的作用与继电器控制系统中时间继电器的作用相同。每个定时器可以提供无数对常开和常闭触点供编程时使用，其设定值由程序赋予。每个定时器有一个 16 位的当前值寄存器，用于存储定时器累计的时基增量值（1～32 767），另有一个状态位表示

定时器的状态。若当前值寄存器累计的时基增量值大于或等于设定值，则定时器的状态位被置"1"，该定时器的常开触点闭合。

定时器的定时精度分别为 1 ms、10 ms 和 100 ms。CPU 222、CPU 224 及 CPU 226 的定时器地址编号范围为 T0～T225，它们的分辨率、定时范围并不相同，应根据所用 CPU 的型号及时基，正确选用定时器的编号。

8. 计数器

计数器用于累计计数输入端接收到的由断开到接通的脉冲个数。计数器可提供无数对常开和常闭触点供编程时使用，其设定值由程序赋予。计数器的结构与定时器的基本相同，每个计数器有一个 16 位的当前值寄存器用于存储计数器累计的脉冲数，另有一个状态位表示计数器的状态。若当前值寄存器累计的脉冲数大于或等于设定值，则计数器的状态位被置"1"，该计数器的常开触点闭合。计数器的地址编号范围为 C0～C255。

9. 高速计数器

一般计数器的计数频率受扫描周期的影响，不能太高，而高速计数器可用来累计比 CPU 的扫描速度更快的事件。高速计数器的当前值是 1 个双字（32 位）的整数，且为只读值。高速计数器的地址编号范围根据 CPU 的型号有所不同，CPU 221/222 各有 4 个高速计数器，CPU 224/226 各有 6 个高速计数器，其地址编号范围为 HC0～HC5。

10. 累加器

累加器是用来暂存数据的寄存器，它可以用来存放运算数据、中间数据和结果。CPU 提供了 4 个 32 位的累加器，其地址编号范围为 AC0～AC3。累加器的可用长度为 32 位，可采用字节、字、双字的存取方式，按字节、字只能存取累加器的低 8 位或低 16 位，按双字可以存取累加器全部的 32 位。

11. 顺序控制继电器（状态元件）

顺序控制继电器是使用步进顺序控制指令编程时的重要状态元件，通常与步进顺序控制指令一起使用以实现顺序功能流程图的编程。顺序控制继电器的地址编号范围为 S0.0～S31.7。

12. 模拟量输入/输出映像寄存器

S7-200 PLC 的模拟量输入电路将外部输入的模拟量信号转换成 1 个字长的数字量存入模拟量输入映像寄存器区域，区域标识符为 AI；其模拟量输出电路将模拟量输出映像寄存器区域的 1 个字长的数值转换为模拟电流或模拟电压输出，区域标识符为 AQ。

PLC 内数字量的字长为 16 位，即 2 字节，故其地址均以偶数表示，如 AIW0、AIW2、…；AQW0、AQW2、…。

系统对模拟量输入/输出映像寄存器是以 2 个字为单位进行地址分配的，每路模拟量输入/输出占用 1 个字（2 字节）。如果有 3 路模拟量输入，须分配 4 个字（AIW0、AIW2、AIW4、AIW6），其中没有被使用的字 AIW6 不可被占用或分配给后续模块。如果有 1 路模拟量输出，须分配 2 个字（AQW0、AQW2），其中没有被使用的字 AQW2 不可被占用或分配给后续模块。

模拟量输入/输出的地址编号范围根据 CPU 的型号有所不同，CPU 222 的地址编号范围为 AIW0～AIW30/AQW0～AQW30；CPU 224/226 的地址编号范围为 AIW0～AIW62/AQW0～AQW62。

扫一扫看
编程语言
微课视频

5.6　PLC 程序设计语言

PLC 中有多种程序设计语言，它们是梯形图、语句表、顺序控制功能图、功能块图等。

梯形图和语句表是基本程序设计语言，它通常由一系列指令组成，用这些指令可以完成大多数简单的控制功能。

1. 梯形图

梯形图程序设计语言是最常用的一种程序设计语言，它用图形的方式进行逻辑运算、数据处理、数据的输入/输出等达到控制目的。它来源于对继电器逻辑控制系统的描述。在工业过程控制领域，电气技术人员对继电器逻辑控制技术较为熟悉，因此，由这种逻辑控制技术发展而来的梯形图受到了欢迎，并得到了广泛的应用。梯形图与继电器逻辑控制原理图相对应，具有直观性和对应性。它与原有的继电器逻辑控制技术的不同点是，梯形图中的能流不是实际意义的电流，内部的继电器也不是实际存在的继电器，因此，应用时，需要与原有的继电器逻辑控制技术的有关概念区别对待。梯形图指令有如下 3 种基本形式。

1）触点

触点对外表示输入条件，如外部开关、按钮的状态，内部实际是一个寄存器位，触点对内读取对应的寄存器位的值并进行相关的逻辑运算。CPU 运行扫描到常开触点时，读取该触点对应的寄存器位的值。该位数据为 1 时，表示能流能通过，其代表的常开触点闭合；该位数据为 0 时，表示能流不能通过，其代表的常开触点断开。CPU 运行扫描到常闭触点时，读取该触点对应的寄存器位的值并取反。常闭触点对应的寄存器位的值为 0，取反后为 1，能流可以通过；常闭触点对应的寄存器位的值为 1，取反后为 0，能流不能通过。CPU 读取寄存器位的值的次数不受限制，因此在用户程序中，常开触点、常闭触点可以使用无数次。

2）线圈

线圈表示输出结果，通过输出接口电路来控制外部的指示灯、接触器及内部的输出条件等。当线圈左侧的逻辑运算结果为 1 时，能流可以到达线圈，线圈得电动作，CPU 将该线圈所对应的寄存器位的值设为 1；当线圈左侧的逻辑运算结果为 0 时，能流不能到达线圈，线圈不通电，CPU 将该线圈所对应的寄存器位的值设为 0。线圈代表 CPU 对寄存器位的写入操作。PLC 采用循环扫描的工作方式，所以在用户程序中，每个线圈只能使用一次。

PLC 的 CPU 通过线圈将前面的逻辑运算结果写入到对应的寄存器位中。触点、线圈如图 5-11 所示。

图 5-11　触点、线圈

3）指令盒

指令盒是西门子 PLC 中实现复杂功能的图形化指令格式，如定时器、计数器或数学运算指令等。当能流通过指令盒时，执行指令盒所代表的功能。指令盒如图 5-12 所示。

图 5-12　指令盒

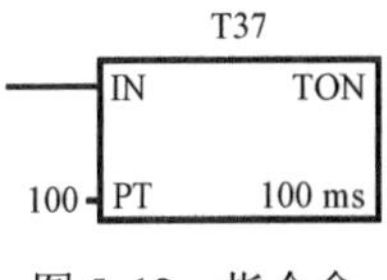

梯形图按照逻辑关系可分成网络段，分段只是为了阅读和调试方便。

2. 语句表

语句表程序设计语言是用布尔助记符来描述程序的一种程序设计语言。语句表程序设计

语言与计算机中的汇编语言非常相似，采用布尔助记符来表示操作功能。

语句表程序设计语言具有下列特点。

（1）采用布尔助记符来表示操作功能，具有容易记忆、便于掌握的特点。

（2）用编程软件可以将语句表与梯形图相互转换。

3. 顺序控制功能图

顺序控制功能图常用来编制顺序控制程序。它将一个复杂的顺序控制过程分解为一些小的工作状态，对这些小的工作状态的功能分别处理后再将它们依顺序连接组合成整体。顺序控制功能图的编程方法在项目 6 中有详细的介绍。

4. 功能块图

功能块图程序设计语言是采用逻辑门电路的编程语言。功能块图指令由输入、输出段及逻辑关系函数组成。方框的左侧为逻辑运算的输入变量，右侧为输出变量，I/O 端的小圆圈表示"非"运算，信号自左向右流动。

5.7　基本指令的分析与应用

扫一扫看 PLC 基本指令与应用微课视频

5.7.1　基本位操作指令

位操作指令是在 PLC 中常用的基本指令，梯形图指令有触点、指令盒和线圈，触点又分常开触点和常闭触点两种形式；语句表指令有与、或及输出等逻辑关系；位操作指令能够实现基本的位逻辑运算和控制。

1. 逻辑"取"及线圈驱动指令 LD/LDN、=

1）指令功能

LD（LoaD）：在对应梯形图的左侧母线或电路分支点处初始装载一个常开触点，将常开触点对应的寄存器位的值读取到 PLC 的逻辑运算器中。常开触点是逻辑运算的开始。

LDN（LoaD Not）：在对应梯形图的左侧母线或电路分支点处初始装载一个常闭触点，将常闭触点对应的寄存器位的值读取到 PLC 的逻辑运算器中，并进行取反。常闭触点是逻辑运算的开始。

=（OUT）：输出指令，对应梯形图为线圈驱动，将 PLC 逻辑运算器中的值写入线圈对应的寄存器位。输出指令在同一梯形图程序中对同一元件只能使用一次，若多次对同一元件进行写入操作，只有最后的写入有效，可能产生输出错误。

2）指令格式

LD/LDN、OUT 指令的使用如图 5-13 所示。

使用说明如下。

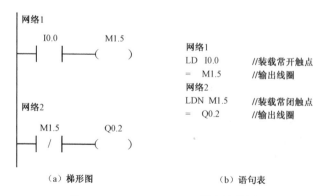

图 5-13　LD/LDN、OUT 指令的使用

（1）触点代表 CPU 对寄存器位的读取操作，常开触点和寄存器位的状态一致，常闭触点和寄存器位的状态相反。在用户程序中同一触点可使用无数次。

例如：寄存器 I0.0 的状态为 1，则对应的常开触点 I0.0 接通，表示能流可以通过；而对应的常闭触点 I0.0 断开，表示能流不能通过。寄存器 I0.0 的状态为 0，则对应的常开触点 I0.0 断开，表示能流不能通过；而对应的常闭触点 I0.0 接通，表示能流可以通过。

（2）线圈代表 CPU 对寄存器位的写入操作，若线圈左侧的逻辑运算结果为 1，则表示能流能够到达线圈，CPU 将该线圈所对应的寄存器位的值设为 1；若线圈左侧的逻辑运算结果为 0，则表示能流不能到达线圈，CPU 将该线圈所对应的寄存器位的值设为 0。在用户程序中，同一个线圈只能使用一次。

（3）LD/LDN 指令用于与输入公共母线（输入母线）相连的接点，也可与 OLD、ALD 指令配合用于分支电路的开头。LD/LDN 指令的操作数为 I、Q、M、SM、T、C、V、S。

（4）=指令用于 Q、M、SM、T、C、V、S，但不能用于输入映像寄存器 I。输出端不带负载时，控制线圈应尽量使用 M 或其他操作数，而不使用 Q。=指令可以并联使用任意次，不能串联。同一个线圈不能输出两次。

=指令的操作数为 Q、M、SM、T、C、V、S。

2. 触点串联指令 A、AN

1）指令功能

A（And）：与操作，在梯形图中表示串联一个常开触点。读取触点对应的寄存器位的值，再跟 PLC 逻辑运算器中原来的值进行与运算，将结果存放在 PLC 的逻辑运算器中。

AN（And Not）：与非操作，在梯形图中表示串联一个常闭触点。读取触点对应的寄存器位的值并且进行取反，再跟 PLC 逻辑运算器中原来的值进行与运算，将结果存放在 PLC 的逻辑运算器中。

2）指令格式

A/AN 指令的使用如图 5-14 所示。

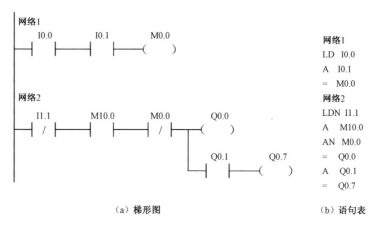

（a）梯形图　　　　　　　　（b）语句表

图 5-14　A/AN 指令的使用

3）使用说明

A/AN 指令是单个触点串联指令，可以连续使用，如图 5-14 中的网络 2 所示。

若按正确次序编程（输入：左重右轻，上重下轻；输出：上轻下重），则可以反复使用=指令，如图 5-15 所示。但若按图 5-16 所示的次序编程，就不能连续使用=指令。

A/AN 指令的操作数为 I、Q、M、SM、T、C、V、S。

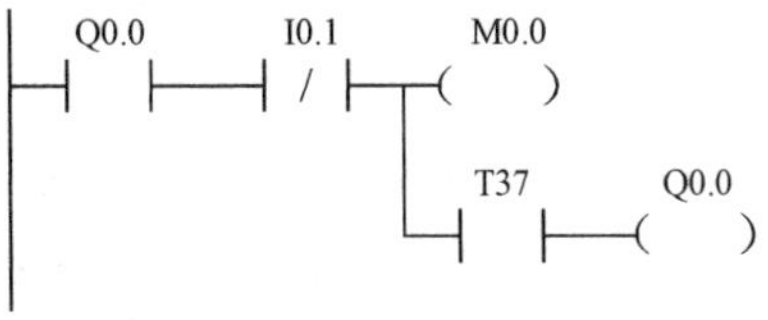

```
  Q0.0    I0.1    M0.0              LD  Q0.0
 ──┤├──────┤/├────( )              AN  I0.1
                                   =   M0.0
          T37     Q0.0             A   T37
         ──┤├──────( )             =   Q0.1
```

图 5-15　反复使用=指令

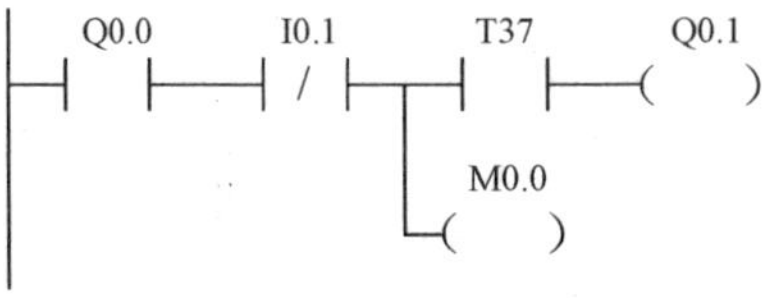

```
  Q0.0    I0.1    T37     Q0.1
 ──┤├──────┤/├────┤├───────( )

                 M0.0
                  ( )
```

图 5-16　不能连续使用=指令

3. 触点并联指令 O、ON

1）指令功能

O（Or）：或操作，在梯形图中表示并联一个常开触点。读取触点对应的寄存器位的值，再跟 PLC 逻辑运算器中原来的值进行或运算，将结果存放在 PLC 的逻辑运算器中。

ON（Or Not）：或非操作，在梯形图中表示并联一个常闭触点。读取触点对应的寄存器位的值并且进行取反，再跟 PLC 逻辑运算器中原来的值进行或运算，将结果存放在 PLC 的逻辑运算器中。

2）指令格式

O/ON 指令的使用如图 5-17 所示。

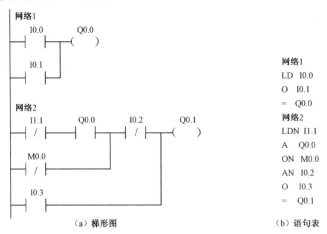

（a）梯形图　　　　　　　（b）语句表

图 5-17　O/ON 指令的使用

3）使用说明

O/ON 指令可以作为并联一个触点的指令，紧接在 LD/LDN 指令之后用，即为其前面的 LD/LDN 指令所规定的触点并联一个触点，可以连续使用。

若要并联具有两个以上触点的串联电路时，须采用 OLD 指令。

O/ON 指令的操作数为 I、Q、M、SM、V、S、T、C。

4. 电路块的串联指令 ALD

1）指令功能

ALD：块"与"操作，用于串联多个并联电路组成的电路块。

 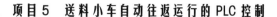

2）指令格式

ALD 指令的使用（1）如图 5-18 所示。

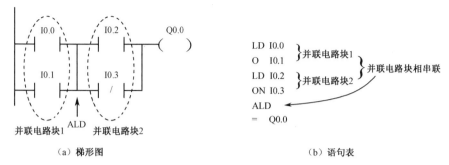

（a）梯形图　　　　　　　　　　　　　　　　（b）语句表

图 5-18　ALD 指令的使用（1）

3）使用说明

并联电路块与前面的电路串联时，使用 ALD 指令。在分支的起点使用 LD/LDN 指令，并联电路结束后使用 ALD 指令与前面的电路串联。

可以顺次使用 ALD 指令串联多个并联电路块，支路数量没有限制，ALD 指令的使用（2）如图 5-19 所示。

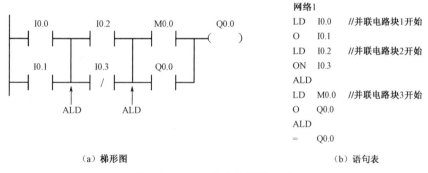

（a）梯形图　　　　　　　　　　　　　　　　（b）语句表

图 5-19　ALD 指令的使用（2）

ALD 指令无操作数。

多个并联电路块串联时，第二个及后面的并联电路块开始时，系统自动将当前的逻辑运算结果压入堆栈。使用 ALD 指令将堆栈中的逻辑运算结果弹出且与逻辑运算器中的值进行与运算，将结果保存在逻辑运算器中，并不需要入栈和出栈指令。

5. 电路块的并联指令 OLD

1）指令功能

OLD：块"或"操作，用于并联多个串联电路组成的电路块。

2）指令格式

OLD 指令的使用如图 5-20 所示。

3）使用说明

并联几个串联支路时，在支路的起点使用 LD、LDN 指令，并联结束后使用 OLD 指令。可以顺次使用 OLD 指令并联多个串联电路块，支路数量没有限制。

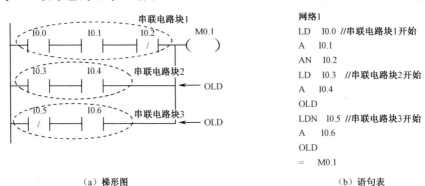

（a）梯形图   （b）语句表

图 5-20　OLD 指令的使用

OLD 指令无操作数。

实例 5-1　根据图 5-21（a）所示的梯形图，写出对应的语句表，如图 5-21（b）所示。

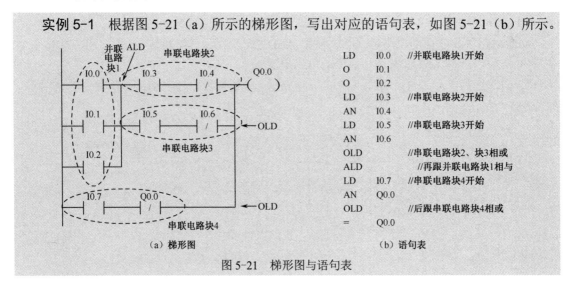

（a）梯形图   （b）语句表

图 5-21　梯形图与语句表

6. 置位/复位指令 S/R

1）指令功能

置位指令 S：将从位地址 bit 开始的 N 个寄存器位（线圈）的值设为 1 并保持。

复位指令 R：将从位地址 bit 开始的 N 个寄存器位（线圈）的值设为 0 并保持。

2）指令格式

S/R 指令格式如表 5-8 所示，其使用如图 5-22 所示。

表 5-8　S/R 指令格式

	LAD	STL	指令参数说明
置位	bit ——(S) N	S bit, N	（1）置位指令"S bit, N"的作用是当输入端有效（能流到达）时，将从位地址 bit 开始的 N 个寄存器位的值设为 1 并保持。 （2）复位指令"R bit, N"的作用是当输入端有效（能流到达）时，将从位地址 bit 开始的 N 个寄存器位的值设为 0 并保持。 （3）操作数 bit 为 I、Q、M、SM、T、C、V、S、L，数据类型为布尔。 （4）操作数 N 为常量、VB、IB、QB、MB、SMB、SB、LB、AC、*VD、*AC、*LD，取值范围为 0~255 字节
复位	bit ——(R) N	R bit, N	

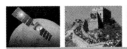

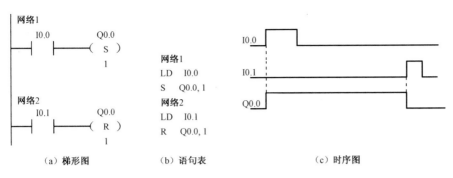

图 5-22 S/R 指令的使用

3）使用说明

对同一元件（同一寄存器位）可以多次使用 S/R 指令（与=指令不同）。

由于是扫描工作方式，当 S、R 指令同时有效时，写在后面的指令具有优先权。

S、R 指令通常成对使用，也可以单独使用或与指令盒配合使用。

4）=、S、R 指令的比较

=、S、R 指令的比较如图 5-23 所示。

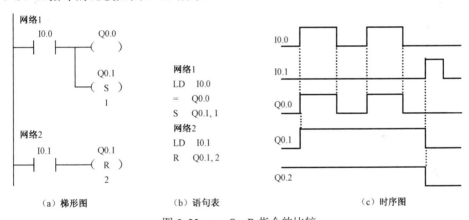

图 5-23 =、S、R 指令的比较

5.7.2 编程注意事项及编程技巧

1. 梯形图语言中的语法规定

（1）程序应按自上而下、自左而右的顺序编写。

（2）同一操作数的输出线圈在一个程序中不能使用两次，不同操作数的输出线圈可以并行输出，输出线圈的使用如图 5-24 所示。

（3）线圈不能直接与左侧母线相连，如果需要，可以通过特殊内部标志位存储器 SM0.0（该位的值始终为 1）来连接。线圈与母线的连接如图 5-25 所示。

（4）适当安排编程顺序，以减少程序的步数。

串联触点支路并联时遵循"上重下轻"的原则，即串联多的支路应尽量放在上面，如图 5-26 所示。

并联电路块串联时遵循"左重右轻"的原则，即并联多的支路应靠近左侧母线，如图 5-27 所示。

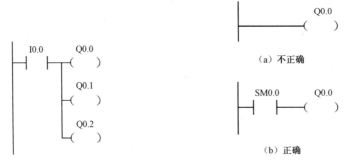

图 5-24 输出线圈的使用 　　图 5-25 线圈与母线的连接

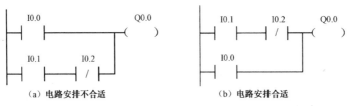

图 5-26 串联触点支路并联时遵循"上重下轻"的原则

线圈输出部分遵循"上轻下重"的原则，即结构简单的输出线圈放置在梯形图的上面，结构较复杂的输出线圈放置在梯形图的下面，如图 5-28 所示。

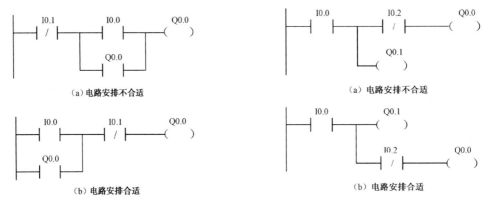

图 5-27 并联电路块串联时遵循"左重右轻"的原则　　图 5-28 线圈输出部分遵循"上轻下重"的原则

（5）触点不能放在线圈的右侧。

（6）对于复杂的电路，用 ALD、OLD 等指令难以编程，可重复使用一些触点画出其等效电路，然后再进行编程。复杂电路的编程技巧如图 5-29 所示。

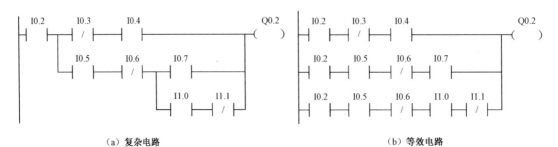

图 5-29 复杂电路的编程技巧

2. 设置中间单元

在梯形图中，若多个线圈都受某一触点串、并联电路的控制，为了简化电路，在梯形图中可以设置由该电路控制的存储器位。设置中间单元如图 5-30 所示，这类似于继电器电路中的中间继电器。

3. 尽量减少 PLC 的输入信号和输出信号

PLC 的价格与 I/O 点数有关，因此减少 I/O 点数是降低硬件费用的主要措施。如果几个输入器件触点的串、并联电路

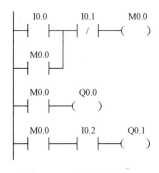

图 5-30　设置中间单元

总是作为一个整体出现，那么可以将它们作为 PLC 的一个输入信号，只占 PLC 的一个输入点。如果某个器件的触点只用一次并且与 PLC 输出端的负载串联，那么不必将它们作为 PLC 的输入信号，可以将它们放在 PLC 外部的输出电路中，与外部负载串联。在图 5-2 中，热继电器 FR 的常闭触点与接触器的线圈串联，不占用 PLC 的输入端口。

4. 外部联锁电路的设立

为了防止控制正、反转的两个接触器同时动作造成三相电源短路，应在 PLC 外部设置硬件联锁电路。在图 5-2 中，正、反转接触器的常闭触点进行互锁。

5. 外部负载的额定电压

PLC 的继电器输出模块和双向晶闸管的输出模块一般只能驱动额定电压为交流 220 V 的负载，交流接触器的线圈应选用额定电压为 220 V 的。PLC 的输出端口是晶体管形式的，外接电源只能使用直流 24 V 电源。

5.7.3　定时器指令的分析与应用

> 扫一扫看定时器微课视频

1. 定时器指令

机械空气阻尼式时间继电器采用空气经过狭窄通道的方式进行延时，其优点是使用方便，缺点是成本高、定时不精确、可靠性低。

晶体管时间继电器通过 RC 充放电实现延时，其延时精度较机械空气阻尼式时间继电器的高，但成本高。

在单片机中，通过定时器和中断系统，可以达到精确延时和长时间延时的要求，但系统设计和程序设计有较大的难度。

PLC 控制器的定时器具有以下优点：延时精度高、延时时间长、使用简单方便、没有单独的硬件成本。

S7-200 PLC 的定时器对内部时钟的累计时间增量计时。每个定时器均有一个 16 位的当前值寄存器用来存放当前值（16 位符号整数）；一个 16 位的设定值寄存器用来存放时间的设定值；还有一位为输出控制位，反映是否到达定时时间，对外进行控制。

1）定时器的结构

定时器是 PLC 内部的软元件，可以看成由下面 6 个部分组成。

（1）时基脉冲发生器：产生 1 ms、10 ms、100 ms 的脉冲。不同编号的定时器有不同的时基脉冲发生器。

（2）设定值寄存器 PT：16 位寄存器，用来存放定时设定值。

（3）计数器：16 位计数器，对脉冲进行计数，用定时器的编号表示，为字数据。

（4）输入控制位 IN：输入控制位有效时，定时器开始工作。

（5）输出控制位：当定时时间到时，发出控制信号，也用定时器的编号表示，为位数据。

（6）比较器：比较计数器和设定值寄存器的值。

2）定时器的工作方式

S7-200 PLC 的定时器按工作方式分为三大类，其指令格式如表 5-9 所示。

表 5-9　定时器的指令格式

类　　型	LAD	STL	说　　明
通电延时型定时器	???? IN　　TON ????-PT　　??? ms	TON　Txx, PT	TON：通电延时型定时器。 TONR：记忆型通电延时定时器。 TOF：断电延时型定时器。 IN 是使能输入端，在指令盒上方输入定时器的编号 Txx，范围为 T0～T255；PT 是设定值输入端，最大设定值为 32 767，PT 的数据类型为 INT。 PT 的操作数为 IW、QW、MW、SMW、T、C、VW、SW、AC、常数
记忆型通电延时定时器	???? IN　　TONR ????-PT　　??? ms	TONR Txx, PT	
断电延时型定时器	???? IN　　TOF ????-PT　　??? ms	TOF　Txx, PT	

定时器的工作原理为：使能输入端 IN 有效后，计数器对 PLC 内部的时基脉冲进行增 1 计数，当计数值大于或等于定时器的设定值寄存器 PT 指定的值后，输出控制位置 1。

最小的计时单位为时基脉冲的宽度，又称定时精度；从定时器输入有效，到状态位输出有效，经过的时间为定时时间，即

$$定时时间\ T = 设定值 \times 时基$$

当前值寄存器为 16 位，最大计数值为 32 767，由此可推算不同分辨率的定时器的设定时间范围。CPU 22X 型 PLC 的 256 个定时器分属 TONR 和 TON/TOF 工作方式，以及 3 种时基标准，定时器的类型如表 5-10 所示。由此可知时基越大，定时时间越长，但精度越差。

表 5-10　定时器的类型

工 作 方 式	定时器的编号	时基/ms	最大定时范围/s
TONR	T0，T64	1	32.767
	T1～T4，T65～T68	10	327.67
	T5～T31，T69～T95	100	3 276.7
TON/TOF	T32，T96	1	32.767
	T33～T36，T97～T100	10	327.67
	T37～T63，T101～T255	100	3 276.7

1 ms、10 ms、100 ms 定时器的刷新方式不同。

1 ms 定时器每隔 1 ms 刷新一次，与扫描周期和程序处理无关，即采用中断刷新方式。因此当扫描周期较长时，在一个周期内可能被多次刷新，其当前值在一个扫描周期内不一定

保持一致。

10 ms 定时器则由系统在每个扫描周期的开始自动刷新。由于每个扫描周期内只刷新一次，因此在每次程序处理期间，其当前值为常数。

100 ms 定时器则在该定时器的指令执行时刷新。这样下一条执行的指令，即可使用刷新后的结果，非常符合正常的思路，使用方便可靠。但应当注意，如果该定时器的指令不是在每个周期都执行，定时器就不能及时刷新，可能导致出错。

3）定时器指令的工作过程

下面将从原理、应用等方面分别叙述通电延时型定时器、记忆型通电延时定时器、断电延时型定时器 3 种定时器的使用方法。

（1）通电延时型定时器指令的工作原理。

通电延时型定时器指令的工作原理如图 5-31 所示，当 I0.0 接通，使能端（IN）输入有效时，驱动 T37 开始计时，计数当前值从 0 开始递增，计时到设定值 PT（5）时，T37 的状态位置 1，其常开触点 T37 接通，驱动 Q0.0 输出，之后当前值仍增加，但不影响输出状态位，当前值的最大值为 32 767。当 I0.0 断开，使能端无效时，T37 复位，当前值清零，状态位也清零，即恢复原始状态。若 I0.0 的接通时间未到设定值就断开，T37 则立即复位，Q0.0 不会有输出。

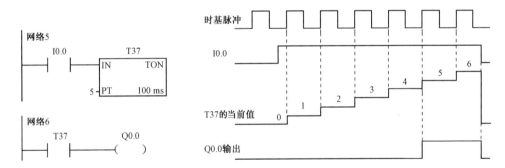

图 5-31　通电延时型定时器指令的工作原理

（2）记忆型通电延时定时器指令的工作原理。

使能端输入有效时（接通），定时器开始计时，当前值递增，在当前值大于或等于设定值 PT（4）时，T6 的状态位置 1。使能端输入无效（断开）时，当前值保持（记忆），使能端再次接通有效时，在原记忆值的基础上递增计时。

注意： 记忆型通电延时定时器采用线圈复位指令 R 进行复位操作，当复位线圈有效时，定时器的当前值清零，输出状态位置 0。

记忆型通电延时定时器指令的工作原理如图 5-32 所示，当使能端为 1 时，定时器计时；当使能端为 0 时，其当前值保持为 3 并不复位。当下次使能端再为 1 时，T6 的当前值从原保持值开始往上加，将当前值与设定值 PT（4）进行比较，当前值大于或等于设定值时，T6 的状态位置 1，驱动 Q0.0 输出，以后即使使能端再为 0，也不会使 T6 复位。要使 T6 复位，必须使用复位指令。当 I0.1 为 1 时，将定时器 T6 的当前值和控制位强制复位为 0。

（3）断电延时型定时器指令的工作原理。

断电延时型定时器用来断开输入，延时一段时间后，断开输出。当使能端输入有效时，定时器的状态位立即置 1，当前值复位为 0。当使能端断开时，定时器开始计时，当前值从 0

递增，达到设定值时，定时器的状态位复位为 0，并停止计时，保持当前值。

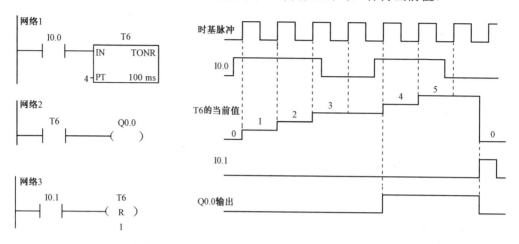

图 5-32　记忆型通电延时定时器指令的工作原理

如果输入断开的时间小于预定时间，定时器仍保持接通。当使能端再接通时，定时器的当前值仍为 0。断电延时型定时器指令的工作原理如图 5-33 所示。

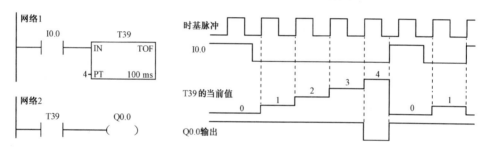

图 5-33　断电延时型定时器指令的工作原理

注意：（1）以上介绍的 3 种定时器具有不同的功能，通电延时型定时器用于单一间隔的定时；记忆型通电延时定时器用于累计时间间隔的定时；断电延时型定时器用于故障发生后的时间延时。

（2）断电延时型定时器和通电延时型定时器共享同一组定时器，不能重复使用，即不能把一个定时器同时用作断电延时型定时器和通电延时型定时器。例如，不能既有通电延时型定时器 T32，又有断电延时型定时器 T32。

2. 时钟脉冲发生器

图 5-34 所示为时钟脉冲发生器，其中 I0.0 的常开触点接通后，T37 的使能输入端为 1 状态，T37 开始定时；2 s 后 T37 的定时时间到，它的常开触点接通，使 Q0.0 动作，同时 T38 开始定时；3 s 后 T38 的定时时间到，它的常闭触点断开，使 T37 的使能输入端变为 0 状态，T37 的常开触点断开，Q0.0 复位，同时使 T38 的使能输入端变为 0 状态，其常闭触点接通，T37 又开始定时。之后 Q0.0 的线圈将这样周期性地通电和断电，直到 I0.0 复位，Q0.0 线圈的通电时间等于 T38 的设定值，其断电时间等于 T37 的设定值。在图 5-34 中，Q0.0 的输出周期为 5 s，其中高电平的维持时间为 3 s，低电平的维持时间为 2 s。改变 T37 和 T38 的设定值，就改变了矩形波的周期和占空比。端口 Q0.0 的指示灯闪烁。

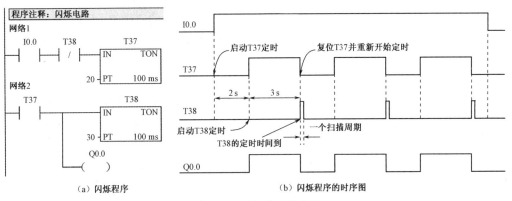

（a）闪烁程序　　　　　　　　（b）闪烁程序的时序图

图 5-34　时钟脉冲发生器

5.8　西门子 PLC 编程软件的应用

S7-200 PLC 使用 STEP 7-Micro/WIN 编程软件进行编程。STEP 7-Micro/WIN 编程软件是基于 Windows 的应用软件，其功能强大，主要用于开发程序，也可用于实时监控用户程序的执行状态。它有中文版和英文版等多种语言版本。

5.8.1　STEP 7-Micro/WIN 的安装、界面及设置

1. 安装条件

操作系统：Windows 95 以上的操作系统。

计算机配置：IBM 486 以上的兼容机，8 MB 以上的内存，VGA 显示器，50 MB 以上的硬盘空间。

通信电缆：用一条 PC/PPI 电缆实现 PLC 与计算机的通信。

2. 编程软件的安装和中文界面的设置

双击编程软件中的安装程序 SETUP.EXE，根据安装提示，编程语言选择 English，完成安装，启动 STEP 7-Micro/WIN。安装完成后，编程软件的界面自动为英文界面，可以进行以下操作，将其设置为中文界面：单击 "Tools" 按钮打开 "Tools" 菜单，单击其中的 "Options" 选项，在弹出的 "Options" 对话框中单击 "General" 选项，在右边 "General" 标签下的 "Language" 选区中选择 "Chinese" 选项，单击 "OK" 按钮，编程软件自动关闭。重新启动编程软件，显示为中文界面。

3. 建立 PLC 与计算机之间的通信连接

可以采用 PC/PPI 电缆建立 PLC 与计算机之间的通信连接。这是典型的单主机与计算机的连接，不需要其他硬件设备。PC/PPI 电缆的两端分别为 RS-232 和 RS-485 接口，将 RS-232 接口与计算机 RS-232 通信端口的 COM1 或 COM2 接口连接，将 RS-485 接口与 PLC 的通信端口连接。PC/PPI 电缆中间有通信模块，有 5 种支持 PPI 协议的波特率可以选择，分别为 1.2 kbit/s、2.4 kbit/s、9.6 kbit/s、19.2 kbit/s、38.4 kbit/s。系统的默认值为 9.6 kbit/s。

4. 通信参数的设置

硬件设置好后，按下面的步骤设置通信参数。

（1）在 STEP 7-Micro/WIN 运行时单击"查看"浏览条中的"设置 PG/PC 接口"按钮，打开"通信"对话框。

（2）在"通信"对话框中双击"PC/PPI cable（PPI）"电缆图标，打开"PC/PPI 属性设置"对话框。

（3）在"PC/PPI 属性设置"对话框中单击"属性（Properties）"按钮，打开"接口属性"对话框，在其中检查各个参数的属性是否正确。初学者可以使用默认的通信参数，在 PC/PPI 属性设置的对话框中单击"默认（Default）"按钮，可获得默认的参数。默认站地址为 0，波特率为 9.6 kbit/s。当多台 PLC 联网工作时，必须为每台 PLC 设置不同的站地址。

5. 建立在线连接

在前几步顺利完成后，接下来建立编程软件与 S7-200 CPU 主机的在线连接，步骤如下。

（1）在 STEP 7-Micro/WIN 运行时单击"查看"浏览条中的"通信"按钮，打开"通信建立结果"对话框，其中显示是否连接了 S7-200 PLC 主机。

（2）在"通信建立结果"对话框中双击"双击刷新"图标，STEP 7-Micro/WIN 编程软件将检查所连接的所有 S7-200 CPU 站，在对话框中显示已建立起连接的每个站的 CPU 图标、CPU 型号和站地址。

（3）双击要进行通信的站，在"通信建立结果"对话框中可以显示所选的通信参数。

6. 修改 PLC 的通信参数

PLC 与计算机建立起通信连接后，就可以利用软件检查、设置和修改 PLC 的通信参数，步骤如下。

（1）单击"查看"浏览条中的"系统块"按钮，打开"系统块"对话框。

（2）在"系统块"对话框中单击"通信端口"选项卡，检查各个参数，确认无误后单击"确认"按钮。若须修改某些参数，可以先进行有关修改，再单击"确认"按钮。

（3）单击工具条中的"下载"按钮 ，将修改后的参数下载到 PLC 中，这时修改后的参数才会起作用。

7. PLC 信息的读取

单击"PLC"按钮打开"PLC"菜单，单击其中的"信息"选项，将显示出 PLC 的 RUN/STOP 状态、扫描速率、CPU 型号和各个模块的信息。

STEP 7-Micro/WIN 的主界面如图 5-35 所示。

8. 工具条

（1）标准工具条如图 5-36 所示。

（2）调试工具条如图 5-37 所示。

（3）公用工具条如图 5-38 所示。

（4）LAD 指令工具条如图 5-39 所示。

9. 浏览条

浏览条为编程提供按钮控制，可以实现窗口的快速切换，即对编程工具执行直接按钮存取，包括程序块、符号表、状态表、数据块、系统块、交叉引用、通信、设置 PG/PC 接口。单击上述任意按钮，则主窗口切换成此按钮对应的窗口。

单击"查看"按钮打开"查看"菜单，单击其中的"框架"选项，选择"浏览条"选项，浏览条可在打开（显示）和关闭（隐藏）之间切换。

菜单栏　工具条　符号表　数据块　交叉引用　状态表　梯形图程序编辑区

浏览条　指令树　　　输出窗口　　　状态栏　局部变量表

图 5-35　STEP 7-Micro/WIN 的主界面

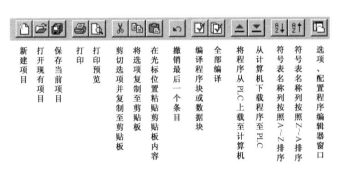

新建项目
打开现有项目
保存当前项目
打印
打印预览
剪切选项并复制至剪贴板
将选项复制至剪贴板
在光标位置粘贴剪贴板内容
撤销最后一个条目
编译程序块或数据块
全部编译
将程序从 PLC 上载至计算机
符号表名称列按照 A~Z 排序
符号表名称列按照 Z~A 排序
选项、配置程序编辑器窗口

图 5-36　标准工具条

将 PLC 设为运行模式
将 PLC 设为停止模式
在程序状态打开／停止之间切换
在触发暂停打开／停止之间切换
在图状态打开／关闭之间切换
状态图表单次读取
状态图表全部写入
取消强制 PLC 数据
强制 PLC 数据
状态图表全部取消强制
状态图表全部读取强制数值

图 5-37　调试工具条

插入网络
删除网络
显示／隐藏 POU 注解
显示／隐藏网络注解
显示／隐藏符号信息表
切换书签
下一个书签
前一个书签
清除全部书签
在项目中应用所有的符号
建立表格未定义符号
常量说明

图 5-38　公用工具条

插入向下直线
插入向上直线
插入向左行
插入右行
插入触点
插入线圈
插入指令盒

图 5-39　LAD 指令工具条

单击"工具"按钮打开"工具"菜单，单击其中的"选项"选项，选择"浏览条"选项，可在浏览条中编辑字体。

浏览条中的所有操作都可通过指令树完成，或通过单击"查看"按钮打开"组件"菜单来完成。

5.8.2　STEP 7-Micro/WIN 的程序编辑及程序下载、上载

1. 编程元素及项目组件

S7-200 PLC 的 3 种程序组织单位（程序）指主程序、子程序和中断程序。STEP 7-Micro/WIN 为每个控制程序在程序编辑器窗口提供分开的制表符，主程序总是在第一个制表符内，后面是子程序或中断程序。

一个项目包括的基本组件有程序块、数据块、系统块、符号表、状态表、交叉引用。程序块、数据块、系统块须下载到 PLC 中，而符号表、状态表、交叉引用无须下载到 PLC 中。

程序块由程序代码和程序注释组成，程序代码由一个主程序和可选子程序或中断程序组成。程序代码被编译并下载到 PLC 中，程序注释被忽略。

在指令树中右击"程序块"图标，可以插入子程序和中断程序。

数据块由数据（包括初始内存值和常数值）和注释两部分组成。数据被编译后，下载到 PLC 中，注释被忽略。

系统块用来设置系统的参数，包括通信端口配置信息、保存范围、模拟和数字输入过滤器、背景时间、密码表、脉冲截取位和输出表等选项。

单击浏览条中的"系统块"按钮，或者单击指令树内的"系统块"图标，可查看并编辑系统块。

系统块的信息须下载到 PLC 中，为 PLC 提供新的系统配置。

符号表、状态表、交叉引用在前面已经介绍过，这里不再介绍。

2. 梯形图程序的输入

1）建立项目

（1）打开现有项目，常用的方法如下。

单击"文件"按钮打开"文件"菜单，单击其中的"打开"选项，在"打开文件"对话框中，选择项目的路径及名称，单击"确定"按钮，打开现有项目。

"文件"菜单底部列出最近工作过的项目名称，选择文件名，直接打开。

利用 Windows 资源管理器，选择扩展名为.mwp 的文件打开。

（2）创建新项目。

单击"新建"按钮，新建一个项目。

单击"文件"按钮打开"文件"菜单，单击其中的"新建"选项，新建一个项目。

单击浏览条中的"程序块"按钮，新建一个项目。

2）输入程序

打开项目后就可以进行编程，本书主要介绍梯形图的相关操作。

（1）输入指令。梯形图的元素主要有触点、线圈和指令盒，梯形图的每个网络必须从触点开始，以线圈或没有 ENO 输出的指令盒结束。线圈不允许串联使用。

要输入梯形图指令首先要进入梯形图编辑器：

单击"视图"按钮打开"视图"菜单，单击其中的"梯形图"选项，接着在梯形图编辑器中输入指令，可以通过指令树、工具条按钮、快捷键等方法输入指令。

在指令树中选择需要的指令，将其拖放到需要的位置。

将光标放在需要的位置，在指令树中双击需要的指令。

将光标放在需要的位置，单击工具条中的指令按钮，打开一个通用指令窗口，选择需要的指令。

使用功能键：F4=触点，F6=线圈，F9=指令盒，打开一个通用指令窗口，选择需要的指令。

当编程元件图形出现在指定位置后，单击编程元件符号的"？？？"，输入操作数。红色字样显示语法出错，当把不合法的地址或符号改为合法值时，红色消失。若数值下面出现红色的波浪线，表示输入的操作数超出范围或与指令的类型不匹配。

（2）上下线操作。将光标移到要合并的触点处，单击"上行线"按钮 ⤴ 或"下行线"按钮 ⤵ 。

（3）输入程序注释。LAD 编辑器中共有 4 个注释级别：程序注释、网络标题、网络注释、项目组件属性。

程序注释：在"网络 1"上方的灰色方框中单击，输入程序注释。

单击"切换程序注释"按钮或者单击"视图"按钮打开"视图"菜单，单击其中的"程序注释"选项，可在程序注释的"打开"（可视）和"关闭"（隐藏）之间切换。

每条程序注释所允许使用的最大字符数为 4 096。程序注释可视时，始终位于程序顶端，并在第一个网络之前显示。

网络注释：将光标移到网络标号下方的灰色方框中，可以输入网络注释。网络注释可对网络的内容进行简单的说明，以便于程序的理解和阅读。网络注释中可允许使用的最大字符数为 4 096。

单击"切换网络注释"按钮或者单击"视图"按钮打开"视图"菜单，单击其中的"网络注释"选项，可在网络注释的"打开"（可视）和"关闭"（隐藏）之间切换。

项目组件属性：用下面的方法存取属性标签。

① 右击指令树中的"程序块"图标，选择"属性"选项。

② 右击程序编辑器窗口中的任何一个程序标签，并从弹出的菜单中选择"属性"选项。

"主程序"属性对话框中的"保护"选项卡如图 5-40 所示。

"主程序"属性对话框中有两个选项卡：常规和保护。选择"常规"选项卡可为子程序、中断程序和主程序重新编号和重新命名，并为项目指定一个作者。选择"保护"选项卡则可以选择一个密码保护程序，以使其他用户无法看到该程序，并在下载时加密。若用密码保护程序，则勾选"用密码保护本 POU"复选框，输入 4 个字符的密码并验证该密码。

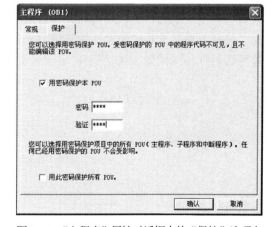

图 5-40　"主程序"属性对话框中的"保护"选项卡

（4）程序编辑。

剪切、复制、粘贴或删除多个网络：通过按"Shift"键+鼠标单击，可以对多个相邻的网络进行剪切、复制、粘贴或删除等操作。注

意：不能选择部分网络，只能选择整个网络。

编辑单元格、指令、地址和网络：用光标选中需要进行编辑的单元，右击，弹出快捷菜单，可以进行插入或删除行、列、垂直线或水平线的操作。删除垂直线时把方框放在垂直线的左边单元上，删除时选择"行"选项或按"Del"键；进行插入编辑时，先将方框移至欲插入的位置，然后选择"列"选项。

（5）程序编译。程序经过编译后，方可下载到PLC中。编译的方法如下。

单击"编译"按钮或单击"PLC"按钮打开"PLC"菜单，单击其中的"编译"选项，编译当前被激活的窗口中的程序块或数据块。

单击"全部编译"按钮或单击"PLC"按钮打开"PLC"菜单，单击其中的"全部编译"选项，编译全部项目元件（程序块、数据块和系统块）。使用"全部编译"命令，与哪一个窗口是活动窗口无关。

编译结束后，输出窗口显示编译结果。

3. 符号表的操作

在符号表中给符号赋值的方法如下。

（1）建立符号表：单击浏览条中的"符号表"按钮，建立符号表。符号表的操作如图5-41所示。

（2）在"符号"列输入符号名（如QD），最大的符号长度为23个字符。注意：在

图5-41 符号表的操作

给符号指定地址之前，该符号下有绿色波浪下画线；在给符号指定地址后，绿色波浪下画线自动消失。如果选择同时显示项目操作数的符号和地址，则较长的符号名在LAD、FBD和STL程序编辑器窗口中被一个波浪号（～）截断。可将鼠标放在被截断的名称上，在工具提示中查看全名。

（3）在"地址"列中输入地址（如I0.0）。

（4）输入注释（此为可选项，最多允许79个字符）。

（5）符号表建立后，单击"查看"按钮打开"查看"菜单，单击其中的"符号寻址"选项，直接地址将转换成符号表中对应的符号名，并且可通过单击"工具"按钮打开"工具"菜单，单击其中的"选项"选项，在打开的对话框中选择"程序编辑器"选项卡，在其中选择"符号寻址"选项，来选择操作数显示的形式。如果选择"显示符号和地址"选项，则带符号表的梯形图如图5-42所示。

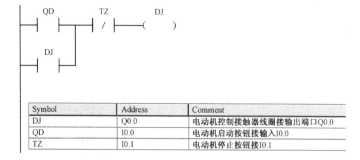

图5-42 带符号表的梯形图

（6）单击"视图"按钮打开"视图"菜单，单击其中的"符号信息表"选项，可选择符号表的显示与否。单击"视图"按钮打开"视图"菜单，单击其中的"符号寻址"选项，可选择是否将直接地址转换成对应的符号名。

在 STEP 7-Micro/WIN 中，可以建立多个符号表（SIMATIC 编程模式）或多个全局变量表（IEC 1131-3 编程模式）。但不允许将相同的字符串多次用于给全局符号赋值，在单个符号表中和几个表中均不得如此。

4. 通信

按前述描述进行通信接口设置并实现通信。

5. 程序下载及上载

1）下载

如果已经成功地在运行 STEP 7-Micro/WIN 的计算机和 PLC 之间建立了通信，就可以将编译好的程序下载至该 PLC。如果 PLC 中已经有内容，则内容将被覆盖。下载步骤如下。

（1）下载之前，PLC 必须处于停止工作方式。检查 PLC 上的工作方式指示灯，如果 PLC 没有处于停止工作方式，那么单击工具条中的"停止"按钮，将 PLC 置于停止工作方式。

（2）单击工具条中的"下载"按钮 ，或单击"文件"按钮打开"文件"菜单，单击其中的"下载"选项，打开"下载"对话框。

（3）根据默认值，在初次发出下载命令时，"程序代码块""数据块"和"CPU 配置"（系统块）的复选框都被勾选。如果不需要下载某个块，可以取消该复选框的勾选。

（4）单击"确定"按钮，开始下载程序。如果下载成功，将出现一个确认框显示以下信息：下载成功。

下载成功后，单击工具条中的"运行"按钮，或单击"PLC"按钮打开"PLC"菜单，单击其中的"运行"选项，PLC 进入运行工作方式。

2）上载

用下面的方法从 PLC 中将项目元件上载到 STEP 7-Micro/WIN 程序编辑器中。

（1）单击"上载"按钮 。

（2）单击"文件"按钮打开"文件"菜单，单击其中的"上载"选项。

（3）按"Ctrl+U"快捷键。

上载的执行步骤与下载的基本相同，选择需要上载的块（程序块、数据块或系统块），单击"上载"按钮，上载的程序将从 PLC 中复制到当前打开的项目中，随后即可保存上载的程序。

5.8.3 程序的调试与监控

在运行 STEP 7-Micro/WIN 的编程设备和 PLC 之间建立通信并在 PLC 中下载程序后，便可运行程序、监控程序状态和调试程序。

1. 选择工作方式

PLC 有运行和停止两种工作方式。在不同的工作方式下，对 PLC 进行调试的操作方法不同。单击工具条中的"运行"按钮 或"停止"按钮 ，PLC 可以进入相应的工作方式。

1）进入停止工作方式

当 PLC 进入停止工作方式时，可以创建和编辑程序，PLC 处于半空闲状态：停止执行用户程序，更新输入，用户的中断条件被禁用。PLC 的操作系统继续监控 PLC，将状态数据传递给 STEP 7-Micro/WIN，并执行所有的"强制"或"取消强制"命令。

2）进入运行工作方式

当 PLC 进入运行工作方式时，不能使用"首次扫描"或"多次扫描"功能，可以在状态表中写入和强制数值，或使用 LAD 或 FBD 程序编辑器强制数值，方法与进入停止工作方式强制数值的方法相同。

2. 显示程序状态

程序下载至 PLC 后，可以使用"程序状态"功能操作和测试程序网络。

程序编辑器窗口中显示希望测试的程序部分和网络。

将 PLC 置于运行工作方式，启动程序状态监控改动 PLC 的数据值，方法如下。

单击"程序状态打开/关闭"按钮或单击"调试"按钮，选择"开始程序状态监控"选项，在梯形图中显示出各个元件的状态。在"程序状态监控"的梯形图中，用彩色块表示位操作数的线圈得电或触点闭合状态。例如，┤■├表示触点闭合状态，─(■)表示位操作数的线圈得电。运行中的梯形图中的各个元件的状态将随程序执行过程连续更新变换。

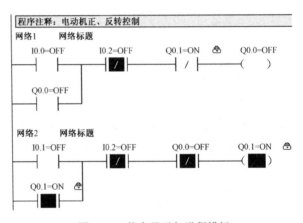

图 5-43 所示为状态显示与进程模拟，触点和线圈都显示当前的状态值，输出线圈 Q0.1 的输出为 ON。

图 5-43 状态显示与进程模拟

项目实施：PLC 控制小车自动往返运行的设计与安装调试

1. 控制要求

小车的运行要求如项目描述所言，要求用 PLC 实现小车自动往返运行的顺序控制，其程序具有简易、方便、可靠性高等特点。

扫一扫看送料小车自动往返 PLC 控制系统操作视频

控制要求如下。

小车在左端（由行程开关 SQ1 限位）装料，在右端（由行程开关 SQ2 限位）卸料。行程开关 SQ3 和 SQ4 是极限位置开关。

当小车处于 SQ1 与 SQ2 之间的任意位置时，可以按 SB3 让小车停止，按 SB1 小车左行，按 SB2 小车右行。

小车启动后先左行，到左端停下装料；30 s 后装料结束，开始右行，到右端停下卸料；20 s 后卸料完毕，又开始左行。如此自动往复循环，直到按停止按钮结束。

2. 系统的硬件设计

小车自动往返运行 PLC 控制系统的硬件设计包括设计系统的主电路、I/O 元件分配表和控制电路接线图。

系统共有 5 个输入点：按钮有 3 个输入点，左行按钮 SB2，右行按钮 SB1，停止按钮 SB3；行程开关有 2 个输入点，左位行程开关 SQ1，右位行程开关 SQ2。

系统共有 2 个输出点：右行接触器 KM1，左行接触器 KM2。

KM1 和 KM2 的触点互锁，在左右极限位置由行程开关进行限位。当小车右行到达行程开关 SQ4 时，SQ4 断开，KM1 断电；当小车左行到达行程开关 SQ3 时，SQ3 断开，KM2 断电。FR1 为热继电器。

设计的主电路如图 5-1（b）所示，控制电路如图 5-2 所示。

> 扫一扫下载送料小车自动往返控制程序

3. 控制程序

根据控制要求设计的小车控制程序如图 5-44 所示。

当小车到达装料位置时，SQ1 动作，定时器 T37 开始计时，30 s 时间到，定时器的常开触点闭合，小车自动右行。

当小车到达卸料位置时，SQ2 动作，定时器 T38 开始计时，20 s 时间到，定时器的常开触点闭合，小车自动左行。

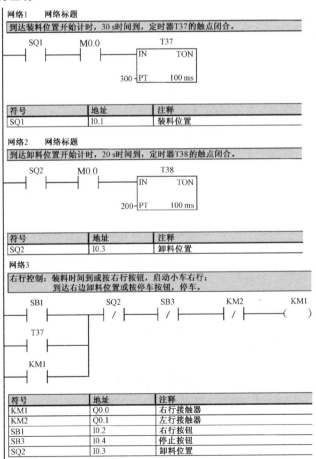

图 5-44 小车控制程序

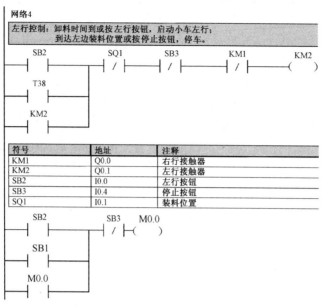

图 5-44　小车控制程序（续）

装料时间到或按右行按钮，小车右行；到达右边卸料位置或按停止按钮，小车停止。

卸料时间到或按左行按钮，小车左行；到达左边装料位置或按停止按钮，小车停止。

对控制小车左行和右行的接触器进行软件触点互锁和硬件触点互锁。

4．安装与调试

（1）连接控制电路。输入端口按钮所需的直流 24 V 电源可由 PLC 提供。

（2）连接主控制电路。如果没有小车模块，可以用 LED 灯代替小车右行和左行的接触器 KM1 和 KM2 进行模拟运行。

（3）建立 PLC 与计算机之间的通信连接。启动 PLC 编程软件 STEP 7-Micro/WIN，单击 "通信" 图标，建立通信连接。

（4）按照图 5-44 所示的小车控制程序编辑梯形图，使用符号表对端口定义，将程序编译、下载到 PLC 中，运行程序。

（5）按照控制要求，按 SB1，观察电动机的运行情况；按 SB2，观察电动机的运行情况；按 SB3，观察电动机的运行情况。

（6）应用编程软件的在线监控功能，观察每次按下按钮时 PLC 内部各个触点和线圈的值的变化情况。

知识拓展：电动机基本控制环节的 PLC 控制

5.9　PLC 控制电动机 Y-△形启动运行

扫一扫下载星三角降压启动控制程序

1．硬件电路的设计

主电路如图 5-45（a）所示，当按启动按钮 SB2 时，电动机按 Y 形连接启动，KM 和 KMY 的触点动作，延时 10 s 后，断开 Y 形连接接触器 KMY，接通△形连接接触器 KM△，电动

机进入正常运行状态。

当按停止按钮 SB1 时，KM、KM△同时停止，电动机停转。

PLC 的接线图如图 5-45（b）所示，PLC 的输入端接启动按钮 SB2 和停止按钮 SB1，输出端接控制电动机的主电源接触器 KM、Y 形连接接触器 KMY、△形连接接触器 KM△。KMY 和 KM△不能同时闭合，用常闭触点进行互锁，保证其中只有一个能闭合。热继电器的常闭触点串联在主电源接触器 KM 的线圈上，减少了 PLC 的输入端口。

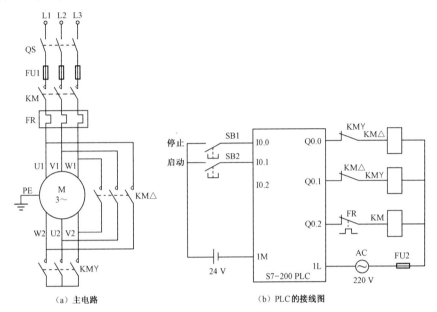

（a）主电路   （b）PLC 的接线图

图 5-45 Y-△形启动的硬件电路图

2. 控制程序的设计

PLC 控制电动机 Y-△形启动运行的程序如图 5-46 所示。

（1）启动过程：按接在 I0.1 端口的启动按钮 SB2，KM 的负载线圈得电并自锁，KM 的触点闭合；同时定时器 T37 开始计时，能流经过 T37 的常闭触点，KMY 的线圈得电，KMY 的触点闭合，电动机实现 Y 形启动。

（2）运行过程：当 T37 计时到 10 s 时，T37 的常闭触点断开、常开触点闭合，KMY 的线圈失电，KM△的线圈得电，KMY 的触点断开，KM△的触点闭合，电动机切换到正常运行状态。

（3）停止：按接在 I0.0 端口的停止按钮 SB1，KM、KM△的线圈同时失电，电动机停止运行。

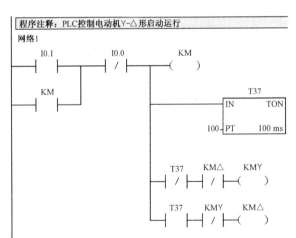

符号	地址	注释
KM	Q0.2	主电源接触器线圈
KMY	Q0.1	Y 形连接接触器线圈
KM△	Q0.0	△形连接接触器线圈

图 5-46 PLC 控制电动机 Y-△形启动运行的程序

5.10　PLC 控制小车三点自动往返运行

扫一扫下载小车三点自动往返控制程序

1.　控制要求

图 5-47 所示为小车三点自动往返运行的控制示意图，其一个工作周期的控制要求如下。

（1）按启动按钮 SB1，小车驱动电动机 M 正转，小车前进，当它碰到限位开关 SQ1 后，小车驱动电动机反转，小车后退。

（2）小车后退碰到限位开关 SQ2 后，小车驱动电动机 M 停转，停 5 s，第二次前进，小车碰到限位开关 SQ3，再次后退。

图 5-47　小车三点自动往返运行的控制示意图

（3）当小车后退再次碰到限位开关 SQ2 时，小车停止，延时 5 s 后重复上述动作。

2.　系统的硬件设计

（1）设计主电路。主电路仍然是电气控制的正、反转主电路，由 KM1 控制电动机正转，由 KM2 控制电动机反转。

（2）设计 I/O 分配，编写元件 I/O 分配表，并画出 PLC 的接线图。小车三点自动往返运行的 I/O 分配表如表 5-11 所示，其硬件电路图如图 5-48 所示。

表 5-11　小车三点自动往返运行的 I/O 分配表

输入信号			输出信号		
名　称	功　能	地　址	名　称	功　能	地　址
SB1	启动	I0.0	KM1	控制电动机正转	Q0.1
SQ1	B 位置开关	I0.1	KM2	控制电动机反转	Q0.2
SQ2	A 限位开关	I0.2			
SQ3	C 位置开关	I0.3			
SB2、FR	停止、过载保护	I0.4			

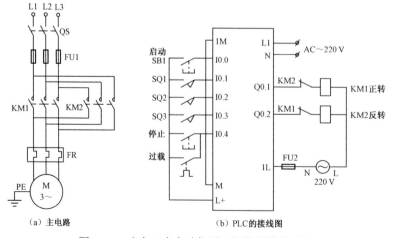

图 5-48　小车三点自动往返运行的硬件电路图

由于停止和过载保护的控制过程相同，为了节省输入点，可以用同一个输入点 I0.4 进行控制。

3. 系统的软件设计

根据小车的运行要求，设计的梯形图如图 5-49 所示。按启动按钮 SB1，I0.0 闭合，Q0.1 得电自锁、KM1 得电，电动机 M 正转，带动小车前进至 SQ1 处，I0.1 动作、Q0.1 失电、M0.0 和 Q0.2 得电，小车停止前进，KM2 得电，小车后退至 SQ2，I0.2 动作、Q0.2 失电、KM2 失电，定时器 T37 延时 5 s 动作，Q0.1 动作，小车前进。由于 M0.0 动作，因此 I0.1 的常闭触点被短接，小车运行至 SQ1 处，Q0.1 不失电，小车不停止，小车运行至 SQ3 处，I0.3 动作、Q0.1 失电、Q0.2 得电，小车停止前进，接通后退电路；同时 M0.0 复位，小车后退至 SQ2 处，I0.2 动作、Q0.2 失电，小车停止后退，T37 延时 5 s 动作，小车又开始前进，重复前面的动作。

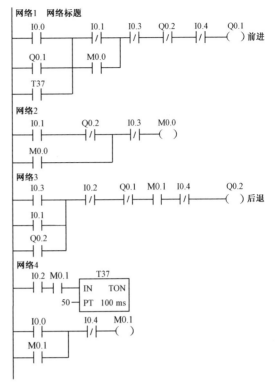

图 5-49　小车三点自动往返运行的梯形图

5.11 两台电动机顺序启停的 PLC 控制系统

扫一扫下载两台电动机顺序启停控制程序

1. 控制要求

两台电动机相互协调运转，其控制要求是：M1 运转 10 s，停止 5 s，M2 与 M1 相反，即 M1 运行，M2 停止；M2 运行，M1 停止，如此反复动作三次，M1、M2 均停止。两台电动机顺序启停的动作示意图如图 5-50 所示。

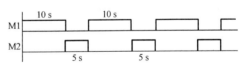

图 5-50　两台电动机顺序启停的动作示意图

2. 系统的硬件设计

两台电动机的主电路都是电动机单向启动运行的电路，设 M1 由 KM1 控制，M2 由 KM2 控制，电路图略。该控制系统有两个输入点、两个输出点，I/O 信号与 PLC 地址编号的对照表如表 5-12 所示。

表 5-12　I/O 信号与 PLC 地址编号的对照表

输 入 信 号			输 出 信 号		
名称	功能	地址	名称	功能	地址
SB1	启动按钮	I0.0	KM1	控制 M1 的接触器	Q0.0
SB2	停止按钮	I0.2	KM2	控制 M2 的接触器	Q0.1

3. 系统的软件设计

两台电动机顺序启停的梯形图如图 5-51 所示。

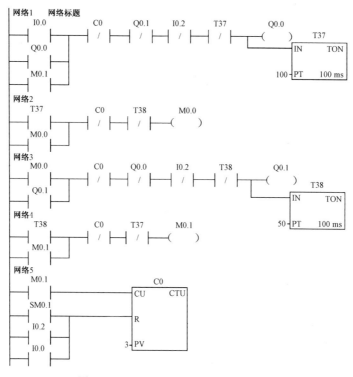

图 5-51　两台电动机顺序启停的梯形图

按启动按钮 SB1，I0.0 动作，Q0.0 动作自锁，驱动 KM1 得电，控制电动机 M1 启动运行，同时 T37 定时 10 s；定时时间到，T37 动作，Q0.0 失电，KM1 断开，M1 停车，M0.0、Q0.1 动作，驱动 KM2 动作，电动机 M2 启动，同时 T38 定时 5 s；定时时间到，T38 动作切断 Q0.1、接通 Q0.0，使 KM2 失电，M2 停车，驱动 KM1 得电，M1 启动，计数器计数一次。以上过程重复三次，计数器计数三次，C0 动作，切断电动机的电路，M1、M2 停车。

知识梳理与总结

小车自动往返运行的 PLC 控制广泛地应用于工业生产设备中，通过本项目的训练可以学习和掌握基本机械运动的控制规律和方法。在小车自动往返运行的 PLC 控制系统的设计、安装与调试过程中，介绍了 PLC 的组成及工作过程，PLC 的 I/O 接口电路、编程器、扩展功能模块，PLC 的内部元件、程序设计语言、基本指令的应用与编程技巧，以及西门子 PLC 的识别与应用、编程软件的应用、PLC 控制程序的调试与监控，最后介绍了电动机基本控制环节的 PLC 控制方法等，为常用机械设备电气控制系统的设计、调试打好基础。

练习与思考题 5

5-1　PLC 的基本组成有哪些？

5-2　画出 PLC 的输入接口电路和输出接口电路，说明它们各有何特点。

5-3　PLC 的工作原理是什么？其工作过程分为哪几个阶段？

5-4　PLC 的工作方式有几种？如何改变 PLC 的工作方式？

5-5　PLC 有哪些主要特点？

5-6　与一般的计算机控制系统相比，PLC 有哪些优点？

5-7　与继电器控制系统相比，PLC 有哪些优点？

5-8　PLC 可以用在哪些领域？

5-9　S7-200 PLC 有哪些编址方式？

5-10　S7-200 CPU 226 型 PLC 有哪些寻址方式？

5-11　S7-200 PLC 的结构是什么？

5-12　CPU 226 型 PLC 有哪几种工作方式？

5-13　西门子 PLC 的扩展模块有哪几类？它们的具体作用是什么？

5-14　CPU 226 型 PLC 中有哪些元件？它们的作用是什么？

5-15　利用 PLC 实现 8 个指示灯从左到右循环依次闪亮的控制，每个指示灯的闪亮时间为 0.5 s。设指示灯从左到右由 Q0.7～Q0.0 控制。

5-16　有两台三相异步电动机 M1 和 M2，要求：M1（Q0.0）启动后，M2（Q0.1）才能启动，M1 停止后，M2 延时 30 s 后才能停止。启动按钮接 I0.0，停止按钮接 I0.1。

5-17　设计一个对鼓风机与引风机控制的电路程序。要求：①开机时首先启动引风机，引风机的指示灯亮，10 s 后自动启动鼓风机，鼓风机的指示灯亮；②停车时同时停止。设开机由 I0.0 控制，关机由 I0.1 控制；鼓风机的启动和指示灯由 Q0.1 和 Q0.2 控制，引风机的启动与指示灯由 Q0.3 和 Q0.4 控制。

5-18　设计电动机的启停控制加点动控制。

输入：启动按钮接 I0.0，停止按钮接 I0.1，点动按钮接 I0.3，信号由 Q0.0 输出。

5-19　设计电动机两地正、反转点动 PLC 控制系统。正转点动信号接 I0.3，反转点动信号接 I0.4；正转信号由 Q0.0 输出，反转信号由 Q0.1 输出。正、反转信号的输出要求互锁。

5-20　有 3 台电动机，能够同时停止，启动时先启动 Q0.0 和 Q0.1，5 s 后再启动 Q0.2。

输入：启动按钮接 I0.0，停车按钮接 I0.1。

输出：3 台电动机的接触器接 Q0.0、Q0.1、Q0.2。

5-21　观察距离你所在地最近的一处路口交通灯，用 PLC 实现交通控制功能。

项目 6

工业机械手运动的 PLC 控制

教	建议课时	16
	推荐教学方法	1. 理论实践一体化教学； 2. 以工业机械手运动的 PLC 控制为项目，引导学生学习相关知识
	重点	1. 顺序控制功能图的编程思路； 2. 顺序控制功能图与梯形图、语句表的转换； 3. 顺序控制功能图的编程及应用
	难点	顺序控制功能图的编程及应用
学	推荐学习方法	1. 以小组为单位，模拟车间班组，小组成员分别扮演工艺员、质检员、安全员、操作员等不同角色完成项目； 2. 边学边做，小组讨论
	学习目标	1. 掌握顺序控制继电器指令； 2. 掌握单序列、选择序列、并行序列顺序控制功能图的编程思想及应用； 3. 会分析、使用顺序控制功能图的编写程序； 4. 会利用顺序控制功能图进行顺序控制系统的设计与安装，能将其熟练输入程序并调试

项目描述

6.1　简易机械手的工作过程与控制

扫一扫下载后解
压看机械手工作
教学动画

　　工业机械手是一种能模仿人手动作，能在三维空间完成各种作业，能按给定的程序或要求自动完成传送对象或操作任务，并具有动作可改变和反复编程的机电一体化的自动化机械装置，特别适用于多品种、变批量的柔性生产。

　　现在的机械手不仅用于工业，还用于农业、医学、航天等领域。机械手是柔性自动化生产线的主要设备之一。由于柔性自动化生产线在实际现场的广泛应用，各学校的自动化专业也纷纷建设了自动化生产模块化教学系统，用于教学与职业技能培训。

　　图 6-1 所示为注塑机机械手，图 6-2 所示为简易机械手的工作示意图。

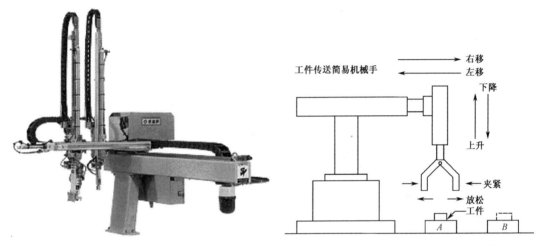

图 6-1　注塑机机械手　　　　　　　　　图 6-2　简易机械手的工作示意图

　　在图 6-2 中，工件传送简易机械手的动作为：机械手将工件从 A 点向 B 点移送。机械手的上升、下降与左移、右移都是由双线圈两位电磁阀驱动汽缸来实现的。抓手对工件的放松、夹紧是由一个单线圈两位电磁阀驱动汽缸完成的，只有电磁阀通电时抓手才能夹紧。机械手的工作原点在左上方，按下降、夹紧、上升、右移、下降、放松、上升、左移的顺序依次进行。系统可具有手动、自动等几种方式。

　　显然，机械手的工作过程可以按下降、夹紧、上升、右移、下降、放松、上升、左移划分为很明显的若干个阶段，每个不同的阶段具有不同的动作，具有这样特征的系统被称为顺序控制系统。通过前面的学习，知道用基本逻辑指令能够实现顺序控制，但像机械手这种复杂的顺序控制，用基本逻辑指令去完成，会使梯形图比较复杂，相互间的联锁控制也很烦琐，程序不直观、可读性差。图 6-3（a）所示为机械手在自动方式控制下的工作示意图，图 6-3（b）所示为其流程图。

　　本项目将使用顺序控制功能图和顺序控制指令来实现工业机械手程序的设计。顺序控制功能图具有直观、简单的特点，是设计 PLC 顺序控制程序的一种有力工具。图 6-4 所示为用顺序控制功能图（或称状态转移图）设计的机械手自动工作方式控制程序。要完成本项目，必须

学习顺序控制功能图的编写方法、状态继电器的使用、顺序控制功能图与梯形图的转换、顺序控制指令及顺序控制功能图对应的语句表。

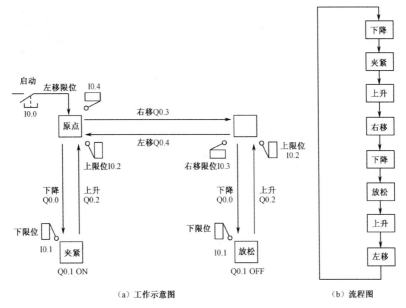

图 6-3 机械手在自动方式控制下的工作示意图和流程图

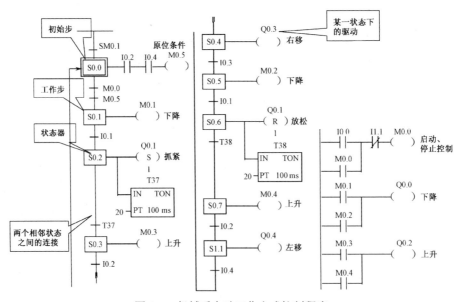

图 6-4 机械手自动工作方式控制程序

相关知识

6.2 顺序控制功能图

　　顺序控制功能图是 S7-200 PLC 重要的编程语言，主要用于设计具有明显阶段性工作顺序的系统。假如将一个控制过程分为若干工序（或阶段），在顺序控制功能图的设计中可将这些工序称为状态，则状态与状态之间由转换条件分隔，相邻的状态具有不同的动作形式。

以小车自动往返运行控制系统为例，以下是工作流程图和顺序控制功能图的转化。小车在 A、B 两点间自动往返运行控制的工作流程图如图 6-5（a）所示，将图中的文字说明用 PLC 的状态元件来表示就得到了小车自动往返运行控制的顺序控制功能图，如图 6-5（b）所示。从图 6-5 中可以看出，顺序控制功能图设计的小车自动往返运行程序比用基本指令设计的梯形图更直观、易懂。

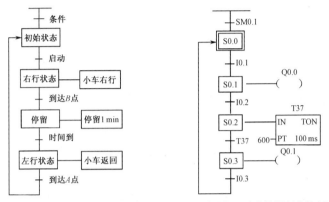

(a) 小车在 A、B 两点间自动往返运行控制的工作流程图　　(b) 小车自动往返运行控制的顺序控制功能图

图 6-5　工作流程图和顺序功能图的转化

在 PLC 中，每个状态用状态软元件——状态继电器 S 表示。S7-200 PLC 的状态继电器的编号为 S0.0～S31.7。

6.3　顺序控制指令

将顺序控制功能图转化为梯形图时，由顺序控制指令将程序划分为若干段，一段对应一步。顺序控制编程的指令如下。

LSCR S_bit：装载顺序控制继电器（Load Sequence Control Relay，LSCR）指令，用来表示一个 SCR（顺序控制功能图中的步）的开始。指令中的操作数 S_bit 为顺序控制继电器的地址，当顺序控制继电器的状态为 1 时，执行对应的 SCR 段中的程序，反之不执行。在梯形图中，SCR 指令直接连接到左侧母线上，用方框表示。

SCRT S_bit：顺序控制继电器转换（Sequence Control Relay Transition，SCRT）指令，用来表示 SCR 段之间的转换，即活动状态的转换。当 SCRT 线圈通电时，SCRT 指令中指定的顺序控制功能图中的后续步对应的顺序控制继电器的状态变为 1，同时当前活动步对应的顺序控制继电器的状态被系统复位为 0，变为非活动步。

SCRE：顺序控制继电器结束（Sequence Control Relay End，SCRE）指令，用来表示 SCR 段的结束。

在图 6-5（b）中，S0.1 状态对应的梯形图及语句表如图 6-6（b）、（c）所示。

从图 6-6 中可以看出，每个状态程序段（SCR 段）都由 3 个要素构成。

(1) 驱动有关负载，即在本状态下做什么。如图 6-6 所示，在 S0.1 状态下，驱动 Q0.0；在 S0.2 状态下，驱动定时器 T37。状态后的驱动可以使用=指令，也可以使用 S 指令，区别是，

使用=指令时驱动的负载在本状态关闭后自动关闭，而使用 S 指令驱动的输出可以保持，直到在程序的其他位置使用了 R 指令使其复位。在顺序控制功能图中适当地使用 S 指令，可以简化某些状态的输出，如在机械手的控制过程中，机械手的抓手抓取工件后，一直保持电磁阀通电，直到把工件放下。因此在抓取工件的这个状态最好使用 S 指令，而在放下工件时使用 R 指令。

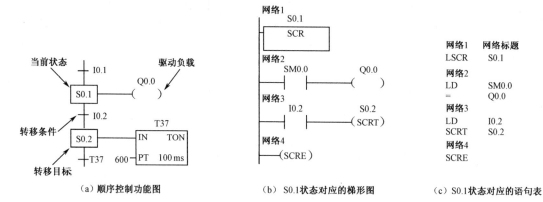

（a）顺序控制功能图　　　　　（b）S0.1 状态对应的梯形图　　　　　（c）S0.1 状态对应的语句表

图 6-6　顺序控制功能图与梯形图及语句表的转换

（2）指定转移条件。在顺序控制功能图中相邻的两个状态之间实现转移必须满足一定的条件。如图 6-6 所示，当 I0.2 接通时，系统从 S0.1 转移到 S0.2。

（3）指定转移方向（目标），即置位下一个状态。如图 6-6 所示，当 I0.2 动作时，如果程序原来处于 S0.1 这个状态，那么它将从 S0.1 转移到 S0.2。

使用顺序控制功能图编程的注意事项如下。

（1）不用在步进顺序控制程序中时，状态继电器 S 可作为普通辅助继电器 M 在程序中使用。各个状态继电器的常开和常闭接点在梯形图中可以自由使用，次数不限。

（2）不能在不同的程序中使用相同的状态继电器。

（3）不能在程序中出现双线圈。

（4）不能在 SCR 段中使用 JMP 及 LBL 指令，即不允许用跳转的方法跳入或跳出 SCR 段。

（5）不能在 SCR 段中使用 FOR、NEXT 和 END 指令。

（6）将顺序控制功能图转换成梯形图时，线圈不能直接和母线相连，一般在前面加上 SM0.0 的常开触点。

使用顺序控制功能图编程有 3 种方法，即单序列的编程方法、选择序列的编程方法、并行序列的编程方法，以下依次介绍。

6.4　顺序控制功能图的编程方法

6.4.1　单序列的编程方法

程序只有一个流动路径而没有程序分支的被称为单序列。一个顺序控制功能图一般设定一个初始状态。初始状态的编程要特别注意，在最开始运行时，初始状态必须用其他方法预先驱动，使其处于工作状态，如在图 6-5 中，初始状态在系统最开始工作时，PLC 从停止到启动运行的切换瞬间使特殊辅助继电器 SM0.1 接通，从而使状态继电器 S0.0 被激活。初始状

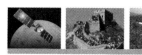 

态继电器在程序中起一个等待作用。在初始状态，系统可能什么都不做，也可能复位某些器件，或提供系统的某些指示，如原位指示、电源指示等。

图 6-7 和图 6-8 所示为小车运动的示意图、顺序控制功能图和梯形图。设小车在初始位置时停在左边，限位开关 I0.2 为 1 状态。按启动按钮 I0.0，小车向右运动（简称右行），碰到限位开关使 I0.1 动作，小车停在该处，3 s 后小车开始左行，碰到 I0.2 后返回初始位置，停止运动。根据 Q0.0 和 Q0.1 状态的变化，可以将一个工作周期分为左行、暂停和右行 3 步，另外还应设置等待启动的初始步，分别用 S0.0～S0.3 来代表这 4 步。启动按钮 I0.0 和限位开关的常开触点、T37 延时接通的常开触点是各步之间的转换条件。

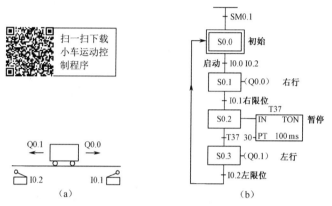

图 6-7 小车运动的示意图、顺序控制功能图

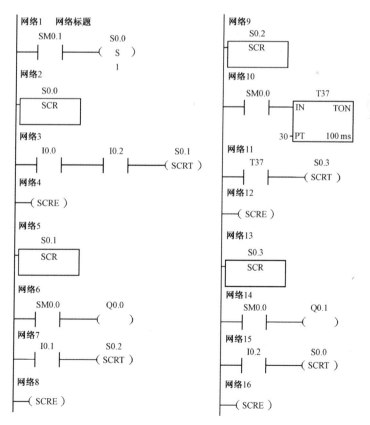

图 6-8 小车运动的梯形图

在设计梯形图时，用 LSCR（梯形图中为 SCR）和 SCRE 指令表示 SCR 段的开始和结束。

在 SCR 段中用 SM0.0 的常开触点来驱动在该步中应为 1 状态的输出点（Q）的线圈，并用转换条件对应的触点或电路来驱动转换到后续步的 SCRT 指令。

系统的工作原理如下。

首次扫描时，SM0.1 的常开触点接通一个扫描周期，使顺序控制继电器 S0.0 置位，初始步变为活动步，只执行 S0.0 对应的 SCR 段。如果小车在最左边，I0.2 为 1 状态，此时按启动按钮 I0.0，使 S0.1 变为 1 状态，S0.0 变为 0 状态，系统从初始步转换到右行步，执行 S0.1 对应的 SCR 段。在该段中，SM0.0 的常开触点闭合，Q0.0 的线圈得电，小车右行。在操作系统没有执行 S0.1 对应的 SCR 段时，Q0.0 的线圈不会通电。

小车右行碰到右限位开关时，I0.1 的常开触点闭合，将实现右行步 S0.1 到暂停步 S0.2 的转换。定时器 T37 用来使暂停步持续 3 s。延时时间到时，T37 的常开触点接通，使系统由暂停步转换到左行步 S0.3，直到返回初始步。

在顺序控制功能图的一个单序列中，一次只有一个状态被激活（为活动步），被激活的状态有自动关闭前一个状态的功能。

扫一扫看选择
序列编程方法
微课视频

6.4.2 选择序列的编程方法

在电动机的正、反转控制中，当按正转启动按钮时，KM1 得电，电动机正转；当按反转启动按钮时，KM2 得电，电动机反转。将按正、反转启动按钮作为条件，将电动机的正转和反转作为状态，则这种在不同的条件（且每次只能满足一个条件）下进入不同状态的情况，可以用选择性分支程序来实现。图 6-9 所示为具有两条选择序列分支与汇合的顺序控制功能图及梯形图。在编写选择序列的梯形图时，一般从左到右，且每一个分支的编程方法和单序列的编程方法一样。

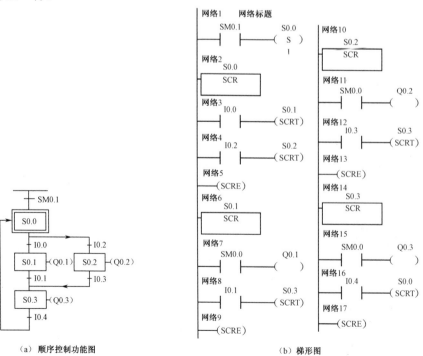

（a）顺序控制功能图　　　　　　（b）梯形图

图 6-9　具有两条选择序列分支与汇合的顺序控制功能图及梯形图

6.4.3 并行序列的编程方法

当条件满足后，同时转移到多个分支程序执行多个流程的程序被称为并行序列程序。

图6-10所示为并行序列分支与汇合的顺序控制功能图及梯形图。当I0.0接通时，状态转移使S0.1、S0.3同时置位，两个分支同时运行，只有在S0.2、S0.4两个状态都运行结束，且I0.3接通时，才能返回S0.0，并使S0.2、S0.4同时复位。

扫一扫看并行序列编程方法微课视频

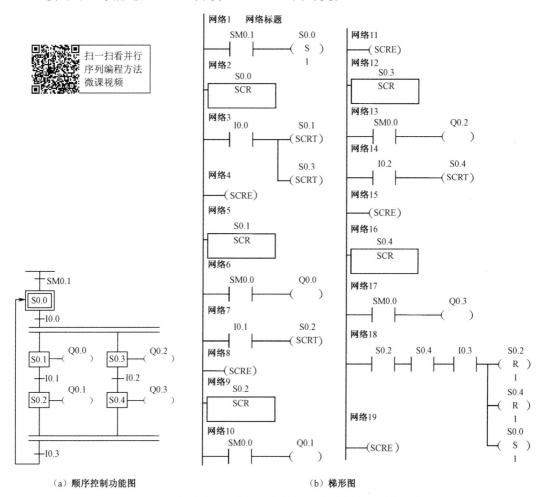

(a) 顺序控制功能图 (b) 梯形图

图6-10 并行序列分支与汇合的顺序控制功能图及梯形图

从图6-10中可以看出：

(1) 并行序列分支与汇合的区别于选择序列分支与汇合的顺序控制功能图，在分支的开始和汇合处以双横线表示。

(2) 分支状态继电器后的条件对每条支路而言是相同的，应该将其画在公共支路中，分支汇合时每条支路可能有不同的条件，必须每个条件都满足才能汇合，所以有多个转移条件时应以串联的形式将其画在公共支路中。

(3) 并行序列分支与汇合的顺序控制功能图的编程原则是先对并行分支进行处理，再集中进行汇合处理，即首先在公共支路中的状态继电器同时驱动每一条支路中的第一个状态继电器，再按从左到右的顺序编写每一个分支的梯形图，最后一个分支之前的所有支路在SCR

电气控制与 PLC 技术应用（第 3 版）

和 SCRE 之间不用写转移指令，而在最后一条支路中集中进行转移处理。在最后一条支路中进行转移处理时使用 S 指令，同时要将每条支路的最后一个状态继电器复位。

项目实施：工业机械手的 PLC 控制设计（自动方式）

1. 机械手的控制要求与工艺过程分析

扫一扫看机械手 PLC 控制系统操作视频

机械手的控制要求与工艺过程在项目描述中已有了详细的分析，简单归纳为以下几点。

（1）机械手的工作原点在左上方，按下降、夹紧、上升、右移、下降、放松、上升、左移的顺序依次动作，设计系统的自动工作方式。

（2）机械手的上升、下降与左移、右移都是由双线圈两位电磁阀驱动汽缸来实现的。抓手对工件的放松、夹紧是由一个单线圈两位电磁阀驱动汽缸完成的，只有电磁阀通电时抓手才能夹紧。

（3）为了系统的安全可靠，在抓紧和放松环节可以延时 1～2 s。

通过对控制要求与工艺过程的分析，可知机械手的工作是由一个阶段性非常明显的顺序控制系统完成的，因此使用顺序控制功能图进行程序设计比较方便。

2. PLC 的选型与资源配置

本系统中 PLC 的输入信号为按钮和限位开关发出的信号，输出驱动的是电磁阀线圈的得电与失电，都是开关量信号，且数量比较少，可以选用各种型号的 PLC。以西门子 S7-200 CPU 226 型 PLC 为例，机械手控制系统的 I/O 分配表如表 6-1 所示，其电气原理图如图 6-11 所示。

表 6-1 机械手控制系统的 I/O 分配表

输 入 信 号			输 出 信 号		
名 称	功 能	地 址	名 称	功 能	地 址
SB2	启动	I0.0	YV1	下降	Q0.0
SB1	停止	I1.1	YV2	上升	Q0.2
SQ1	下限位	I0.1	YV3	右移	Q0.3
SQ2	上限位	I0.2	YV4	左移	Q0.4
SQ3	右限位	I0.3	YV5	抓紧	Q0.1
SQ4	左限位	I0.4			

3. PLC 的程序设计

利用顺序控制功能图编写的程序如图 6-4 所示。利用编程软件编写程序时可将其转换为梯形图或语句表，机械手控制系统的梯形图如图 6-12 所示。

4. 系统的安装与调试

1）系统的安装

按照图 6-11 所示的电气原理图进行系统的安装（系统的安装和软件的设计、调试可以同时进行）。注意 PLC 的电源和其他设备的电源应分离开，并正确选

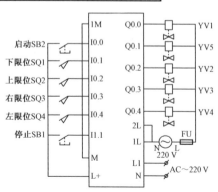

图 6-11 机械手控制系统的电气原理图

择接地点，PLC 最好单独接地，接地线的截面积大于 $2\,\text{mm}^2$，接地电阻小于 $100\,\Omega$。

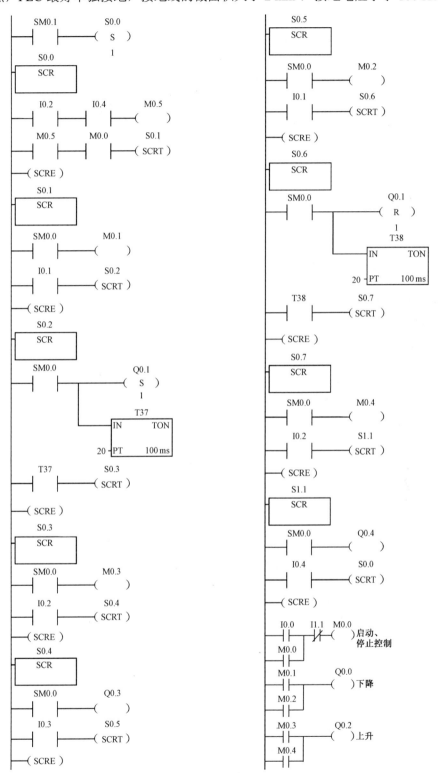

图 6-12　机械手控制系统的梯形图

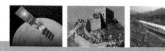

2）系统的调试

系统的调试分为硬件调试和程序调试，是系统正式投入使用之前的必经步骤。硬件调试相对简单，主要是 PLC 程序的调试。PLC 程序的调试过程如下。

（1）输入机械手控制系统的梯形图如图 6-13 所示，输入图 6-12 所示的梯形图。

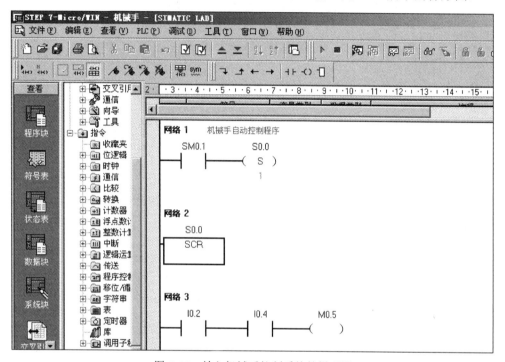

图 6-13　输入机械手控制系统的梯形图

（2）下载程序。在计算机和 PLC 通信成功后，单击"下载"图标，将程序下载至 PLC。

（3）模拟调试。根据机械手的工艺要求，用按钮或行程开关模拟实际输入信号，用 PLC 上的发光二极管显示输出量的通断状态，若发现问题及时修改，直到输出指示完全符合要求。

（4）现场调试。硬件电路安装完成并进行硬件电路的通电检查，无误，且程序经过模拟调试正确后，即可进行现场调试。现场调试可按通电前检查、通电检查、单机或分区调试、联机总调试等步骤进行，最终机械手的动作完全符合工艺要求，安全可靠。

【团队协作，铸就成功】

所谓团队精神，是指团队成员为了团队的利益与目标而相互协作的作风，团队成员共同承担集体责任，齐心协力，汇聚在一起形成一股强大的力量，成为一个强有力的集体。"三个臭皮匠赛过一个诸葛亮""众人拾柴火焰高""一箭易断，十箭难折"，在日常生活中，处处都可以感受到团队合作的重要性。团队合作不但能使不可能变成可能，而且还能激发出团队成员不可思议的潜力，使协作的成果远远超过个人成果的总和。

任正非曾说："一个人不管如何努力，永远也赶不上时代的步伐。只有组织起数十人、数百人、数千人一同奋斗，你站在这上面，才摸得到时代的脚。"可以说团队精神是确保组织能够长期生存下去的重要因素。正是因为强调团队文化和树立团队意识，华为变成了一个具备强大凝聚力的公司，它才能发展壮大至今，使得 5G 技术、手机技术、芯片

设计技术、云计算技术处于世界领先地位。华为成为中国科技的主力军、领头羊，更是民族品牌的骄傲。

同学们在小组完成项目的实践过程中，分别担任团队中不同的角色，只有成员间加强协作、紧密配合、互相支撑、发挥团队精神，才能完美地完成任务。

知识拓展：顺序控制功能图的应用

6.5 在大小球分类选择传送装置中的应用

扫一扫下载后解压看大小球分类选择传送教学动画

图 6-14 所示为大小球分类选择传送装置的示意图。机械臂的动作顺序为下降、吸住、上升、右行、下降、释放、上升、左行。机械臂下降时，当接近开关 PS0 动作，且电磁铁压着大球时，下限开关 SQ2（I0.2）断开；当电磁铁压着小球时，SQ2 接通，以此可判断吸住的是大球还是小球。左移、右移分别由 Q0.4、Q0.3 控制；上升、下降分别由 Q0.2、Q0.0 控制，电磁铁由 Q0.1 控制。

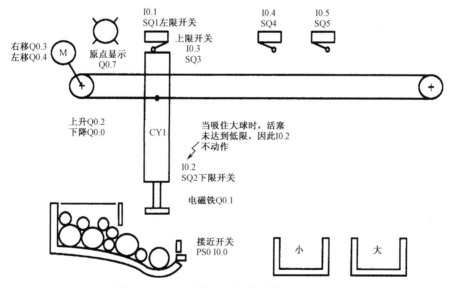

图 6-14 大小球分类选择传送装置的示意图

根据工艺要求，该控制流程根据吸住的是大球还是小球有两个分支，且属于选择性分支。分支在机械臂下降之后根据下限开关 SQ2 的通断，分别将球吸住、上升、右行到 SQ4（小球位置 I0.4 动作）或 SQ5（大球位置 I0.5 动作）处下降，然后再释放、上升、左移到原点。大小球分类选择传送的控制程序和梯形图如图 6-15 和图 6-16 所示。在图 6-15 中有两个分支，若吸住的是小球，则 I0.2 动作，执行左侧流程；若吸住的是大球，则 I0.2 复位，执行右侧流程。

若需要系统自动循环工作，可将 I1.0 通过图 6-15 的程序转换为 M0.0，在顺序控制功能图中将 I1.0 替换为 M0.0，然后增加 I1.1 作为停止信号。I1.0 转换为保持信号如图 6-17 所示。

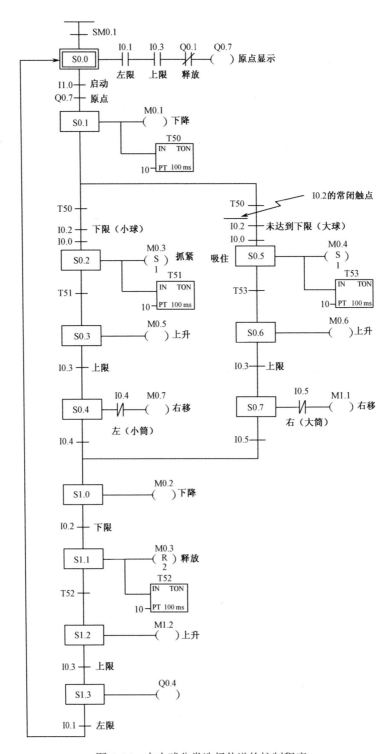

图 6-15 大小球分类选择传送的控制程序

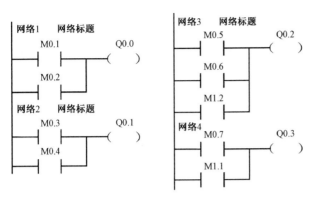

图 6-16　大小球分类选择传送的梯形图

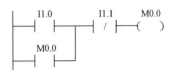

图 6-17　I1.0 转换为保持信号

6.6　在十字路口交通灯控制中的应用

扫一扫下载后解压看十字路口交通灯教学动画

1. 控制要求

某十字路口的南北和东西方向均设有红、黄、绿三色信号灯，十字路口交通灯的示意图如图 6-18 所示。十字路口交通灯按一定的顺序交替变化，图 6-19 所示为十字路口交通灯变化的时序图。

十字路口交通灯的控制要求如下。

（1）合上开关 QS 时，十字路口交通灯系统开始工作，红、绿、黄灯按一定时序轮流发亮。

（2）首先东西绿灯亮 25 s 后闪 3 s 灭，黄灯亮 2 s 灭，红灯亮 30 s，绿灯亮 25 s……以此循环。

（3）东西绿灯、黄灯亮时，南北红灯亮 30 s；东西红灯亮时，南北绿灯亮 25 s 后闪 3 s 灭，黄灯亮 2 s 灭，然后循环。

（4）开关断开时，系统完成当前周期后所有灯熄灭。

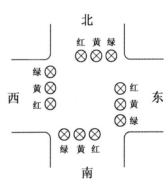

图 6-18　十字路口交通灯的示意图

2. 系统 I/O 分配及 PLC 接线

十字路口交通灯的 I/O 分配表如表 6-2 所示，其 PLC 接线图如图 6-20 所示。

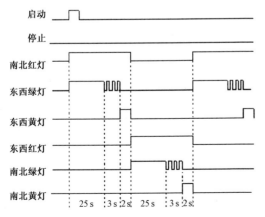

图 6-19　十字路口交通灯变化的时序图

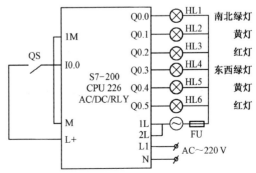

图 6-20　十字路口交通灯的 PLC 接线图

表 6-2　十字路口交通灯的 I/O 分配表

输入信号			输出信号		
名　称	功　能	地　址	名　称	功　能	地　址
QS	启动/停止开关	I0.0	HL1	南北绿灯	Q0.0
			HL2	南北黄灯	Q0.1
			HL3	南北红灯	Q0.2
			HL4	东西绿灯	Q0.3
			HL5	东西黄灯	Q0.4
			HL6	东西红灯	Q0.5

3. 程序设计

根据系统的控制要求及 I/O 分配，用并行序列顺序控制功能图编写的十字路口交通灯的控制系统程序如图 6-21 所示。本系统也可采用单序列顺序控制功能图进行设计，读者可自行考虑。

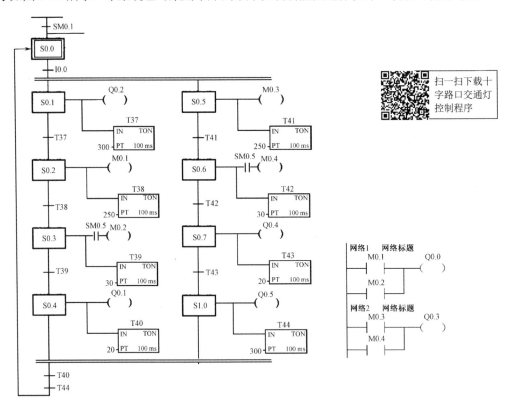

扫一扫下载十字路口交通灯控制程序

图 6-21　十字路口交通灯的控制系统程序

6.7　在液体混合装置中的应用

在工业生产中，经常需要将不同的液体按一定比例混合。图 6-22 所示为液体混合装置的示意图。上限位、下限位和中限位的液位传感器被液体淹没时动作。阀 A、阀 B 和阀 C 为电磁阀，在线圈通电时打开，在线圈断电时关闭。开始时容器是空的，各阀门均关闭，

各传感器均复位。按启动按钮（I0.3）后，打开阀A，液体A流入容器，中限位开关动作时，关闭阀A，打开阀B，液体B流入容器。当液面到达上限位开关时，关闭阀B，电动机M开始运行，搅动液体，6 s后停止搅动，打开阀C，放出混合液。液面降至下限位开关之后再经过2 s，容器放空，关闭阀C，打开阀A，又开始下一周期的操作。按停止（I0.4）按钮，在当前工作周期的操作结束后，才停止操作（停在初始状态）。

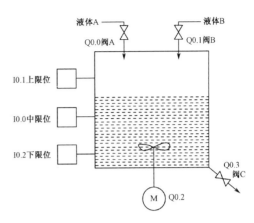

图6-22　液体混合装置的示意图

　　该系统的顺序控制过程为初始状态→进液体A→进液体B→搅拌→放出混合液，我们用S0.0表示初始状态，S0.1、S0.2、S0.3、S0.4状态继电器分别表示进液体A、进液体B、搅拌、放出混合液4个状态。按控制要求，液体混合控制的顺序控制功能图和启停控制梯形图如图6-23所示。

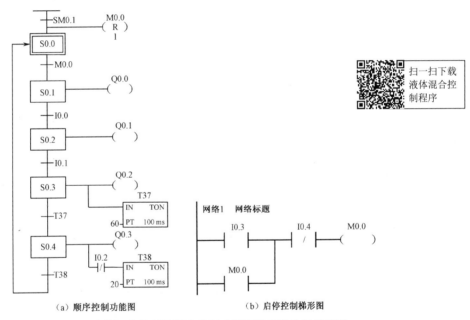

（a）顺序控制功能图　　　　　（b）启停控制梯形图

图6-23　液体混合控制的顺序控制功能图和启停控制梯形图

6.8　在电镀生产线上的应用

1. 电镀工艺要求

　　电镀生产线上有3个槽，可升降吊钩控制工件移动，经过电镀、镀液回收、清洗工序，实现对工件的电镀。其工艺要求是：把工件放入电镀槽中，将其电镀280 s后提起，停放28 s，让镀液从工件上流回电镀槽，然后将其放入回收液槽中浸30 s，提起后停放15 s，再放入清水槽中清洗30 s，最后提起停放15 s后，行车返回原位，这时电镀一个工件的全过程结束。电镀生产线的工艺流程图如图6-24所示。

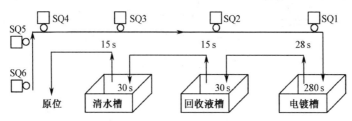

图 6-24　电镀生产线的工艺流程图

2. 控制流程

电镀生产线除装卸工件外，还要求整个生产过程能自动进行，同时行车和吊钩的正、反向运行均能实现点动控制，以便对设备进行调整和检修（在这里，我们主要完成对整个生产过程的自动控制）。

行车自动运行的控制过程是：行车在原位，吊钩下降到最下方，行车的左限位开关 SQ4、吊钩下限开关 SQ6 被压下动作，操作人员将电镀工件放在挂具上，即准备开始电镀。

（1）吊钩上升。按启动按钮 SB1，提升机构电动机正转，吊钩上升，当其碰撞到上限位开关 SQ5 后，吊钩上升停止。

（2）行车前进。在吊钩上升停止后，行车电动机正转，行车前进。

（3）吊钩下降。行车前进碰撞到右限位开关 SQ1 后，前进停止。然后提升机构电动机反转，吊钩下降。

（4）定时电镀。吊钩下降碰撞到下限位开关 SQ6 时，吊钩停止下降并停留 280 s。

（5）吊钩上升。280 s 延时时间结束，提升机构电动机正转，吊钩上升。

（6）定时滴液。吊钩上升碰撞到上限位开关 SQ5 时，吊钩停止上升，停留 28 s，完成工件的滴液。

（7）行车后退。28 s 延时时间结束，行车电动机反转，行车后退，转入下道镀液回收工序。

后面各道工序的顺序动作过程以此类推。最后行车退回到原位上方，吊钩下放到原位。若再次按启动按钮 SB1，则开始下一个工作循环。

3. 系统 I/O 分配

根据分析，在自动控制过程中共需要输入的信号有 8 个，均为开关量信号，则操作按钮开关有 2 个，行程开关有 6 个；共需要输出的信号有 5 个，则 2 个正、反转接触器 KM1、KM2 用于驱动提升机构电动机，2 个正、反转接触器 KM3、KM4 用于驱动行车电动机，1 个原点指示灯用于原位指示。

将 8 个输入信号、5 个输出信号按各自的功能类型分好，并与 PLC 的 I/O 点一一对应，得出电镀生产线的 I/O 分配表如表 6-3 所示。

表 6-3　电镀生产线的 I/O 分配表

输 入 信 号			输 出 信 号		
名称	功能	地址	名称	功能	地址
SB1	启动	I0.0	HL	原点指示灯	Q0.0
SB2	停止	I1.0	KM1	提升电动机的正转接触器	Q0.1
SQ1	行车右限位	I0.1	KM2	提升电动机的反转接触器	Q0.2
SQ2	定位回收液槽	I0.2	KM3	行车电动机的正转接触器	Q0.3
SQ3	定位清水槽	I0.3	KM4	行车电动机的反转接触器	Q0.4
SQ4	行车左限位（后退）	I0.4			

续表

输 入 信 号			输 出 信 号		
名称	功能	地址	名称	功能	地址
SQ5	吊钩限位（提升）	I0.5			
SQ6	吊钩限位（下降）	I0.6			

4. 程序设计

图 6-25 所示为电镀生产线的顺序控制功能图和梯形图。

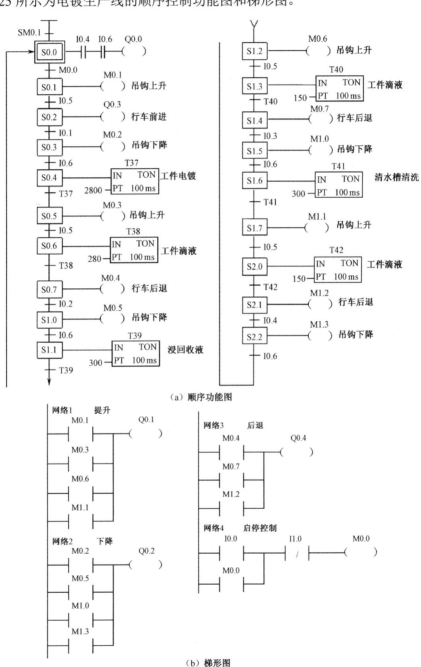

（a）顺序功能图

（b）梯形图

图 6-25 电镀生产线的顺序控制功能图和梯形图

知识梳理与总结

本项目以工业机械手的运动控制要求及解决方案为例，引出顺序控制功能图的编程思想、编程方法。顺序控制功能图是用于顺序控制系统编程的一种简单易学、直观易懂的编程方法。顺序控制功能图的编程方法按控制要求可分为单序列的编程方法、选择序列的编程方法和并行序列的编程方法。在顺序控制功能图中，用顺序控制继电器 S 表示每个状态（步），每个状态有 3 个要素，即驱动负载、转移条件和转移目标。

使用顺序控制功能图编程时，一般设计一个初始状态，初始状态可以理解为等待状态，在此状态可以不驱动任何器件，也可以驱动系统的一些显示或复位程序中的某些器件。

中小型 PLC 的编程软件一般不具备图形编程功能，使用软件编程时须将顺序控制功能图转换成梯形图或语句表输入。将顺序控制功能图转换为梯形图时，每一个状态用一个 SCR 段表示，而每个 SCR 段由顺序控制开始、顺序控制转移、顺序控制结束构成。

练习与思考题 6

6-1 顺序控制功能图的编程一般应用于什么场合？

6-2 顺序控制功能图中状态继电器的三要素是什么？

6-3 顺序控制继电器的指令包含哪几条？具体代表什么含义？

6-4 有一选择序列顺序控制功能图如图 6-26 所示，画出对应的梯形图和语句表。

6-5 某台自动剪板机的动作示意图如图 6-27 所示。该剪板机的送料由电动机驱动，送料电动机由接触器 KM 控制，压钳的下行和复位由液压电磁阀 YV1 和 YV3 控制，剪刀的下行（剪切）和复位由液压电磁阀 YV2 和 YV4 控制。SQ1～

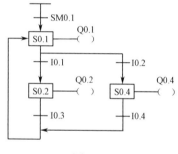

图 6-26

SQ5 为限位开关。控制要求：当压钳和剪刀在原位（压钳在上限位 SQ1 处，剪刀在上限位 SQ2 处）时，按启动按钮，电动机送料，板料右行，至 SQ3 处停止，压钳下行至 SQ4 处将板料压紧，剪刀下行剪板，板料剪断落至 SQ5 处，压钳和剪刀上行复位，至 SQ1、SQ2 处回到原位，等待下次再启动。编写该系统的顺序控制功能图。

6-6 画出图 6-28 的梯形图。

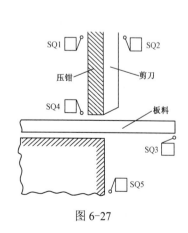

图 6-27

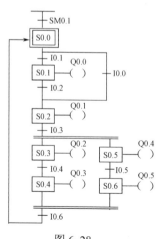

图 6-28

项目 7
机械手步进电动机的 PLC 控制

<table>
<tr><td rowspan="4">教</td><td>建议课时</td><td>20</td></tr>
<tr><td>推荐教学方法</td><td>1. 理论实践一体化教学；
2. 以机械手步进电动机的 PLC 控制为项目，引导学生学习相关知识</td></tr>
<tr><td>重点</td><td>1. 使用子程序、中断程序编程；
2. 数据处理指令的应用；
3. 高速脉冲输出指令、高速计数器指令的编程及应用</td></tr>
<tr><td>难点</td><td>1. 高速脉冲输出指令、高速计数器指令的编程及应用；
2. PID 指令的编程及应用</td></tr>
<tr><td rowspan="2">学</td><td>推荐学习方法</td><td>1. 以小组为单位，模拟车间班组，小组成员分别扮演工艺员、质检员、安全员、操作员等不同角色完成项目；
2. 边学边做，小组讨论</td></tr>
<tr><td>学习目标</td><td>1. 掌握常用功能指令的形式及作用；
2. 熟悉子程序、中断程序的构建及应用；
3. 会分析利用功能指令编写的程序；
4. 会利用功能指令编写简单的程序</td></tr>
</table>

扫一扫看步进
电动机的应用
案例 PDF 文件

项目描述

7.1 步进电动机的用途与控制

步进电动机是一种将脉冲信号转换成相应角位移的电动机，每当一个脉冲加到步进电动机的控制绕组上时，它的轴就转动一定的角度，其角位移量与脉冲数成正比，转速与脉冲频率成正比，故又被称为脉冲电动机。在数字控制系统中，步进电动机常用作执行元件，其应用十分广泛，如用于机械加工、绘图机、机器人、计算机的外部设备、自动记录仪表中。它主要用于工作难度大，要求速度快、精度高等场合。步进电动机如图 7-1 所示。

图 7-1　步进电动机

在机械手的控制中，为了提高系统的精度，机械手的旋转、上下移动、左右移动等都可以由步进电动机驱动,其移动距离或旋转角度则通过步进电动机所接收的脉冲数来严格控制。

由于步进电动机控制的特殊性，采用 PLC 控制时，必须选用能发出高速脉冲的晶体管输出类型。不同厂家的 PLC 都规定了用于高速脉冲输出的继电器，图 7-2 所示为采用 S7-200 PLC 编写的一段控制程序，其实现了机械手在 X 轴方向上的复位。程序中采用 Q0.0 发送脉冲，每次发送 30 个，当机械手移动到限位位置时，脉冲发送停止。整个程序由主程序、子程序和中断程序构成。程序中 MOV、ATCH、PLS 等指令都属于 PLC 的高级应用指令。在这个项目中，将学习这些指令的形式及应用，并学会结合子程序、中断程序编写较复杂的程序。

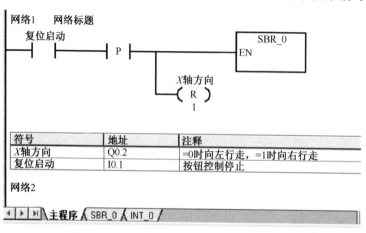

图 7-2　机械手在 X 轴方向上复位的控制程序

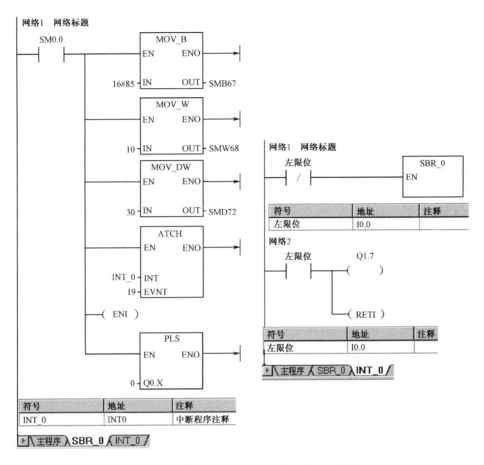

图 7-2　机械手在 X 轴方向上复位的控制程序（续）

相关知识

7.2　S7-200 CPU 控制程序的构成

扫一扫看
程序结构
微课视频

S7-200 CPU 的控制程序由主程序、子程序和中断程序组成。STEP 7-Micro/WIN 在程序编辑器窗口里为每个 POU（程序组织单元）提供了一个独立的窗口。主程序总是在第一个窗口，后面是子程序和中断程序。每个程序只能有一个主程序，但可以有多个子程序和中断程序。

各个程序在程序编辑器窗口里被分开，编译时在程序结束的地方自动加入无条件结束指令或无条件返回指令，用户程序只能使用有条件结束指令或有条件返回指令。以下介绍子程序和中断程序。

7.2.1　子程序

1. 子程序的作用

子程序常用于需要多次反复执行相同任务的地方，相同的任务只需要写一次子程序，别

的程序在需要时调用它。子程序的调用是有条件的，未调用它时不会执行子程序中的指令，因此使用子程序可以减少扫描时间。

使用子程序可以将程序分成容易管理的小块，使程序的结构简单清晰，易于查错和维护。

2. 子程序的创建

可以采用下列方法创建子程序：单击"编辑"按钮打开"编辑"菜单，单击其中的"插入"选项，选择"子程序"选项，或在程序编辑器窗口中右击，从弹出的菜单中单击"插入"选项，选择"子程序"选项，程序编辑器窗口将从原来的 POU 显示进入新的子程序。用鼠标右键单击指令树中子程序或中断程序的图标，在弹出的菜单中单击"重新命名"选项，可以修改它们的名称。

"冲压定位"的子程序及局部变量如图 7-3 所示。

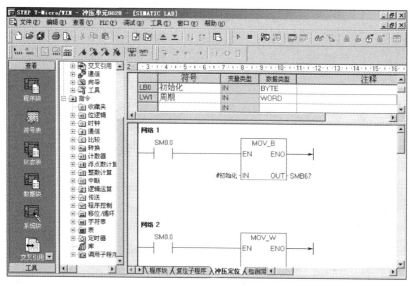

图 7-3 "冲压定位"的子程序及局部变量

3. 子程序的调用

子程序可以在主程序、其他子程序或中断程序中调用，调用子程序时将执行子程序的全部指令，直至子程序结束，然后返回调用它的程序中调用该子程序的下一条指令处。调用子程序如图 7-4 所示，在主程序中按停止按钮时，机械手朝 X 轴方向移动，同时调用 SBR_0 用于复位的子程序。

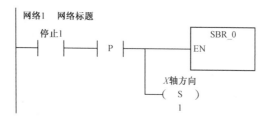

图 7-4 调用子程序

一个项目中最多可以创建 64 个子程序。子程序可以被嵌套调用（在子程序中调用别的子程序），最大的嵌套深度为 8。在中断程序中调用的子程序不能再调用别的子程序。不禁止

递归调用（子程序调用自己），但是使用时应慎重。

创建子程序后，STEP 7-Micro/WIN 在指令树最下面的"调用子程序"文件夹下自动生成刚创建的子程序块，如图 7-5 所示。

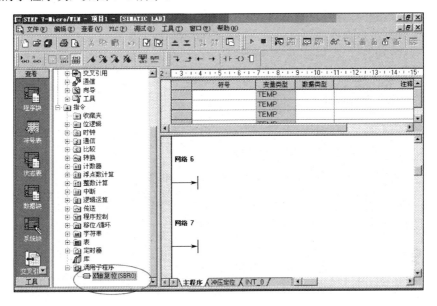

图 7-5　生成刚创建的子程序块

在梯形图程序中插入子程序调用指令时，首先打开程序编辑器窗口中需要调用子程序的 POU，找到需要调用子程序的地方，双击打开指令树最下面的"调用子程序"文件夹，长按鼠标左键将需要调用的子程序块从指令树"拖"到程序编辑器窗口中的正确位置，放开左键，子程序块便被放置在该位置；也可以将矩形光标置于程序编辑器窗口中需要放置该子程序块的地方，然后双击指令树中要调用的子程序块，子程序块会自动出现在光标所在的位置。

如果用语句表编程，子程序调用指令的格式如下。

　　　　　　CALL 子程序号，参数 1，参数 2……参数 n

n 为 1～16。

4．子程序的有条件返回

在子程序中使用条件控制 CRET（子程序的有条件返回）指令，条件满足，子程序被中止，子程序返回至原调用指令处，编程软件自动为子程序添加无条件返回指令。子程序有条件返回指令如图 7-6 所示，I0.1 动作时，中止子程序，子程序返回原调用位置。

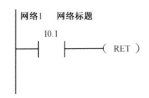

图 7-6　子程序有条件返回指令

7.2.2　中断程序

中断程序不由程序调用，而是在中断事件发生时由操作系统调用。在中断程序中可以调用一级子程序。

1．中断程序的创建

可以采用下列方法创建中断程序：单击"编辑"按钮打开"编辑"菜单，单击其中的"插

入"选项，选择"中断"选项；或在程序编辑器窗口中右击，在弹出的菜单中单击"插入"选项，选择"中断"选项；或用鼠标右键单击指令树上的"程序块"图标，并从弹出的菜单中单击"插入"选项，选择"中断"选项。创建成功后，程序编辑器窗口中将显示新的中断程序，程序编辑器窗口底部出现标有新的中断程序的标签，可以对新的中断程序编程。

中断处理提供对特殊内部事件或外部事件的快速响应。应优化中断程序，使其执行完某项特定任务后立即返回主程序。设计中断程序时应遵循"越短越好"的原则，以减少中断程序的执行时间，减少其对其他处理的延迟，否则可能引起由主程序控制的设备操作异常。

2．中断事件与中断指令

1）中断事件

按优先级排列的中断事件如表 7-1 所示。

表 7-1　按优先级排列的中断事件

中断号	中 断 描 述	优先级分组	按组排列的优先级
8	端口 0：接收字符	通信（最高）	0
9	端口 0：传输完成		0
23	端口 0：接收信息完成		0
24	端口 1：接收信息完成		1
25	端口 1：接收字符		1
26	端口 1：传输完成		1
19	PTO 0 脉冲输出完成中断	离散（中等）	0
20	PTO 1 脉冲输出完成中断		1
0	上升沿，I0.0		2
2	上升沿，I0.1		3
4	上升沿，I0.2		4
6	上升沿，I0.3		5
1	下降沿，I0.0		6
3	下降沿，I0.1		7
5	下降沿，I0.2		8
7	下降沿，I0.3		9
12	HSC0 CV=PV		10
27	HSC0 方向改变		11
28	HSC0 外部复位		12
13	HSC1 CV=PV		13
14	HSC1 方向改变		14
15	HSC1 外部复位		15
16	HSC2 CV=PV		16
17	HSC2 方向改变		17
18	HSC2 外部复位		18
32	HSC3 CV=PV		19

续表

中断号	中 断 描 述	优先级分组	按组排列的优先级
29	HSC4 CV=PV		20
30	HSC4 方向改变		21
31	HSC4 外部复位	离散（中等）	22
33	HSC5 CV=PV		23
10	定时中断 0		0
11	定时中断 1		1
21	定时器 T32 CT=PT 中断	定时（最低）	2
22	定时器 T96 CT=PT 中断		3

（1）通信中断。PLC 的串行通信可以由用户程序控制，通信的这种操作模式被称为自由口模式。在该模式下，接收信息完成、发送信息完成和接收一个字符均可以产生中断事件，利用接收中断和发送中断可以简化程序对通信的控制。

（2）离散中断。离散中断包括 I/O 上升沿中断、I/O 下降沿中断、高速计数器（HSC）中断和脉冲串输出（PTO）中断。CPU 可以用输入点 I0.0～I0.3 的上升沿或下降沿产生中断。高速计数器中断允许响应高速计数器的计数当前值等于设定值、计数方向改变（相应轴转动的方向改变）和计数器外部复位等中断事件。高速计数器可以实时响应高速事件，而 PLC 的扫描工作方式不能快速响应这些高速事件。完成指定脉冲数输出时也可以产生中断，PTO 可以用于步进电动机的控制等。

（3）定时中断。可以用定时中断来执行一个周期的操作，以 1 ms 为增量，一个周期的时间可以取 1～255 ms。将定时中断 0 和定时中断 1 的时间间隔分别写入特殊存储器字节 SMB34 和 SMB35。每当定时器的定时时间到时，执行相应的定时中断程序，如可以用定时中断来采集模拟量和执行 PID 程序。如果定时中断事件已被连接到一个定时中断程序，为了改变定时中断的时间间隔，首先必须修改 SMB34 或 SMB35 的值，然后重新把定时中断程序连接到定时中断事件上。重新连接时，定时中断功能清除前一次连接的定时值，并用新的定时值重新开始定时。

定时中断一旦被允许，就周期性地不断产生，每当定时时间到时，就会执行被连接的定时中断程序。如果退出运行状态或定时中断被分离，则定时中断被禁止。如果执行了全局中断禁止指令，定时中断事件仍会连续出现，每个定时中断事件都会进入定时中断队列，直到定时中断队列满。

定时器 T32、T96 中断允许及时地响应一个给定的时间间隔，这些中断只支持 1 ms 分辨率的通电延时型定时器 T32 和断电延时型定时器 T96。当定时器的当前值等于设定值时，在 CPU 的 1 ms 定时刷新中，一旦中断被允许，就执行被连接的中断程序。

中断按固定的优先级顺序执行：通信中断（最高优先级）、离散中断（中等优先级）和定时中断（最低优先级）。在上述三个优先级范围内，CPU 按照先来先服务的原则处理中断事件，在任何时刻只能执行一个用户中断程序。一旦开始执行一个中断程序，它就要一直被执行到完成，即使另一个中断程序的优先级较高，也不能中断正在执行的中断程序，正在处理其他中断程序时发生的中断事件则排队等待处理。

2）中断指令

表 7-2 所示为中断指令的形式及作用。

表 7-2　中断指令的形式及作用

梯 形 图	语 句 表	描 述
RETI	CRETI	从中断程序有条件返回
ENI	ENI	允许中断
DISI	DISI	禁止中断
ATCH	ATCH　INT,EVNT	连接中断事件和中断程序
DTCH	DTCH　EVNT	断开中断事件和中断程序的连接
CLR_EVNT	CEVNT EVNT	清除中断事件

中断允许（ENI）指令全局性地允许所有被连接的中断事件（见表 7-1）。

中断禁止（DISI）指令全局性地禁止处理所有中断事件，允许中断事件排队等候，但是不允许执行中断程序，直到用 ENI 指令重新允许中断事件。

进入运行状态时自动禁止中断，在运行状态执行 ENI 指令后，各中断事件发生时是否执行中断程序，取决于是否执行了该中断事件的中断连接指令。

中断程序有条件返回（CRETI）指令的控制条件满足时，系统将从中断程序返回主程序原来中断的位置继续执行，编程软件自动为各中断程序添加无条件返回指令。

中断连接（ATCH）指令用来建立中断事件（EVNT，见图 7-7）和处理此事件的中断程序（INT）之间的连接。中断事件由中断事件号指定，中断程序由中断程序号指定。为某个中断事件指定中断程序后，该中断事件自动被允许处理。

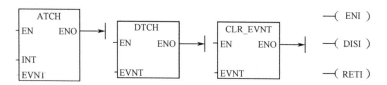

图 7-7　各中断指令在梯形图中的形式

中断分离（DTCH）指令用来断开中断事件与中断程序之间的连接，从而禁止单个中断事件。

清除中断事件（CEVNT）指令从中断队列中清除所有的中断事件，该指令可以用来清除不需要的中断事件。如果将其用来清除虚假的中断事件，首先应分离中断事件，否则，在执行该指令之后，新的中断事件将增加到中断队列中。

在启动中断程序之前，应在中断事件和该事件发生时希望执行的中断程序之间,用 ATCH 指令建立连接。执行 ATCH 指令后，该中断程序在中断事件发生时被自动启动。

多个中断事件可以调用同一个中断程序，但是一个中断事件不能同时调用多个中断程序。

中断事件被允许且中断事件发生时，将执行为该事件指定的最后一个中断程序。

在中断程序中不能使用 DISI、ENI、HDEF、LSCR 和 END 指令。

图 7-8 所示为 I/O 中断应用举例。在 I0.0 的上升沿通过中断使 Q0.0 立即置位，在 I0.1

的下降沿通过中断使 Q0.0 立即复位。

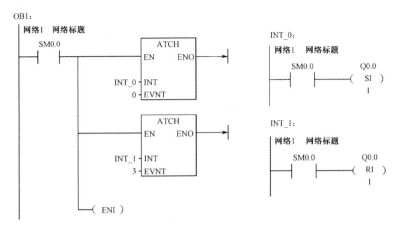

图 7-8　I/O 中断应用举例

中断指令的应用及程序注释如图 7-9 所示。

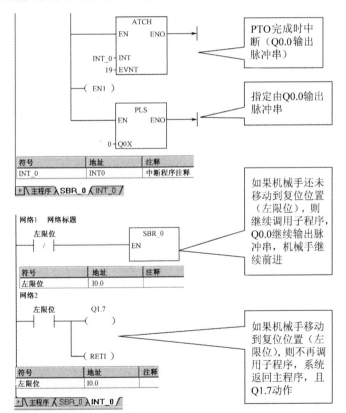

图 7-9　中断指令的应用及程序注释

7.3　S7-200 PLC 的程序控制指令

程序控制指令如表 7-3 所示。

表 7-3　程序控制指令

梯　形　图	语　句　表	描　　述
END	END	程序的条件结束
STOP	STOP	切换到停止状态
WDR	WDR	"看门狗"复位
FOR NEXT	FOR　INDX,INIT,FINAL　NEXT	循环 循环结束
— RET	CALL n CRET	调用子程序 从子程序有条件返回
JMP LBL	JMP n LBL n	跳到定义的标号 定义一个跳转的标号
DIAG_LED	DLED	诊断 LED

1. 条件结束指令与暂停指令

条件结束（END）指令根据前面的逻辑关系中止当前的扫描周期，只能在主程序中使用条件结束指令。

暂停（STOP）指令使 PLC 从运行状态进入停止状态，立即中止程序。如果在中断程序中执行 STOP 指令，中断程序立即中止，并忽略全部等待执行的中断事件，继续执行主程序的剩余部分，并在主程序的结束处，完成从运行状态至停止状态的转换。

END 指令和 STOP 指令在程序中的使用如图 7-10 所示。在图 7-10 中，当 M0.0 动作时，Q0.0 输出，当前扫描周期中止；当 I0.0 动作时，PLC 进入停止状态，立即中止程序。

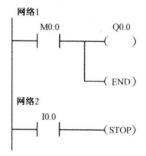

图 7-10　END 指令和 STOP 指令在程序中的使用

2. 监控定时器复位指令

监控定时器又称"看门狗"（Watchdog），它的定时时间为 500 ms，每次扫描它都被自动复位一次，正常工作时它的扫描周期小于 500 ms，监控定时器不动作。

当扫描周期大于 500 ms 时，监控定时器会停止执行用户程序。为了防止在正常情况下监控定时器动作，可以将监控定时器复位（WDR）指令插入到程序中适当的地方，使监控定时器复位。如果程序的执行时间太长，在中止本次扫描之前，下列操作将被禁止。

（1）通信（自由口模式除外）。

（2）I/O 更新（立即 I/O 指令除外）。

（3）强制更新。

（4）SM 位更新（不能更新 SM0 和 SM5～SM29）。

（5）运行时间诊断。

（6）中断程序中的 STOP 指令被执行。

带数字量输出的扩展模块有一个监控定时器，每次使用 WDR 指令时，应对每个扩展模块的某一个输出字节使用立即写（BIW）指令来复位每个扩展模块的监控定时器。

WDR 指令的使用如图 7-11 所示。

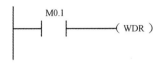

图 7-11 WDR 指令的使用

3. 循环指令

在控制系统中经常遇到需要重复执行若干次同样任务的情况，这时可以使用循环指令。

FOR 语句表示循环开始，NEXT 语句表示循环结束。驱动 FOR 指令的逻辑条件满足时，反复执行 FOR 与 NEXT 之间的指令。在 FOR 指令中，需要设置指针 INDX（当前循环次数计数器）、起始值 INIT 和结束值 FINAL，它们的数据类型均为整数。

假设起始值等于1，结束值等于10，每次执行 FOR 与 NEXT 之间的指令后，INDX 引脚指定的存储器的值加1，并将结果与结束值比较。如果起始值引脚指定的存储器的值大于结束值，则循环中止，FOR 与 NEXT 之间的指令将被执行 10 次。如果起始值大于结束值，则不执行循环。

FOR 指令必须与 NEXT 指令配套使用，且允许循环嵌套，即 FOR/NEXT 循环在另一个 FOR/NEXT 循环之中，最多可以嵌套 8 层。

FOR/NEXT 循环指令的使用说明如图 7-12 所示，当图 7-12 中的 I2.1 接通时，执行 10 次标有 1 的外层循环；当 I2.1 和 I2.2 同时接通时，每执行一次外层循环，执行两次标有 2 的内层循环。

4. 跳转与标号指令

条件满足时，跳转（JMP）指令使程序流程转到对应的标号（LBL）处，LBL 指令用来指示 JMP 指令的目的位置。JMP 指令与 LBL 指令中的操作数 n 为 0～255 中的常数，JMP 指令和对应的 LBL 指令必须在同一个程序块中。JMP 指令的使用如图 7-13 所示，当图 7-13 中 I0.0 的常开触点闭合时，程序流程将跳到 LBL 4 处。

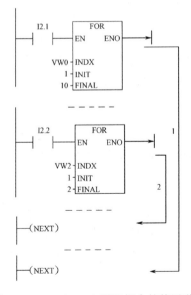

图 7-12 FOR/NEXT 循环指令的使用说明

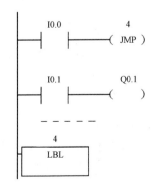

图 7-13 JMP 指令的使用

5. 诊断 LED 指令

当 S7-200 PLC 检测到致命错误时，SF/DIAG（故障诊断）LED 发红光。在 V4.0 版编程软件中的系统块的"配置 LED"选项卡中，如果勾选了"有变量被强制"或"有 I/O 错误"复选框，则 LED 亮，出现上述诊断事件时 SF/DIAG 的 LED 将发黄光。如果两个选项都没有被选择，SF/DIAG 的 LED 发黄光只受 DIAG-LED 指令的控制。如果此时指令的输入参数 IN 为 0，诊断 LED 不亮；如果 IN 大于 0，诊断 LED 发黄光。诊断 LED 指令的使用说明如图 7-14 所

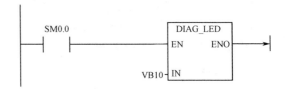

图 7-14 诊断 LED 指令的使用说明

示，图 7-14 的 VB10 中如果有非零的错误代码，将使诊断 LED 亮。

7.4 S7-200 PLC 的数据处理指令

在图 7-2 中使用了数据传送（MOV）指令设置脉冲的数量、周期及脉冲输出对应特殊存储器的控制字节。数据处理指令主要包括传送指令、字节交换指令、移位指令、填充指令等。

1. 传送指令

传送指令用于在各个编程元件之间进行数据传送。根据每次传送数据的数量，可将其分为数据传送指令和数据块传送指令，在传送过程中不改变数据的原始值。

1）数据传送指令

数据传送指令每次传送 1 个数据，数据传送分为字节传送、字传送、双字传送和实数传送，数据传送指令在梯形图中的表示符号如图 7-15 所示。在图 7-15 中，EN 为允许输入端，IN 为操作数输入端，OUT 为结果输出端。

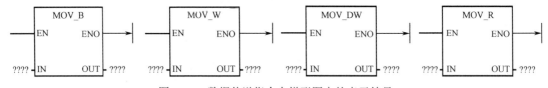

图 7-15 数据传送指令在梯形图中的表示符号

图 7-2 的子程序中数据传送指令的含义如图 7-16 所示。

2）数据块传送指令

数据块传送指令用来一次传送最多 255 个数据组成的 1 个数据块。数据块的类型可以是字节块、字块和双字块，其传送指令在梯形图中的表示符号如图 7-17 所示。

2. 字节交换指令

字节交换（SWAP）指令专用于对 1 个字长的字型数据进行处理，其指令功能是将字型输入数据 IN 的高 8 位与低 8 位进行交换，因此又可称为半字交换指令。字节交换指令在梯形图中的表示符号如图 7-18 所示。

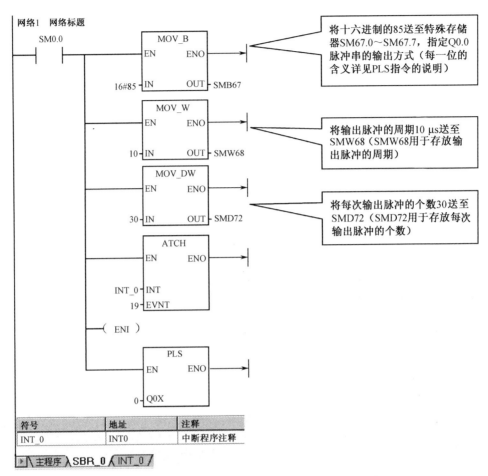

图 7-16　数据传送指令的含义

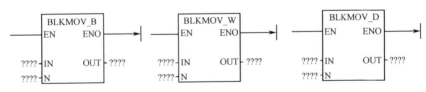

图 7-17　字节块、字块和双字块传送指令在梯形图中的表示符号

图 7-19 所示为传送指令和字节交换指令的综合应用，程序的执行过程是将 16#ABCD 传送至 AC1，传送完毕，AC1 中的高 8 位和低 8 位进行互换。程序执行完毕后，AC1 中的数据变为 16#CDAB。

3. 移位指令

移位指令在 PLC 控制中是比较常用的，根据移位的数据长度可将其分为字节型移位指令、字型移位指令和双字型移位指令；根据移位的方向可将其分为左移位指令和右移位指令，数据还可进行循环移位。

1）左移位指令

左移位指令的功能是将输入数据 IN 左移 N 位后，把结果送到 OUT。

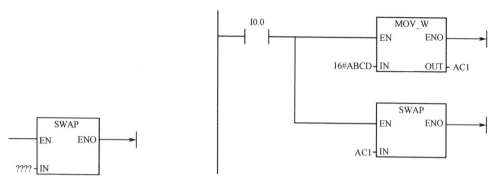

图 7-18　字节交换指令在梯形图中的表示符号　　　图 7-19　传送指令和字节交换指令的综合应用

左移位指令有字节左移位（SLB）指令、字左移位（SLW）指令和双字左移位（SLD）指令，其在梯形图中的表示符号如图 7-20 所示。

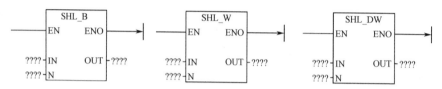

图 7-20　左移位指令在梯形图中的表示符号

2）右移位指令

右移位指令的功能是将输入数据 IN 右移 N 位后，把结果送到 OUT。

右移位指令有字节右移位（SRB）指令、字右移位（SRW）指令和双字右移位（SRD）指令，其在梯形图中的表示符号如图 7-21 所示。

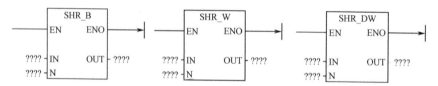

图 7-21　右移位指令在梯形图中的表示符号

使用左移位指令和右移位指令时，特殊辅助继电器 SM1.1 与溢出端相连，最后一次被移出的位进入 SM1.1，另一端自动补 0。允许移位的位数由移位的类型决定，即字节型为 8 位，字型为 16 位，双字型为 32 位。如果移动的位数超过允许的位数，则实际移位为最大允许值。如果移位后的结果为 0，则将零标志位辅助继电器 SM1.0 置 1。

图 7-22 所示为左移位指令和右移位指令的使用说明，将 VB0 中的数据左移 2 位，VB4 中的数据右移 3 位，将移位后的数据仍然存入原来的数据寄存器。设 VB0 中的数原来为 11110000，VB4 中的数原来为 11010110，则移动后的结果如图 7-23 所示。

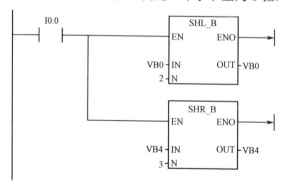

图 7-22　左移位指令和右移位指令的使用说明

图 7-23　移动后的结果

3）循环左移位指令

循环左移位指令是将输入端 IN 指定的数据循环左移 N 位后，把结果存入 OUT。循环左移位指令分为字节循环左移位（RLB）指令、字循环左移位（RLW）指令、双字循环左移位（RLD）指令，它们在梯形图中的表示符号如图 7-24 所示。

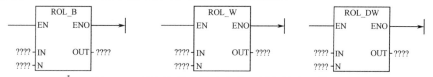

图 7-24　循环左移位指令在梯形图中的表示符号

4）循环右移位指令

循环右移位指令是将输入端 IN 指定的数据循环右移 N 位后，把结果存入 OUT。循环右移位指令分为字节循环右移位（RRB）指令、字循环右移位（RRW）指令、双字循环右移位（RRD）指令，它们在梯形图中的表示符号如图 7-25 所示。

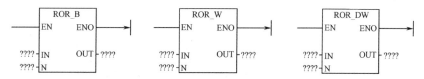

图 7-25　循环右移位指令在梯形图中的表示符号

图 7-26 所示为将 VB0 中的数据循环右移 2 位后的程序及执行结果。

5）移位寄存器指令

在顺序控制或步进控制中，应用移位寄存器指令编程是很方便的。

移位寄存器（SHRB）指令的功能是：当允许输入端 EN 有效时，如果 $N>0$，则在每个 EN 的前沿，将数据输入 DATA 的状态移入移位寄存器的最低位 S_BIT；如果 $N<0$，则在每个 EN 的前沿，将数据输入 DATA 的状态移入移位寄存器的最高位；移位寄存器的其他位按照 N 指定的方向（正向或反向）依次串行移位。图 7-27 所示为移位寄存器指令在梯形图中的表示符号。

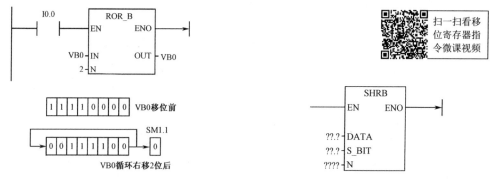

扫一扫看移位寄存器指令微课视频

图 7-26　将 VB0 中的数据循环右移 2 位后的程序及执行结果

图 7-27　移位寄存器指令在梯形图中的表示符号

移位寄存器的移出端同样也与 SM1.1（溢出）连接。

若 I0.0 和 I0.1 均为 1，则每隔 1 s 从 Q0.0～Q0.7 依次点亮 8 盏灯的程序如图 7-28 所示。

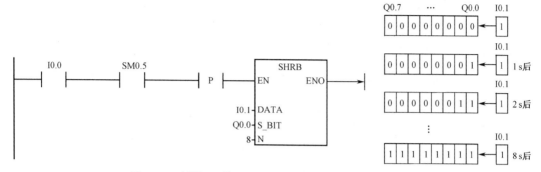

图 7-28　每隔 1 s 从 Q0.0～Q0.7 依次点亮 8 盏灯的程序

4. 填充指令

填充（FILL）指令用于处理字型数据，其指令功能是将字型输入数据 IN 填充到从 OUT 开始的 N 个字存储单元中。N 为字节型数据，图 7-29 所示为填充指令在梯形图中的表示符号。

5. 比较指令

比较指令用来比较两个数的大小，如表 7-4 所示。

表 7-4　比较指令

比较指令的应用对象	起始触点比较	并联触点比较	串联触点比较	比　较　条　件
字节比较	LDB× IN1,IN2	OB× IN1,IN2	AB× IN1,IN2	(=) (>)
字比较	LDW× IN1,IN2	OW× IN1,IN2	AW× IN1,IN2	(<) (<>)
双字比较	LDD× IN1,IN2	OD× IN1,IN2	AD× IN1,IN2	(>=) (<=)
实数比较	LDR× IN1,IN2	OR× IN1,IN2	AR× IN1,IN2	

比较指令的应用如图 7-30 所示，其梯形图表示的含义为：当计数器的计数次数大于或等于 5 时，输出 Q0.0；当计数次数达到 10 时，输出 Q0.1。

图 7-29　填充指令在梯形图中的表示符号

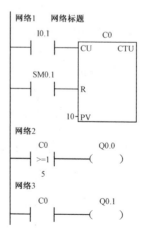

图 7-30　比较指令的应用

7.5 高速脉冲输出与高速计数器

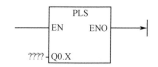

扫一扫看高速
脉冲输出指令
微课视频

1. 高速脉冲输出

1）高速脉冲输出指令

高速脉冲输出可对负载实现高精度的控制，如在项目中对步进电动机的控制。只有晶体管输出类型的 CPU 支持高速脉冲输出功能。

每个 CPU 有两个 PTO/PWM 发生器，分别通过数字量输出点 Q0.0 或 Q0.1 输出高速脉冲串或脉冲宽度可调的波形。高速脉冲输出指令（PLS，见图 7-31）根据为脉冲输出（Q0.0 或 Q0.1）设置的特殊存储器（SM）的值，启动脉冲输出。脉冲输出指令的操作数 $Q=0$ 或 $Q=1$，用于指定是 Q0.0 还是 Q0.1 输出。

图 7-31　高速脉冲输出指令在梯形图中的表示符号

PTO/PWM 发生器与输出映像寄存器共同使用 Q0.0 及 Q0.1。当 Q0.0 或 Q0.1 被设置为 PTO 或 PWM 的功能时，PTO/PWM 发生器控制输出，在该输出点禁止使用数字输出功能，此时输出波形不受输出映像寄存器的状态、输出强制或立即输出指令的影响。不使用 PTO/PWM 发生器时，Q0.0 与 Q0.1 作为普通的数字输出使用。建议在启动 PTO 或 PWM 操作之前，用 R 指令将 Q0.0 或 Q0.1 的输出映像寄存器置为 0。

脉冲宽度与脉冲周期之比被称为占空比，PTO 提供脉冲周期与脉冲数可以由用户控制的占空比为 50% 的方波输出。脉冲周期的单位可以选用微秒或毫秒，脉冲周期的变化范围为 10～65 535 μs 或 2～65 535 ms。如果设定的脉冲周期为奇数，则不能保证占空比为 50%。脉冲计数范围为 1～4 294 967 295。如果脉冲周期小于两个时间单位，则脉冲周期被默认为两个时间单位。如果指定的脉冲数为 0，则脉冲数默认为 1。

PWM 提供连续的，脉冲周期与脉冲宽度可以由用户控制的输出。脉冲周期的变化范围为 10～65 535 μs 或 2～65 535 ms，脉冲宽度的变化范围为 0～65 535 μs 或 0～65 535 ms。

每个 PTO/PWM 发生器有一个 8 位的控制字节，一个 16 位无符号的脉冲周期值或脉冲宽度值，以及一个无符号的 32 位脉冲计数值。这些值全部存储在指定的特殊存储器（SM）区，它们被设置好后，通过执行脉冲输出指令来启动操作。脉冲输出指令使 S7-200 PLC 读取 SM 位，并对 PTO/PWM 发生器进行编程。

2）与 PTO/PWM 发生器有关的特殊存储器

PTO/PWM0 和 PTO/PWM1 的状态字节、控制字节和其他 PTO/PWM 控制寄存器如表 7-5 所示。如果要装入新的脉冲数、脉冲宽度或脉冲周期，应在执行脉冲输出指令前将它们装入相应的控制寄存器。

表 7-5　PTO/PWM0 和 PTO/PWM1 的状态字节、控制字节和其他 PTO/PWM 控制寄存器

	Q0.0	Q0.1	描　述
控制字节	SM67.0	SM77.0	PTO/PWM 更新脉冲周期值：0=无更新；1=更新脉冲周期
	SM67.1	SM77.1	PWM 更新脉冲宽度时间值：0=无更新；1=更新脉冲宽度

续表

	Q0.0	Q0.1	描　述
控制字节	SM67.2	SM77.2	PTO 更新脉冲值：0=无更新；1=更新脉冲计数
	SM67.3	SM77.3	PTO/PWM 选择：0=1 μs；1=1 ms
	SM67.4	SM77.4	PWM 更新方法：0=异步更新；1=同步更新
	SM67.5	SM77.5	PTO 操作：0=单段操作；1=多段操作
	SM67.6	SM77.6	PTO/PWM 模式选择：0=选择 PTO；1=选择 PWM
	SM67.7	SM77.7	PTO/PWM 启用：0=禁用 PTO/PWM；1=启用 PTO/PWM
其他 PTO/PWM 控制寄存器	SMW68	SMW78	PTO/PWM 脉冲周期值（范围：2～65 535，单位为微秒或毫秒）
	SMW70	SMW80	PWM 脉冲宽度值（范围：0～65 535，单位为微秒或毫秒）
	SMD72	SMD82	PTO 脉冲数（范围：1～4 294 967 295 个）
	SMB166	SMB176	运行中的段数（仅用于多段 PTO 操作）
	SMW168	SMW178	轮廓表的起始位置，用从 V0 开始的字节偏移量表示（仅用于多段 PTO 操作）
	SMB170	SMB180	线性轮廓状态字节
	SMB171	SMB181	线性轮廓结果寄存器
	SMD172	SMD182	手动模式频率寄存器

3）PTO 的工作模式

根据管线的实现方式不同，PTO 分为单段管线和多段管线两种工作模式。

（1）单段管线模式。在 PTO 单段管线模式中，每次只能存储一个脉冲串的控制参数。在当前脉冲串输出期间，需要为下一个脉冲串更新特殊存储器。初始 PTO 一旦启动，就必须按第二个波形的要求改变特殊存储器，并再次执行脉冲输出指令，第二个脉冲串的属性在单段管线中一直保持到第一个脉冲串发送完成。第一个脉冲串发送完成，接着输出第二个波形，这样可以实现多段脉冲串的连续输出。

（2）多段管线模式。在 PTO 多段管线模式中，在变量存储区 V 中建立一个包络表，存放每个脉冲串的控制参数。执行脉冲输出指令时，CPU 自动从 V 存储区包络表中读取每个脉冲串的参数。多段管线 PTO 常用于步进电动机的控制。

包络是一个预先定义的以位置为横坐标、以速度为纵坐标的曲线，它是运动的图形描述。包络表由包络段数和各段构成，每段长度为 8 字节，由 16 位脉冲周期增量值和 32 位脉冲个数值组成，其格式如表 7-6 所示。选择多段操作时，必须装入包络表在 V 存储区中的起始地址偏移量（SMW168 和 SMW178）。包络表中的时间基准可以选择微秒或毫秒，所有脉冲周期值必须使用同一个时间基准，且在包络运行时时间基准不能改变。

表 7-6　包络表的格式

字节偏移量	包 络 段 数	描　述
VBn		包络表中的段数为 1～255 段（0 作为脉冲的段数表示不参与 PTO 输出）
VBn+1	段 1	初始周期（2～65 536 时间基准单位）
VBn+3		每个脉冲的周期增量（有符号值-32 768～32 767，单位为微秒或毫秒），正值表示增加周期，负值表示减小周期，0 表示不变
VBn+5		脉冲数（1～4 294 967 295 个）

项目 7 机械手步进电动机的 PLC 控制

续表

字节偏移量	包络段数	描述
VBn+9		初始周期（2～65 536 时间基准单位）
VBn+11	段 2	每个脉冲的周期增量（有符号值−32 768～32 767，单位为微秒或毫秒）
VBn+13		脉冲数（1～4 294 967 295 个）
VBn+17		初始周期（2～65 536 时间基准单位）
VBn+19	段 3	每个脉冲的周期增量（有符号值−32 768～32 767，单位为微秒或毫秒）
VBn+21		脉冲数（1～4 294 967 295 个）

案例 7-1 单段 PTO 编程如图 7-32 所示。

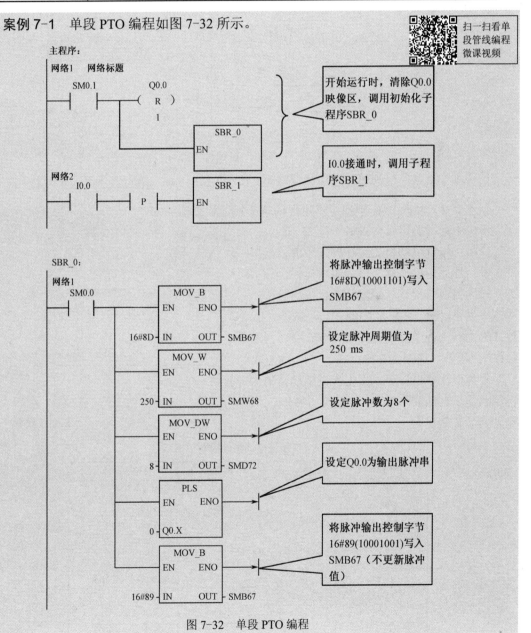

图 7-32 单段 PTO 编程

179

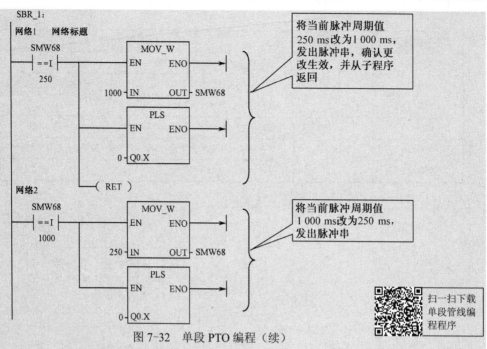

图 7-32 单段 PTO 编程（续）

程序运行结果：得到脉冲周期交替为 250 ms 和 1 000 ms，数量都为 8 个的脉冲串。

案例 7-2 多段 PTO 编程。步进电动机的加速和减速控制。
步进电动机的运行要求如图 7-33 所示。

分析： 步进电动机的运行分为 3 段，
第 1 段为加速运行，第 2 段为匀速运行，
第 3 段为减速运行。起始段和终止段的脉
冲频率为 1 kHz（周期为 1 000 μs），脉冲
数各为 100 个；中间段脉冲数为 800 个，
频率为 5 kHz（周期为 200 μs）。

根据以上数据，可以得出步进电动机的
控制包络表，如表 7-7 所示，设定 VB300
作为起始存储单元。

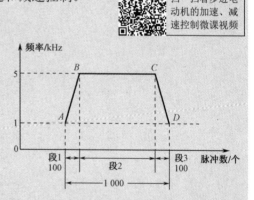

图 7-33 步进电动机的运行要求

表 7-7 步进电动机的控制包络表

字节偏移量	包络段数	参数值	描 述
VB300		3	包络表共 3 段
VW301		1 000	段 1 初始周期
VW303	段 1	-8	段 1 脉冲周期增量
VD305		100	段 1 脉冲数
VW309		200	段 2 初始周期
VW311	段 2	0	段 2 脉冲周期增量
VD313		800	段 2 脉冲数
VW317		200	段 3 初始周期
VW319	段 3	8	段 3 脉冲周期增量
VD321		100	段 3 脉冲数

步进电动机多段速控制程序如图 7-34 所示。

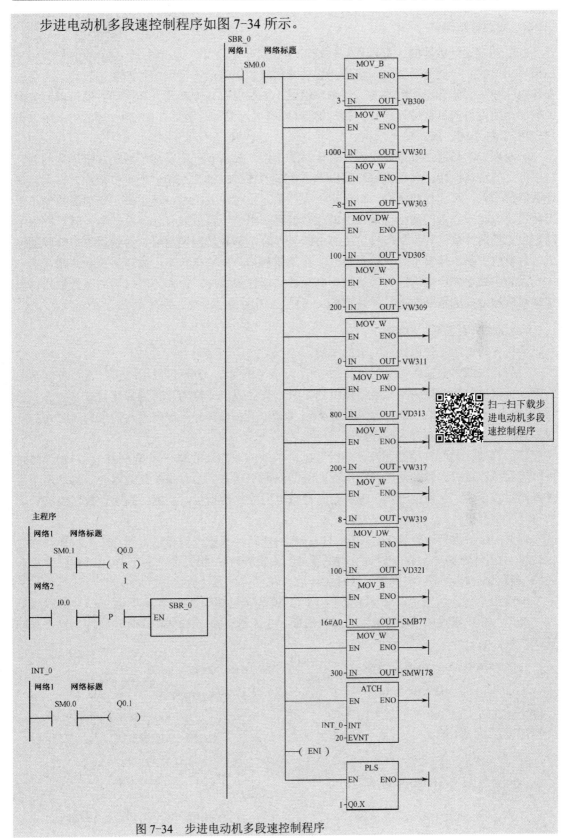

图 7-34　步进电动机多段速控制程序

扫一扫下载步
进电动机多段
速控制程序

扫一扫看高
速计数器微
课视频

2. 高速计数器

PLC 的普通计数器的计数过程与扫描工作方式有关，CPU 通过每个扫描周期读取一次被测信号的方法来捕捉被测信号的上升沿，被测信号的频率较高时，会丢失计数脉冲，因此普通计数器的工作频率很低，一般仅有几十赫兹。高速计数器可以对普通计数器无能为力的事件进行计数，S7-200 PLC 有 6 个高速计数器（HSC0～HSC5），可以设置多达 12 种不同的操作模式。

一般来说，高速计数器被作为鼓形定时器使用，设备有一个安装了增量式编码器的轴，它以恒定的转速旋转。编码器每圈发出一定数量的计数时钟脉冲和一个复位脉冲，作为高速计数器的输入。高速计数器有一组设定值，开始运行时装入第一个设定值，当前计数值小于当前设定值时，设置的输出有效；当前计数值等于当前设定值或有外部复位信号时，产生中断。发生当前计数值等于当前设定值的中断事件时，装载新的设定值，并设置下一阶段的输出。有复位中断事件发生时，设置第一个设定值和第一个输出状态，循环又重新开始。

因为中断事件产生的速率远远低于高速计数器计数脉冲的速率，所以用高速计数器可以实现对高速运动的精确控制，并且与 PLC 的扫描周期关系不大。

1）高速计数器的工作模式

高速计数器的工作模式分为下面 4 类。

（1）有内部方向输入信号的单相加/减计数器（模式 0～2）：可以用高速计数器控制字节的第 3 位来控制加计数或减计数，该位为 1 时为加计数，该位为 0 时为减计数。

（2）有外部方向输入信号的单相加/减计数器（模式 3～5）：方向输入信号为 1 时为加计数，方向输入信号为 0 时为减计数。

（3）有加计数时钟脉冲和减计数时钟脉冲输入的双相计数器（模式 6～8）：若加计数时钟脉冲和减计数时钟脉冲的上升沿出现的时间间隔不到 0.3 ms，高速计数器会认为这两个事件是同时发生的，当前值不变，也不会有计数方向变化的指示。反之，高速计数器能够捕捉到每一个独立事件。

（4）A/B 相正交计数器（模式 9～11）：它的两路计数脉冲的相位互差 90°（见图 7-35），正转时 A 相时钟脉冲比 B 相时钟脉冲超前 90°，反转时 A 相时钟脉冲比 B 相时钟脉冲滞后 90°。利用这一特点可以实现在正转时加计数，在反转时减计数。

A/B 相正交计数器可以选择 1 倍频（1×）模式（见图 7-35）和 4 倍频（4×）模式（见图 7-36）。在 1×模式中，时钟脉冲的每个周期计 1 次数；在 4×模式中，时钟脉冲的每个周期计 4 次数。

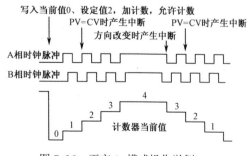

图 7-35 正交 1×模式操作举例

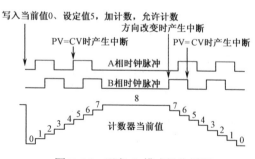

图 7-36 正交 4×模式操作举例

双相计数器的两个时钟脉冲可以同时工作在最大速率，全部计数器可以同时以最大速率运行，互不干扰。

根据有无复位输入和启动输入，上述的 4 类工作模式又可以各分为 3 种，因此 HSC1 和 HSC2 有 12 种工作模式；HSC0 和 HSC4 因为没有启动输入，只有 8 种工作模式；HSC3 和 HSC5 只有时钟脉冲输入，所以只有 1 种工作模式。

2）高速计数器的外部输入信号

高速计数器的外部输入信号如表 7-8 所示。有些高速计数器的输入点有重叠，或它们与边沿中断（I0.0～I0.3）的输入点有重叠。同一输入点不能同时用于两种不同的功能，但是高速计数器当前模式未使用的输入点可以用于其他功能。例如，HSC0 工作在模式 1 时只使用 I0.0 及 I0.2，I0.1 可供边沿中断或 HSC3 使用。

表 7-8 高速计数器的外部输入信号

模式	中断描述	输入点			
	HSC0	I0.0	I0.1	I0.2	
	HSC1	I0.6	I0.7	I1.0	I1.1
	HSC2	I1.2	I1.3	I1.4	I1.5
	HSC3	I0.1			
	HSC4	I0.3	I0.4	I0.5	
	HSC5	I0.4			
0	有内部方向输入信号的单相加/减计数器	时钟			
1		时钟		复位	
2		时钟		复位	启动
3	有外部方向输入信号的单相加/减计数器	时钟	方向		
4		时钟	方向	复位	
5		时钟	方向	复位	启动
6	有加/减计数时钟脉冲输入的双相计数器	加时钟	减时钟		
7		加时钟	减时钟	复位	
8		加时钟	减时钟	复位	启动
9	A/B 相正交计数器	A 相时钟	B 相时钟		
10		A 相时钟	B 相时钟	复位	
11		A 相时钟	B 相时钟	复位	启动

当复位输入信号有效时，将清除计数当前值并保持清除状态，直至复位信号关闭。当启动输入有效时，将允许计数器计数。关闭启动输入时，计数器的当前值保持恒定，时钟脉冲不起作用。如果在关闭启动时使复位输入有效，将忽略复位输入，当前值不变；如果激活复位输入后再激活启动输入，则当前值被清除。

3）高速计数器指令与有关的特殊存储器

（1）高速计数器指令：高速计数器指令（HDEF 指令）为指定的高速计数器设置一种工作模式（MODE）。每个高速计数器只能用一条 HDEF 指令，可以用首次扫描存储器位 SM0.1，在第一个扫描周期调用包含 HDEF 指令的子程序来定义高速计数器。高速计数器指令（HSC 指令）用于启动编号为 N 的高速计数器。HSC 与 MODE 为字节型常数，N 为字型常数。高速计数器指令如图 7-37 所示。

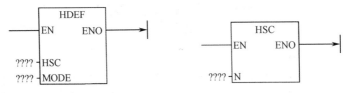

图 7-37　高速计数器指令

（2）高速计数器的状态字节：每个高速计数器都有一个状态字节，其给出了当前计数方向和当前值是否大于或等于设定值（见表 7-9）。只有在执行高速计数器的中断程序时，状态字节才有效。监视高速计数器状态字节的目的是响应正在进行的操作所引发的事件产生的中断。

表 7-9　高速计数器的状态字节

HSC0	HSC1	HSC2	HSC3	HSC4	HSC5	描　　述
SM36.5	SM46.5	SM56.5	SM136.5	SM146.5	SM156.5	计数方向：0=减计数；1=加计数
SM36.6	SM46.6	SM56.6	SM136.6	SM146.6	SM156.6	0=当前值不等于设定值；1=当前值等于设定值
SM36.7	SM46.7	SM56.7	SM136.7	SM146.7	SM156.7	0=当前值小于设定值；1=当前值大于设定值

（3）高速计数器的控制字节：只有定义了高速计数器和它的计数模式，才能对高速计数器的动态参数进行编程。各种高速计数器均有一个控制字节，其中各个位的意义如表 7-10 所示。执行 HSC 指令时，CPU 检查控制字节和有关的当前值与设定值。

表 7-10　高速计数器的控制字节中各个位的意义

HSC0	HSC1	HSC2	HSC3	HSC4	HSC5	描　　述
SM37.0	SM47.0	SM57.0		SM147.0		0=复位信号高电平有效；1=复位信号低电平有效
	SM47.1	SM57.1				0=启动信号高电平有效；1=启动信号低电平有效
SM37.2	SM47.2	SM57.2		SM147.2		0=4×模式；1=1×模式
SM37.3	SM47.3	SM57.3	SM137.3	SM147.3	SM157.3	0=减计数；1=加计数
SM37.4	SM47.4	SM57.4	SM137.4	SM147.4	SM157.4	写入计数方向：0=不更新；1=更新
SM37.5	SM47.5	SM57.5	SM137.5	SM147.5	SM157.5	写入设定值：0=不更新；1=更新
SM37.6	SM47.6	SM57.6	SM137.6	SM147.6	SM157.6	写入当前值：0=不更新；1=更新
SM37.7	SM47.7	SM57.7	SM137.7	SM147.7	SM157.7	HSC 允许：0=禁止；1=允许

执行 HDEF 指令之前必须将这些控制位（控制字节或控制字节中的每个位）设置成需要的状态，否则计数器将采用所选计数器模式的默认设置。默认设置为：复位输入和启动输入高电平有效，正交计数速率为输入时钟频率的 4 倍。执行 HDEF 指令之后，就不能再改变计数器的设置，除非 CPU 进入停止模式。

（4）设定值和当前值的设置：各种高速计数器均有一个 32 位的设定值和一个 32 位的当

前值，设定值和当前值均为有符号双字整数。为了向高速计数器写入新的设定值和当前值，必须先设置控制字节，令其第 5 位和第 6 位为 1，允许更新设定值和当前值，并将设定值和当前值存入表 7-11 所示的特殊存储器中，然后执行 HSC 指令，从而将新的值送给高速计数器。

表 7-11　高速计数器的控制字节

高速计数器	HSC0	HSC1	HSC2	HSC3	HSC4	HSC5
存储新的当前值的特殊存储器	SMD38	SMD48	SMD58	SMD138	SMD148	SMD158
存储新的设定值的特殊存储器	SMD42	SMD52	SMD62	SMD142	SMD152	SMD162

高速计数器的当前值（双字）可以用 HCx（HC 为高速计数器的当前值，$x = 0 \sim 5$）的格式读出。因此，读取操作可以直接访问当前值，写入操作只能用上述的 HSC 指令来进行。

在所有的模式下，高速计数器的当前值等于设定值时都会产生中断。如果使用有外部复位输入的计数器模式，外部复位有效时产生中断。除模式 0、1 及 2 外，其他计数器模式在计数方向改变时可以产生中断，每个中断可以分别被允许或禁止。

使用外部复位中断时，不要写入新的当前值，或在与该事件相连的中断程序中先禁止再允许高速计数器工作，否则将会产生一个致命错误。

图 7-38 所示为高速计数器 HSC1 的一段初始化程序。

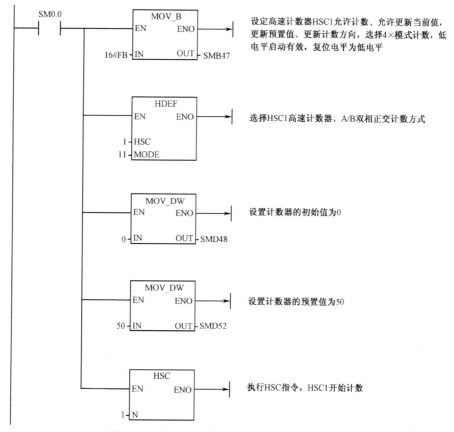

图 7-38　高速计数器 HSC1 的一段初始化程序

实例 7-3 某传输带的旋转轴上连接了一个 A/B 双相正交脉冲的旋转编码器。计数脉冲的个数代表旋转轴的位置，即加工器件的传送位移量。旋转编码器旋转一圈产生 10 个 A/B 双相正交脉冲和 1 个复位脉冲，需要在第 5 个和第 8 个脉冲所代表的位置中间打开电磁阀对加工器件进行清洗，在其余位置不对加工器件进行清洗。

分析：设电磁阀的打开、关闭由 Q0.0 控制，A 相脉冲接 I0.0，B 相脉冲接 I0.1，复位脉冲接 I0.2，利用 HSC0 的 CV=PV 进行中断，高速计数器的应用程序如图 7-39 所示。

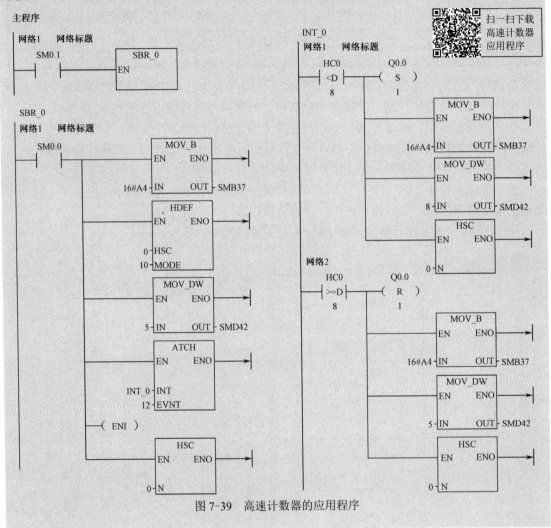

图 7-39 高速计数器的应用程序

项目实施：机械手步进电动机的 PLC 控制

1. 系统的控制要求与工艺过程分析

扫一扫看机械手步进
电动机 PLC 控制系统
设计微课视频

（1）机械手由步进电动机驱动在 X 轴方向上移动。

（2）要求机械手移动到限位开关位置自动停止。

由步进电动机的工作原理可知，必须给步进电动机提供脉冲信号。可由 PLC 的脉冲输出端输出高速脉冲，并通过主程序、子程序、中断程序设置脉冲输出程序。

2．PLC 的选型与资源配置

为系统启动提供一个输入信号，由 Q0.0 输出，仅仅考虑实现本项目的要求，则对 I/O 点的数量要求较少，可以选用各种型号的 PLC。在本例中以西门子 S7-200 CPU 226 型 PLC 为例，PLC 的接线图如图 7-40 所示，步进电动机控制系统的 I/O 分配表如表 7-12 所示。Q0.0 的输出脉冲必须送入步进电动机驱动器（以 YAKO 研控 YKA2608MC 为例）。

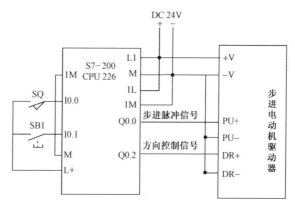

图 7-40　PLC 的接线图

表 7-12　步进电动机控制系统的 I/O 分配表

输 入 信 号			输 出 信 号		
名 称	功 能	地址	名 称	功 能	地址
SQ	左限位	I0.0	方向控制信号+	控制步进电动机的方向	Q0.2
SB	复位启动	I0.1	步进电动机驱动器+	输出脉冲串	Q0.0

YKA2608MC 步进电动机驱动器的外形图如图 7-41 所示，其接线端示意图如图 7-42 所示。

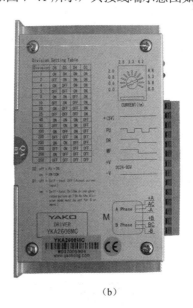

（a）　　　　　　　　　　　　（b）

图 7-41　YKA2608MC 步进电动机驱动器的外形图

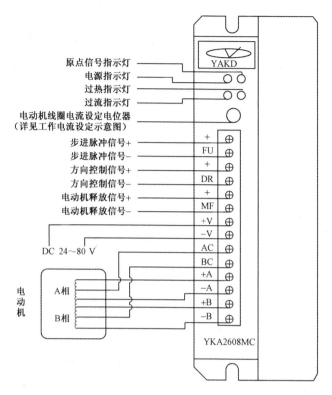

原点信号指示灯

电源指示灯

过热指示灯

过流指示灯

电动机线圈电流设定电位器
（详见工作电流设定示意图）

步进脉冲信号+ —— + / FU

步进脉冲信号− —— FU

方向控制信号+ —— +

方向控制信号− —— DR

电动机释放信号+ —— +

电动机释放信号− —— MF

+V

−V

DC 24~80 V —— AC

BC

电动机 A相 +A

−A

B相 +B

−B

YKA2608MC

图 7-42 YKA2608MC 步进电动机驱动器的接线端示意图

3. PLC 的程序设计

机械手在 X 轴方向上复位的控制程序如图 7-2 所示。

扫一扫看机械手步进
电动机 PLC 控制系统
实践操作视频

4. 系统的安装与调试

1）程序的输入及调试

（1）按照图 7-2 所示的程序在编程软件上输入梯形图。

（2）将程序下载至 PLC。

扫一扫下载机械手
步进电动机 PLC 控
制教学课件

（3）按照图 7-40 所示的接线图接入输入信号，用按钮代替机械手控制系统上的复位启动按钮，用行程开关代替机械手控制系统上的限位开关。根据系统的控制要求，按复位启动按钮，观察 Q0.0 是否有输出。增加输出脉冲的周期，观察到 Q0.0 闪烁，则脉冲输出程序调试完成，将脉冲周期值改回原值。按复位启动按钮，Q0.0 发出脉冲，操作限位开关，模拟机械手运动到复位位置，Q0.0 停止输出脉冲，则程序调试完成。

2）系统的安装及调试

按照图 7-40 所示的接线图进行系统的安装、接线（系统的安装和软件的设计、调试可以同时进行）。将调试正确的程序下载至 PLC，根据系统的控制要求，按复位启动按钮，观察步进电动机是否工作，机械手按规定方向移动，当机械手移动到左限位时，自动停止。如果按复位按钮，机械手不能正常动作或不能在规定位置停止，应查找电路故障和机械故障并排除。

知识拓展：其他常用高级指令及应用

7.6　算术运算指令与逻辑运算指令

扫一扫下载算数
运算与逻辑运算
指令教学课件

现代 PLC 能对数据进行运算，这是 PLC 控制相对于继电器控制的优势，也是现代 PLC 与传统 PLC 的主要区别。

1. 算术运算指令

算术运算指令包含加法、减法、乘法、除法、增 1/减 1 指令和一些常用的数学函数指令，其操作数类型如表 7-13 所示。

表 7-13　算术运算指令的操作数类型

输入/输出	起始触点比较	操 作 数
IN1、IN2	INT	IW、QW、VW、MW、SMW、SW、T、C、LW、AC、AIW、*VD、*AC、*LD、常数
	DINT	ID、QD、VD、MD、SMD、SD、LD、AC、HC、*VD、*AC、*LD、常数
	REAL	ID、QD、VD、MD、SMD、SD、LD、AC、*VD、*AC、*LD、常数
OUT		IW、QW、VW、MW、SMW、SW、T、C、LW、AC、*VD、*AC、*LD
		ID、QD、VD、MD、SMD、SD、LD、AC、*VD、*AC、*LD
		ID、QD、VD、MD、SMD、SD、LD、AC、*VD、*AC、*LD

1）加法、减法、乘法、除法指令

加法、减法指令可以对整数、双整数、实数进行操作。加法、减法指令的应用举例如图 7-43 所示，其梯形图的运行结果为：当 I0.0 动作时，将 VW100 中的数据加上 100，将 VD10 中的数据减去 100。其他加法、减法指令的使用方法相同。

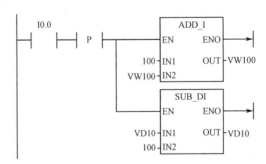

图 7-43　加法、减法指令的应用举例

乘法、除法指令除可以对整数、双整数、实数进行操作外，还可以执行完全整数操作。完全整数操作是将两个 16 位的有符号整数相乘，产生 1 个 32 位的双整数结果。其使用方法和加法、减法指令的使用方法基本相同。

2）增 1/减 1 指令

增 1/减 1 指令的操作数类型可以是字节（_B）、字（_W）或双字（_DW），其中字节增 1/减 1 只能是无符号整数，其余类型的操作数为有符号整数。增 1/减 1 指令的梯形图形式及

应用如图 7-44 所示，其梯形图的运行结果为：I0.1 每接通 1 次，VB100（字节）中的数据加 1，VW10（字）中的数据减 1。

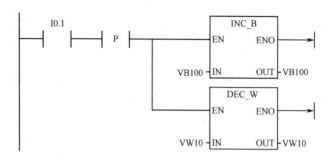

图 7-44　增 1/减 1 指令的梯形图形式及应用

3）常用的数学函数指令

常用的数学函数指令包括平方根（SQRT）、自然对数（LN）、自然指数（EXP）、正弦（SIN）、余弦（COS）、正切（TAN）指令等，这些常用的数学函数指令实质是浮点数函数指令。图 7-45 所示为利用自然对数和自然指数指令实现 2 的 3 次方的运算程序。

2. 逻辑运算指令

逻辑运算指令对无符号整数按位进行逻辑"取反"（INV）、"与"（WAND）、"或"（WOR）、"异或"（WXOR）操作，其原理与数字电子技术中的运算相同。图 7-46 所示为逻辑"与"的操作举例，它将 VW100 和 VW102 中的内容相"与"，将运算结果存到 VW102 中。

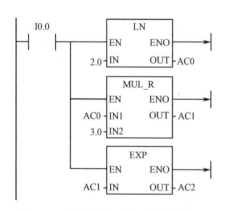

图 7-45　利用自然对数和自然指数指令
实现 2 的 3 次方的运算程序

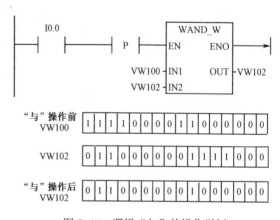

图 7-46　逻辑"与"的操作举例

7.7　PID 回路控制指令

扫一扫下载 PID
回路控制指令教
学课件

在过程控制中，经常涉及对模拟量的控制，为了达到精准控制的要求，系统的输出信号须能沿反馈通道回到系统的输入端，构成闭环控制系统。对模拟量进行处理，除了要对模拟量进行采样检测，一般还要对采样值进行 PID（Proportional plus Integral plus Derivative，比例+积分+微分）运算，根据运算结果，实现对模拟量的控制。

在 S7-200 PLC 中，通过 PID 回路控制指令来处理模拟量是非常方便的。

1. PID 运算

在工业现场中，经常需要使某个物理量保持恒定，如恒温控制箱中的温度、供水的水压。PID 根据被控制输入的模拟物理量的实际数值与设定值的相对差值，将 PID 运算的结果输出到执行机构里进行调节，最后达到自动维持被控制输入的模拟物理量的实际数值跟随设定值变化的目的。

典型的 PID 运算一般包括比例项、积分项、微分项。设偏差（E）为系统给定值（SP）与过程变量（PV）之差，即回路偏差，那么输出 $M(t)$ 与比例项、积分项和微分项的运算关系为

$$M(t)=K_Ce+K_C\int e\,\mathrm{d}t + M_0 + K_C\,\mathrm{d}e/\mathrm{d}t \tag{7-1}$$

式中的各个量都是时间 t 的连续函数，K_C 为回路增益，M_0 为回路输出的初始值。

为了便于计算机处理，需要将连续函数通过周期性采样的方式离散化。式（7-1）可以转化为在计算机中实际使用的式（7-2）。

$$M_n = K_C\times(SP_n-PV_n)+ K_C\times T_S/T_I\times(SP_n-PV_n)+ MX+ K_C\times T_D/T_S\times(PV_{n-1}-PV_n) \tag{7-2}$$

2. PID 参数表及初始化

式（7-2）中共包含 9 个参数，用于对 PID 运算进行监视和控制。在执行 PID 指令前，要建立一个 PID 参数表，如表 7-14 所示。

表 7-14　PID 参数表

地址偏移量	参　数	数据格式	参数类型	说　明
0	PV_n	实数	输入	过程变量，0.0～1.0
4	SP_n	实数	输入	给定值，0.0～1.0
8	M_n	实数	输入/输出	输出值，0.0～1.0
12	K_C	实数	输入	回路增益，比例常数，可正可负
16	T_S	实数	输入	采样时间，单位为秒，正数
20	T_I	实数	输入	积分时间，单位为分钟，正数
24	T_D	实数	输入	微分时间，单位为分钟，正数
28	MX	实数	输入/输出	积分值，0.0～1.0
32	PV_{n-1}	实数	输入/输出	最近一次 PID 运算的过程变量
36～76	保留自整定变量	实数	输入/输出	

为执行 PID 指令，要对 PID 参数表进行初始化处理，即将 PID 参数表中的有关参数（给定值 SP_n、回路增益 K_C、采样时间 T_S、积分时间 T_I、微分时间 T_D），按照地址偏移量写入变量寄存器 V 中。一般调用一个子程序，在子程序中，对 PID 参数表进行初始化处理。

实例 7-4　设 PID 参数表的首地址为 VD100，SP_n 为 0.6，K_C 为 0.5，T_S 为 1 s，T_I 为 10 min、T_D 为 5 min，那么 PID 参数表的初始化程序如图 7-47 所示。

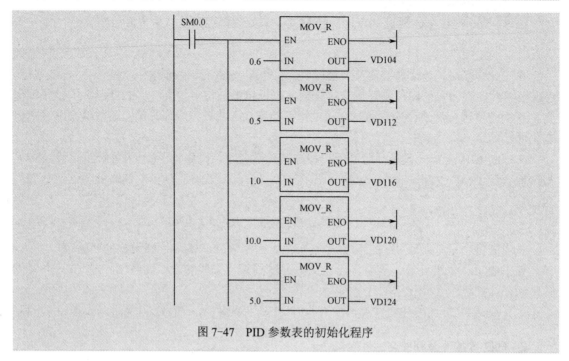

图 7-47　PID 参数表的初始化程序

3. PID 指令

PID 指令的功能是进行 PID 运算。图 7-48 所示为 PID 指令的梯形图形式。

在 PID 指令中，TBL 为参数表的首地址，是由变量寄存器 VB 指定的字节型数据；LOOP 为回路号，是 0~7 的常数。当允许输入 EN 有效时，根据 PID 参数表中的输入信息和组态信息，进行 PID 运算。在 S7-200 PLC 的应用

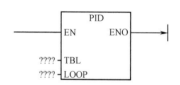

图 7-48　PID 指令的梯形图形式

程序中，最多可以使用 8 条 PID 指令，即在 1 个应用程序中，最多可以使用 8 个 PID 控制回路，在 1 个 PID 控制回路中只能使用 1 条 PID 指令，每个 PID 控制回路必须使用不同的回路号。

4. PID 的组合选择

PID 运算是比例+积分+微分运算的组合，在很多控制场合，往往只需要 PID 中的 1 种或 2 种运算（如 PI 运算），不同运算功能的组合选择可以通过设定不同的参数来实现。

1）不需要积分运算

此时，关闭积分控制回路，将积分时间 T_I 设置为无穷大，虽然有初始值 MX 使积分项不为 0，但是可忽略其作用。

2）不需要微分运算

此时，将微分时间 T_D 设置为 0，即可关闭微分控制回路。

3）不需要比例运算

此时，将回路增益 K_C 设置为 0，即可关闭比例控制回路，但是积分项和微分项与 K_C 有关系，因此约定，此时用于积分项和微分项的增益为 1。

5. 输入模拟量的转换及标准化

每个 PID 控制回路有两个输入量，即给定量和过程变量。给定量一般为固定数值，而过程变量则受 PID 的控制作用。在实际控制问题中，无论给定量还是过程变量，都是工程实际值，它们的取值范围和测量单位可能不一致，因此在进行 PID 运算前，必须将工程实际值标准化，即转换成无量纲的相对值格式。

（1）将工程实际值由 16 位整数转换为浮点数，即实数形式。

（2）将具有实数形式的工程实际值转换为[0.0, 1.0]区间内的无量纲相对值，即标准化值，又称归一化值，转换公式为

$$R_{\text{Norm}} = R_{\text{RaW}}/S_{\text{pan}} + \text{Offset} \tag{7-3}$$

式中　R_{Norm}——工程实际值的标准化值；

R_{RaW}——工程实际值的实数形式值；

S_{pan}——最大允许值减去最小允许值，通常取 32 000（单极性）或 64 000（双极性）；

Offset——取 0（单极性）或 0.5（双极性）。

对一个双极性的输入模拟量进行转换的标准化程序如图 7-49 所示。

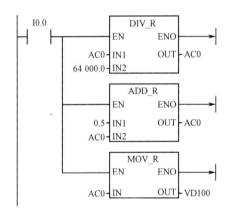

图 7-49　对一个双极性的输入模拟量进行转换的标准化程序

6. 输出模拟量的转换

在对模拟量进行 PID 运算后，对输出产生控制作用的是在[0.0, 1.0]区间内的标准化值，为了能够驱动实际的驱动装置，必须将其转换成工程实际值。

（1）将标准化值转换为按工程量标定的工程实际值的实数形式。

这一步实质上是式（7-3）的逆运算，将式（7-3）赋予实际意义，并做整理，得到

$$R_{\text{scal}} = (M_n - \text{Offset}) S_{\text{pan}} \tag{7-4}$$

式中　R_{scal}——按工程量标定的过程变量的实数形式；

M_n——过程变量的标准化值。

（2）将已标定的工程实际值的实数形式转换为 16 位整数形式。

下面的程序段将 PID 控制回路的输出转换为按工程量标定的整数值。

```
MOVR VD108，AC0        //将输出结果存入 AC0
−R 0.5，AC0            //对于双极性的场合（单极性时无此条语句）
*R 64 000.0，AC0       //将 AC0 中的值按工程量标定
```

```
TRUNC AC0，AC0          //将实数转换为 32 位整数
MOVW AC0，AQW0          //将 16 位整数值输出到模拟量模板中
```

7. PID 指令的控制方式

在 S7-200 PLC 中，PID 指令没有考虑手动/自动控制的切换方式。所谓自动方式，是指只要 PID 功能框的允许输入 EN 有效，就将周期性地执行 PID 指令；而手动方式是指当 PID 功能框的允许输入 EN 无效时，不执行 PID 指令。

在程序运行过程中，如果 PID 指令的 EN 输入有效，即进行手动/自动控制切换。为了保证在切换过程中无扰动、无冲击，在手动控制过程中，就要将设定的输出值作为 PID 指令的一个输入（作为 M_n 参数写到 PID 参数表中），使 PID 指令根据参数表中的值进行下列操作。

（1）使 SP_n（给定值）=PV_n（过程变量）。

（2）使 PV_{n-1}（前一次过程变量）=PV_n。

（3）使 MX（积分值）=M_n（输出值）。

一旦 EN 输入有效（从 0～1 的跳变），就从手动方式无扰切换到自动方式。

7.8 送料小车多种工作方式的控制

扫一扫下载运料
小车多种工作方
式控制教学课件

送料小车在生产中被经常使用，一般用来在两地或多地间实现物资的运输，如给加热炉加料等。现场对小车的控制根据需要可能有多种方式，如点动控制、连续控制、单周期控制等，此时仅仅使用简单的 PLC 基本指令及步进指令来设计程序是比较复杂的。利用功能强大的功能指令或子程序来实现程序块之间的组织则使设计变得简单、易行。

1. 小车控制系统的控制要求

图 7-50 所示为小车的工作示意图。小车由电动机驱动，电动机正转时小车前进，电动机反转时小车后退。

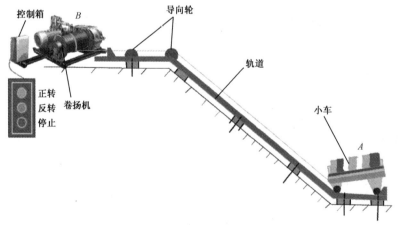

图 7-50　小车的工作示意图

小车的控制要求如下。

小车的初始位置在最右端 A 处，小车能在任意位置启动和停止。

按启动按钮，漏斗打开，小车装料，装料 10 s 后，漏斗关闭，小车开始前进，到达卸料 B 处，小车自动停止，打开底门，卸料，经过卸料所需的设定时间 15 s 延时后，小车自动返

回装料 A 处。然后小车再装料，如此自动循环。对小车有如下几种控制方式。

1）手动方式

（1）点动控制。可用相应按钮来接通或断开各个负载。在这种工作方式下，选择开关置于手动挡。

（2）返回原位。按返回原位按钮，小车自动返回初始位置。在这种工作方式下，选择开关置于返回原位挡。

2）自动方式

（1）连续控制。小车处于原位，按启动按钮，小车按前述工作过程连续循环工作；按停止按钮，小车返回原位后，停止工作。在这种工作方式下，选择开关置于连续操作挡。

（2）单周期控制。小车处于原位，按启动按钮后，小车开始工作，工作一个周期后，小车回到初始位置停止。

2. 小车控制系统的设计

对小车的控制不管是采用手动方式还是自动方式，其编程用前述所学基本指令和顺序控制指令都可以很简单地实现，这里不再重复，在以下的编程中用程序块的形式来表示。

1）系统 I/O 分配

I/O 信号与 PLC 地址编号的对照表如表 7-15 所示。

表 7-15　I/O 信号与 PLC 地址编号的对照表

输入信号			输出信号		
名　称	功　能	地　址	名　称	功　能	地　址
SB1	自动方式启动	I0.0	KM1	电动机正转	Q0.0
SB2	自动方式停止	I0.1	KM2	电动机反转	Q0.1
SA1-1	选择连续方式	I0.2	YV1	开漏斗	Q0.2
SA1-2	选择单周期方式	I0.3	YV2	开底门	Q0.3
SA1-3	选择点动方式	I0.4			
SA1-4	选择回原位	I0.5			
SB3	点动前进	I0.6			
SB4	点动后退	I0.7			
SB5	点动开漏斗	I1.0			
SB6	点动开翻斗	I1.1			
SB7	回原位启动	I1.2			
SQ1	左限位	I1.3			
SQ2	右限位	I1.4			

2）程序设计

本任务中的程序设计可以采用子程序或 JMP 指令来完成。图 7-51 所示为在子程序中编写各个功能模块的小车控制程序，图 7-52 所示为采用 JMP 指令选择执行功能模块的小车控制程序。

扫一扫下载运料小车多种工作方式控制（子程序）程序

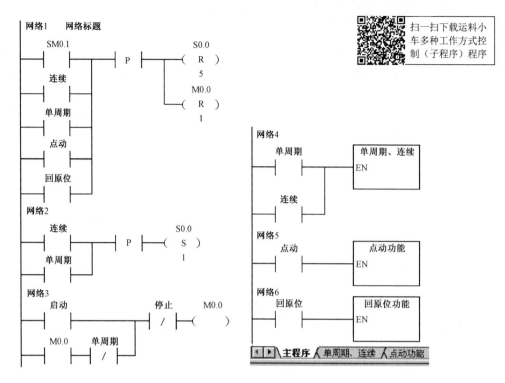

图 7-51　在子程序中编写各个功能模块的小车控制程序

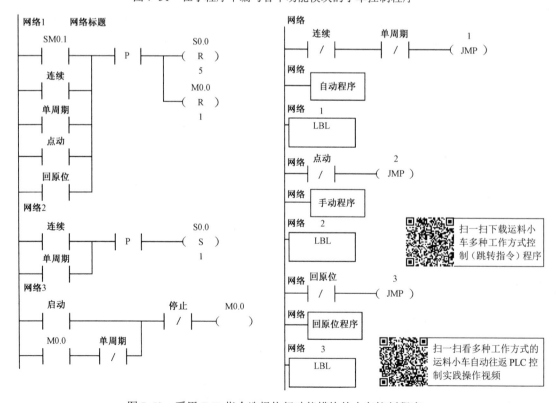

扫一扫下载运料小车多种工作方式控制（跳转指令）程序

扫一扫看多种工作方式的运料小车自动往返 PLC 控制实践操作视频

图 7-52　采用 JMP 指令选择执行功能模块的小车控制程序

7.9 广告牌霓虹灯循环点亮的 PLC 控制

设某个广告牌的霓虹灯共有 8 根灯管，如图 7-53 所示，其控制要求为：第 1 根灯管亮→第 2 根灯管亮→第 3 根灯管亮→……→第 8 根灯管亮，即每隔 1 s 按顺序依次点亮，全亮后，闪烁 1 次（灭 1 s 亮 1 s），再反过来按 8→7→6→5→4→3→2→1 反序熄灭，时间间隔仍为 1 s。全灭后，停 1 s，再从第 1 根灯管点亮，开始循环。

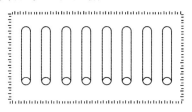

扫一扫下载广告牌霓虹灯教学课件

图 7-53 某个广告牌的霓虹灯

以下用传送指令和移位指令实现广告牌霓虹灯循环点亮的控制要求。

1. 系统 I/O 分配

I/O 信号与 PLC 地址编号的对照表如表 7-16 所示。

表 7-16 I/O 信号与 PLC 地址编号的对照表

输 入 信 号			输 出 信 号		
名　　称	功　能	地　址	名　　称	功　能	地　址
SB1	启动	I0.0	KA1～KA8	控制 8 根灯管	Q0.0～Q0.7
SB2	停止	I0.1			

2. PLC 电气接线图

PLC 与霓虹灯广告显示屏之间的 I/O 电气接口电路如图 7-54 所示，考虑到灯管电流较大，输出电路通过中间继电器实现信号转换，输出继电器先驱动中间继电器，再通过中间继电器的触点驱动霓虹灯。在实际应用中，还应在输出接口电路部分加入适当的保护措施，如阻容吸收电路等。

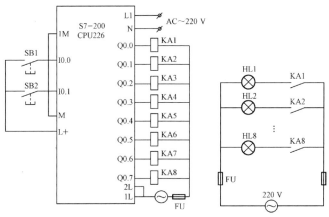

图 7-54 PLC 与霓虹灯广告显示屏之间的 I/O 电气接口电路

3. 控制程序

根据霓虹灯循环点亮的控制要求，采用传送指令和移位指令设计的程序如图 7-55 所示。

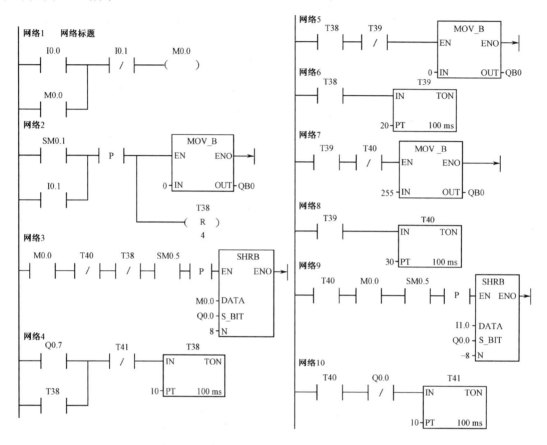

图 7-55　采用传送指令和移位指令设计的程序

7.10　三相异步电动机 Y-△形降压启动的控制

使用基本指令很容易完成对电动机 Y-△形降压启动的控制。

1. 系统 I/O 分配

I/O 信号与 PLC 地址编号的对照表如表 7-17 所示。

表 7-17　I/O 信号与 PLC 地址编号的对照表

输　入　信　号			输　出　信　号		
名　称	功　能	地　址	名　称	功　能	地　址
SB1	启动	I0.0	KM1	电源接触器	Q0.0
SB2	停止	I0.1	KM2	Y 形接触器	Q0.1
FR	过载	I0.2	KM3	△形接触器	Q0.2

2. 程序设计

根据电动机 Y-△形降压启动控制要求，通电时，应使 Q0.0、Q0.1 接通（传送常数3），电动机以 Y 形连接启动；当转速上升到一定程度时，断开 Q0.0、Q0.1，接通 Q0.2（传送常数4），然后延时 1 s，接通 Q0.0、Q0.2（传送常数5），电动机以△形连接运行。停止时，应传送常数0。

用传送指令实现电动机 Y-△形降压启动控制的程序如图 7-56 所示。

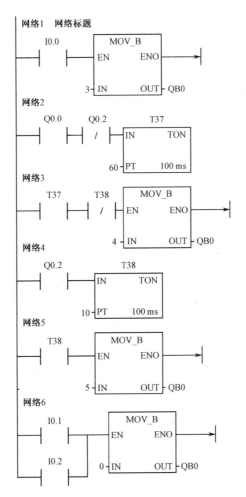

扫一扫下载星三角降压启动（传送指令）程序

图 7-56　用传送指令实现电动机 Y-△形降压启动控制的程序

7.11　包装生产线上产品累计和包装的 PLC 控制

某条产品包装生产线上应用高速计数器对产品进行累计和包装，要求当每检测到 1 000 个产品时，自动启动包装机进行包装，计数方向由外部信号控制，设计方案如下。

选择高速计数器 HC0，因为计数方向可由外部信号控制，且不要求输入复位信号，所以确定工作模式为3。当前值等于设定值时执行中断事件，中断事件号为12，当12号中断事件发生时，启动包装机的工作子程序 SBR_2。采用子程序 SBR_1 进行高速计数器的初始化处理。

调用高速计数器初始化子程序的条件为采用 SM0.1 为初始化脉冲信号。

将 HC0 的当前值存入 SMD38，将设定值 1 000 写入 SMD42。

包装机的控制程序如图 7-57 所示。

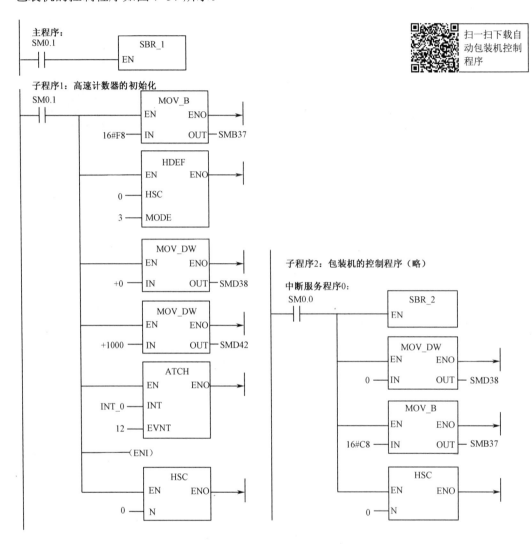

图 7-57　包装机的控制程序

知识梳理与总结

本项目以步进电动机的控制要求及解决方案为例引出 S7-200 PLC 的高级指令（功能指令）。高级指令是 PLC 制造商为满足用户不断提出的一些特殊控制要求而开发的指令。一条高级指令相当于一段程序。使用高级指令可简化程序，提高系统的可靠性。本项目重点介绍了子程序、中断程序、程序控制指令、数据处理指令、高速脉冲输出指令。

当程序较复杂时，可以根据功能的不同将整个程序分为不同的程序块，并使用子程序、JMP 指令、循环指令、中断指令等优化程序结构；可将程序中在不同位置处需要多次反复执行相同任务的内容使用子程序编写，相同任务的子程序只需要写一次，在需要执行的位置调

用它，而不用重复编写。子程序的调用是有条件的，未调用时不会执行子程序，因此可以缩短扫描周期。

数据处理指令用来处理数据，如进行数据的传送、移位及运算。PLC 能够处理数据是 PLC 控制区别于继电器控制的一大特征，PLC 的功能越强大，其处理数据的能力越强。

使用高速脉冲输出，可以完成对步进电动机和伺服电动机的高精度控制。使用高速计数器可以使 PLC 不受扫描周期的限制，实现 PLC 对位置、行程、角度、速度等物理量的高精度控制。使用 PID 指令可以控制温度、压力、电压等现场物理量的稳定。高速脉冲输出指令和高速计数器指令都使用了一些特殊继电器进行设定，因此使用这些指令时，必须注意其对应的端口、控制位及相关继电器的设定，一般必须编写初始化程序，初始化程序有固定的模式。

【紧跟时代步伐，勇担青春使命】

工业 4.0、工业互联网、大数据、云计算等技术快速出现，这些都将自动化与信息化的融合提到了一个新的高度，MES、WMS、ERP、EMS 等信息化系统几乎成为智能制造的代名词。作为核心控制单元，在智能制造中，PLC 依然无法被取代，即使是在工业转型升级的智能制造时代，或者是在工业 4.0 的时代，它仍然足够满足各种控制要求和通信要求。在强有力的 PLC 软件平台的支持下，我们完全可以相信 PLC 将持久不衰地活跃在工业自动化的世界中。但是随着生产管理需求的不断提高，信息化系统的不断上线，对 PLC 也有了新的要求。"在智能制造系统中，PLC 不仅是机械装备和生产线的控制器，还是制造信息的采集器和转发器"，即现代 PLC 需要提供直接与 MES、ERP 等上层管理软件信息化系统连接的接口，PLC 须从硬件和软件方面适应新工业革命，即满足智能制造的需求。

自 2010 年以来，中国制造业已连续 11 年位居世界第一，这表明中国制造业大国的地位非常稳固。作为未来自动化领域的从业者，青年一代必须扎实学好专业知识，理论与实践相结合，提升专业综合应用能力，与时俱进，推动中国制造走向中国创造，在智能制造的发展浪潮中将青春奋斗融入实现国家现代化的伟大事业，不负"请党放心，强国有我"的青春誓言。

练习与思考题 7

7-1　比较 VW0 与 VW2 中的数，当 VW0 中的数大于 VW2 中的数时，使 M0.1 置位，反之，使 M0.1 复位为 0。

7-2　请使用移位寄存器指令设计：当 I0.0 动作时，Q0.0～Q0.7 每隔 1 s 依次输出 1，8 s 后全部输出完成。

7-3　当 I0.0 接通时，定时器 T32 开始定时，产生每秒一次的周期脉冲。T32 每次定时时间到时调用一个子程序，在子程序中将 IB1 送入 VB0，设计主程序和子程序。

7-4　编写一段程序，检测传输带上通过的产品数量，当产品数量达到 100 个时，停止传输带。

7-5　设计程序，当 I0.0 动作时，使用 0 号中断，在中断程序中将 0 送入 VB0。

7-6　用定时器 T32 进行中断定时，控制接在 Q0.0～Q0.7 的 8 根霓虹灯管循环左移亮起，每秒移动一次，设计程序。

7-7　编写一段程序，用定时中断 0 实现每隔 4 s VB0 加 1。

7-8　编写一段程序，用 Q0.0 发出 10 000 个周期为 50 μs 的 PTO 脉冲。

项目 8
S7-200 SMART PLC 的应用

教学导航

教	建议课时	12
	推荐教学方法	1. 基于项目实施的行动导向教学法； 2. 以 S7-200 SMART PLC 的应用为项目，引导学生学习 S7-200 SMART PLC 的相关知识
	重点	1. S7-200 SMART PLC 与 S7-200 PLC 的区别； 2. S7-200 SMART PLC 的简单编程应用
	难点	电动机基本控制项目的实施
学	推荐学习方法	1. 线上、线下学习相结合； 2. 边学边做，小组讨论
	学习目标	1. 掌握 S7-200 SMART PLC 的结构； 2. 掌握 S7-200 SMART PLC 的以太网组态方法； 3. 掌握 S7-200 SMART PLC 的编程软件使用； 4. 掌握 S7-200 SMART PLC 的基本指令编程应用。 5. 会利用 S7-200 SMART PLC 完成简单 PLC 控制系统的设计与调试

8.1 S7-200 SMART PLC 的认识

西门子公司自 2017 年起停止生产 S7-200 PLC，而且针对中国市场的大量需求，推出了 S7-200 smart 系列高性价比、小型的 PLC,其设计基础是已广泛使用的 S7-200 PLC，与 S7-200 PLC 相同，S7-200 SMART PLC 的本体仍然采用整体式结构，集成了一定数量的数字量 I/O 点，与 S7-200 PLC 最大的不同之处是，S7-200 SMART PLC 集成了一个 RJ45 以太网端口和一个 RS485 端口，其外观如图 8-1 所示。

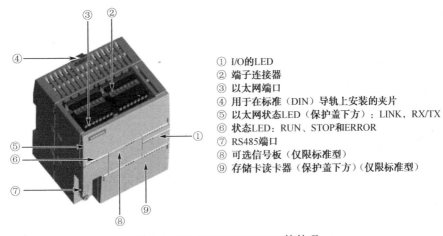

① I/O的LED
② 端子连接器
③ 以太网端口
④ 用于在标准（DIN）导轨上安装的夹片
⑤ 以太网状态LED（保护盖下方）：LINK，RX/TX
⑥ 状态LED：RUN、STOP和ERROR
⑦ RS485端口
⑧ 可选信号板（仅限标准型）
⑨ 存储卡读卡器（保护盖下方）（仅限标准型）

图 8-1 S7-200 SMART PLC 的外观

8.1.1 型号含义

S7-200 SMART CPU 分为紧凑型和标准型，共计 14 个 CPU 型号，其型号含义如下。

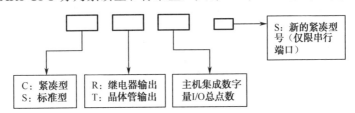

主要型号有：CPU SR20、CPU ST20、CPU CR20s；CPU SR30、CPU ST30、CPU CR30s；CPU SR40、CPU ST40、CPU CR40s；CPU SR60、CPU ST60、CPU CR60s。

8.1.2 技术参数

以常用的标准型可扩展 CPU 为例，其性能规格如表 8-1 所示。

表 8-1 标准型可扩展 CPU 的性能规格

特性		CPU SR20，CPU ST20	CPU SR30，CPU ST30	CPU SR40，CPU ST40	CPU SR60，CPU ST60
尺寸：W×H×D/mm		90×100×81	110×100×81	125×100×81	175×100×81
用户存储器	程序/KB	12	18	24	30

用户存储器	用户数据/KB	8	12	16	20
	保持性	最大 10 KB	最大 10 KB	最大 10 KB	最大 10 KB
板载数字量 I/O	● 输入 ● 输出	● 12 DI ● 8 DQ	● 18 DI ● 12 DQ	● 24 DI ● 16 DQ	● 36 DI ● 24 DQ
扩展模块		最多 6 个	最多 6 个	最多 6 个	最多 6 个
信号板/个		1	1	1	1
高速计数器（总共 6 个）	单相	4 个，200 kHz 2 个，30 kHz	5 个，200 kHz 1 个，30 kHz	4 个，200 kHz 2 个，30 kHz	4 个，200 kHz 2 个，30 kHz
	A/B 相	2 个，100 kHz 2 个，20 kHz	3 个，100 kHz 1 个，20 kHz	2 个，100 kHz 2 个，20 kHz	2 个，100 kHz 2 个，20 kHz
脉冲输出		2 个，100 kHz	3 个，100 kHz	3 个，100 kHz	3 个，100 kHz
PID 回路/个		8	8	8	8
实时时钟，备用时间为 7 天		有	有	有	有

8.1.3　I/O 端接线

1. 输入端接线

S7-200 SMART PLC 与 S7-200 PLC 内部器件的表示方法基本相同，输入、输出器件用 I 和 Q 来表示，并且采用位寻址方式。但是 S7-200 SMART PLC 与 S7-200 PLC 的 I/O 端排列稍有不同，S7-200 SMART PLC 的输入端接线如图 8-2 所示，其输入点在上侧，输出点在下侧。输入端按电源接法的不同分为 PNP 型和 NPN 型两种。[N]和[L1]为交流电源接入端，电压为交流 120～240 V，为 PLC 提供电源。

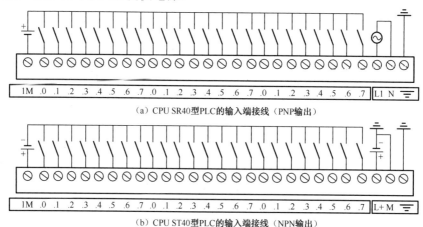

（a）CPU SR40型PLC的输入端接线（PNP输出）

（b）CPU ST40型PLC的输入端接线（NPN输出）

图 8-2　S7-200 SMART PLC 的输入端接线

2. 输出端接线

输出接口电路按类型分为继电器输出电路和晶体管输出电路。晶体管输出为直流 24V 输出（PNP 输出），继电器输出根据负载不同可以接交流电源，也可以接直流电源，在输出端有一组[M]/[L+]，这是直流 24V 电源的输出端子，可为外部传感器提供电源，如图 8-3 所示。

由此可知在继电器的输出类型中，输出点也是分组安排的，每组可以接交流电源，也可以接直流电源，而且每组的电源电压可以不同。由于继电器在输出接口电路中起作用的是一

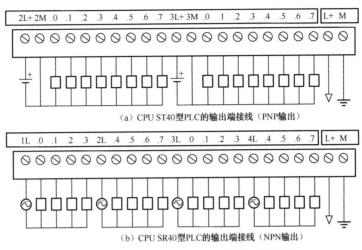

（a）CPU ST40型PLC的输出端接线（PNP输出）

（b）CPU SR40型PLC的输出端接线（NPN输出）

图 8-3　S7-200 SMART PLC 的输出端接线

对干接点，所以对电流流向没有要求。

8.1.4　内部器件

与 S7-200 PLC 相同，S7-200 SMART PLC 的内部器件也分为输入继电器 I、输出继电器 Q、变量存储器 V、内部标志位存储器 M、定时器 T、计数器 C、高速计数器 HC、累加器 AC、特殊存储器 SM、局部变量存储器 L、模拟量输入 AI、模拟量输出 AQ、顺序控制继电器 S。

8.1.5　以太网通信

S7-200 SMART PLC 使用指定的编程软件 STEP 7-Micro/WIN SMART。S7-200 SMART PLC 的 CPU 固件与 S7-200 PLC 的 CPU 固件的最大区别是增加了 PROFINET 以太网通信功能。CPU SR20、CPU ST20、CPU SR30、CPU ST30、CPU SR40、CPU ST40、CPU SR60、CPU ST60 都支持以太网通信，也支持 RS485 通信。以太网通信支持编程设备与 CPU 的数据交换、HMI 与 S7-200 SMART CPU 的数据交换、S7-200 SMART CPU 与其他 S7-200 SMART CPU 的对等通信、S7-200 SMART CPU 与其他具有以太网功能的设备的开放式用户通信、使用 PROFINET 设备的 PROFINET 通信。

8.2　以太网组态

S7-200 CPU 不需要进行硬件组态，连接扩展模块后在 STEP 7-Micro/WIN 软件中的 CPU 信息里可以看到扩展模块的信息和 I/O 地址；而 S7-200 SMART CPU 需要根据实际硬件，在 STEP 7-Micro/WIN SMART 软件中的系统块里组态扩展模块及其参数。CPU CR20s、CPU CR30s、CPU CR40s 和 CPU CR60s 无以太网端口，不支持与以太网通信相关的所有功能。SR 型 CPU 使用以太网通信时，有 3 种不同类型的选项。

（1）将 CPU 连接到编程设备。

（2）将 CPU 连接到 HMI。

（3）将 CPU 连接到另一个 S7-200 SMART CPU。

以下以 CPU SR40 为例介绍以太网通信的设备组态。

编程设备或 HMI 与 CPU 之间的直接连接不需要以太网交换机，单个 CPU 不需要硬件配置，而如果想要在同一个网络中安装多台 CPU 或 HMI，则必须使用以太网交换机，并将默认 IP 地址更改为新的唯一的 IP 地址。

8.2.1　与编程设备、HMI 和 CPU 的单独通信

使用网线将 PLC 通过以太网端口直接连至其他设备，如图 8-4 所示。

图 8-4　使用网线将 PLC 通过以太网端口直接连至其他设备

打开编程软件 STEP 7-Micro/WIN SMART，单击"系统块"对话框中的"通信"命令，组态对应 PLC 模块，以太网端口（IP 地址）可以默认，也可以自定义，设置背景时间，如图 8-5 所示。

图 8-5　组态 CPU 并设置以太网端口或 RS485 端口、背景时间

如图 8-5 所示，根据现场实际设备选择 PLC 的型号为 CPU SR40。在"以太网端口"选区设置 IP 地址为 192.168.2.1，设备使用此 IP 地址与编程设备传送和接收数据包；子网掩码 255.255.255.0 通常适用于本地网络；默认网关是局域网之间的链路；站名称是在网络上定义的 CPU 名称，请使用有助于识别 CPU 的名称。

在"系统块"对话框中可根据程序要求设置数字量输入、输出过滤器的时间，保持范围、安全及启动模式，如图 8-6 和图 8-7 所示。

设置完毕，可将系统块下载至连接的 PLC。

8.2.2　与两台以上的 CPU 或 HMI 连接

当 CPU 与两台以上的 CPU 或 HMI 连接时，需要使用以太网交换机或路由器来实现网络

图 8-6　设置保持范围

图 8-7　设置 CPU 启动后的模式

连接，通过以太网交换机连接两台以上的 CPU 或 HMI 如图 8-8 所示。

可以使用导轨安装的西门子的 4 端口以太网交换机 CSM1277 来连接多台 CPU、HMI 和计算机设备。使用网线将 PLC 通过以太网端口直接连至带以太网端口的 PLC 及 HMI。

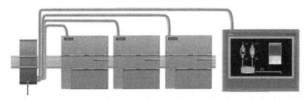

图 8-8　通过以太网交换机连接两台以上的 CPU 或 HMI

所有的 PLC 和 HMI 必须在同一个网段内才能通信。此时需要设置每台设备的 IP 地址，使 IP 地址的前 3 个 8 位相同，最后一个 8 位不同，即每台设备有唯一的地址。如果编程设备正在使用连接到工厂局域网（可能是万维网）的网络适配器卡，那么编程设备和 CPU 必须处在同一个子网中。IP 地址与子网掩码相结合即可指定设备的子网。网络 ID 是 IP 地址的第一部分（前 3 个 8 位位组，如 211.154.184.16），它决定用户所在的 IP 网络。子网掩码的值通常为 255.255.255.0，然而由于计算机处在工厂的局域网中，子网掩码可能有不同的值（如 255.255.254.0）以设置唯一的子网。子网掩码通过与设备的 IP 地址进行逻辑 AND 运算来定义 IP 子网的边界。在万维网的环境下，编程设备、网络设备和路由器可与全世界通信，但必须分配唯一的 IP 地址以避免与其他网络用户冲突。

8.3　通信指令

S7-200 SMART PLC 的位逻辑指令与 S7-200 PLC 的基本一致，有极少数不同之处，主要体现在与通信相关的指令上，以下介绍部分指令。

8.3.1　以太网通信指令

S7-200 SMART CPU 使用 GET 和 PUT 指令进行 CPU 与 CPU 之间的通信。

GET 指令启动以太网端口上的通信操作，从远程设备（TABLE）读取数据。GET 指令可以从远程设备读取最多 222 字节的数据。

PUT 指令启动以太网端口上的通信操作，将数据写入远程设备（TABLE）。PUT 指令可以向远程设备写入最多 212 字节的数据。以太网通信指令如图 8-9 所示。

程序中可以有任意数量的 GET 和 PUT 指令，但在同一时间最多只能激活共 16 个 GET 和 PUT 指令。当执行 GET 或 PUT 指令时，CPU 与 GET 或 PUT 表中的远程 IP 地址建立以太网连接。该 CPU 可同时保持最多 8 个连接。连接建立后，该连接将一直保持到 CPU 进入停止状态为止。

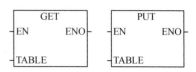

图 8-9　以太网通信指令

GET 和 PUT 指令处于处理中/激活/繁忙状态或仅保持与其他设备的连接时，会需要额外的后台通信时间。所需的后台通信时间取决于处于激活/繁忙状态的 GET 和 PUT 指令数量、GET 和 PUT 指令的执行频率，以及当前打开的连接数量。如果通信性能不佳，那么应当将后台的通信时间调整为更高的值。

8.3.2　开放式用户通信指令

开放式用户通信提供了一种机制，能让程序通过以太网发送与接收消息，其常用的通信方式有 TCP、UDP 和 ISO-on-TCP 3 种。开放式用户通信编程可以通过指令或者调用开放式用户通信的指令库，使通信数据量达到 1 024 字节。STEP 7-Micro/WIN SMART 开放式用户通信指令分为 OUC 指令块与 OUC 指令库文件中的 "Open User Communication" 库指令，建议使用库指令，这是 STEP 7-Micro/WIN SMART 软件自带的库指令，而 S7-200 PLC 的软件没有该通信指令。库文件中的 "Open User Communication" 库指令提供以下 8 条指令，如图 8-10 所示。

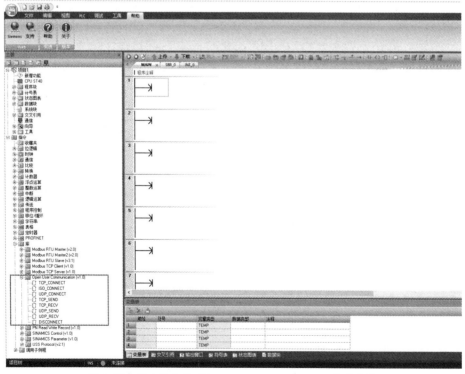

图 8-10　库文件中的 "Open User Communication" 库指令

8.4　STEP 7-Micro/WIN SMART 编程软件

8.4.1　编程软件的安装和使用

目前推行的 STEP 7-Micro/WIN SMART 编程软件适用于西门子 S7-200 SMART PLC，该软件功能强大、界面友好，还兼具联机帮助功能，不仅可以开发用户程序，还能实时监控用户程序的执行状态。

编程软件 STEP 7-Micro/WIN SMART V2.5 可以在西门子公司网站（www.ad.siemens.com.cn）免费下载，该软件对计算机系统的要求如下：兼容机为 IBM 486 以上，内存为 8 MB 以上，显示器为 VGA，硬盘空间为 50 MB 以上，操作系统为 Windows XP 以上。建议在安装软件之前先关闭所有的应用程序，尤其是可能影响安装的"360 安全卫士"这类软件和杀毒软件，否则在安装时可能会出错。接着双击配套资源的文件夹"STEP 7-Micro WIN SMART V2.5"中的文件 setup.exe，开始安装软件，安装的主要步骤如下。

（1）选择安装语言。在弹出的"安装"对话框中选择在安装过程中使用的语言，系统默认语言为中文（简体），可根据需要修改编程语言。

（2）接受安装许可协议。根据安装向导中的提示完成各对话框的设置后单击"下一步"按钮。在"许可证协议"对话框中勾选"我接受许可证协议和有关安全的信息的所有条件"复选框。

（3）选择安装的目标路径。在"选择目的地位置"对话框中单击"浏览"按钮可以修改安装软件的目标文件夹，单击"安装"按钮开始安装。在"安装完成"对话框中，可以选择是否阅读自述文件和是否启动软件。单击"完成"按钮，结束安装过程。

安装好编程软件首次打开时，在软件界面会自动显示合并为两组的 6 个窗口，分别是符号表、状态图表、数据块、变量表、交叉引用和输出窗口，合并的窗口下面是标有窗口名称的窗口选项卡，单击某个窗口选项卡，将会显示该窗口。

单击当前显示的窗口右上角的 × 按钮，可以关闭该窗口。双击项目树中或单击浏览条中的某个窗口对象，可以打开对应的窗口。单击"编辑"菜单，单击其中"插入"组中的"对象"按钮，在出现的下拉式列表中单击某个对象，也能打开它。新打开的窗口状态（与其他窗口合并，停靠或浮动）与该窗口上次关闭之前的状态相同。

项目树与上述各个窗口都能浮动或停靠，还可以排列在屏幕上。单击单独的或被合并的窗口的标题栏，按住鼠标左键不放，移动鼠标，窗口变为浮动状态，并随光标一起移动。松开鼠标左键，浮动的窗口被放置在屏幕上当前的任意位置，这种操作被称为"拖放"。

拖放被合并的任一窗口选项卡，其窗口脱离其他窗口，成为单独的浮动窗口。可以同时让多个窗口在任意位置浮动。

S7-200 PLC 的编程软件同时只能显示程序编辑器窗口、符号表、数据块和交叉引用中的一个，而 S7-200 SMART PLC 编程软件中的变量表、输出窗口、交叉引用、数据块、符号表、状态图表都可以浮动、隐藏和停靠在程序编辑器窗口或软件界面的四周，它们浮动时可以调节表格的大小和位置，可以同时打开和显示多个窗口。项目树也可以浮动、隐藏和停靠在其他位置。

8.4.2　编程软件的主界面

STEP 7-Micro/WIN SMART 编程软件的主界面一般可分为下面几个区：标题栏、菜单栏、

工具条、浏览条、项目树、指令树、输出窗口、状态栏和程序编辑器窗口，如图8-11所示。除了菜单栏，用户可以按需决定其他窗口的取舍与样式。

1. 菜单栏

STEP 7-Micro/WIN SMART 窗口的菜单栏包括文件、编辑、视图、PLC、调试、工具、帮助菜单，菜单栏的下方两行为工具条中的按钮，其他地方为窗口信息显示区。在图 8-11 所示的菜单栏中，可以单击或采用对应的热键操作，打开各项菜单，其功能如下。

（1）文件。"文件"菜单中有新建、打开、关闭、保存、导入、导出、上传、下载、页面设置、打印、预览等按钮。

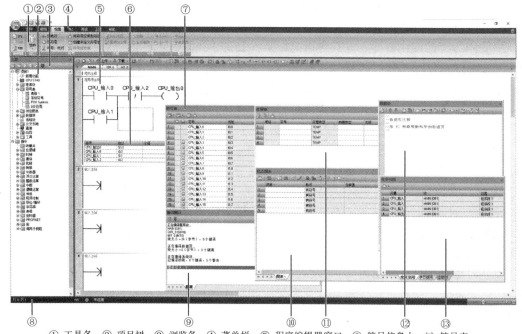

① 工具条；② 项目树；③ 浏览条；④ 菜单栏；⑤ 程序编辑器窗口；⑥ 符号信息表；⑦ 符号表；
⑧ 状态栏；⑨ 输出窗口；⑩ 状态图表；⑪ 变量表；⑫ 数据块；⑬ 交叉引用。

图 8-11　STEP 7-Micro/WIN SMART 编程软件的主界面

（2）编辑。"编辑"菜单中有程序块或数据块的选择、撤销、剪切、复制、粘贴等命令，用于程序的修改操作，还可以提供插入、删除、查找、替换、转到、快速光标定位等功能。

（3）视图。"视图"菜单的功能主要有：选择在程序数据显示窗口区显示不同的程序编辑器窗口，如显示语句表、梯形图、功能图；显示数据块、符号表、系统块、交叉引用、通信参数窗口并设置；在工具条中可以选择是否显示浏览条、指令树及输出窗口；执行"缩放图像"命令可以设置程序数据显示窗口区显示的百分比等内容；设置程序块的属性。

（4）PLC。"PLC"菜单用于建立与 PLC 联机时的相关操作，如用软件改变 PLC 的工作模式、编译用户程序、清除 PLC 程序、暖启动、显示 PLC 信息及设置 PLC 类型等。

（5）调试。"调试"菜单用于联机形式的动态调试，有单次扫描、多次扫描、程序状态等命令。

（6）工具。"工具"菜单提供复杂指令向导（PID 指令、运动指令、高速计数器指令）、运动控制面板、PID 控制面板，以及 SMART 驱动器组态的设置等。

（7）帮助。"帮助"菜单提供 S7-200 SMART PLC 的指令系统及编程软件的所有信息，同时提供在线帮助和网上查询、访问、下载等功能，并且在执行操作的步骤时都可以按"F1"键来显示在线帮助，大大方便了用户的使用。帮助功能的主要使用方法如下。

① 在线帮助。选中对象后按"F1"键。

② 用"帮助"菜单获得帮助。单击"帮助"菜单中的"帮助"选项，打开"在线帮助"窗口。

③ 用目录浏览器寻找帮助主题。

④ 双击索引中的某一关键词，可以获得有关帮助。

⑤ 在"搜索"栏中输入要查找的名词，单击"列出主题"选项，将列出所有查找到的主题。

（6）计算机联网时单击"帮助"菜单中的"支持"选项，打开西门子的全球技术支持网站。

2. 工具条、浏览条和指令树

STEP7-Micro/WIN SMART 提供了 2 行工具条中的按钮，用户也可以通过"工具"菜单自定义按钮和添加附加工具。

（1）工具条。标准工具条和指令工具条如图 8-12（a）、（b）所示，标准工具条中按钮的功能从左到右依次为创建新项目、打开现有项目、关闭当前项目、保存当前项目，从文本文件导入 POU 或数据块，将 POU 或数据块导出到文本文件，打开以前的项目文件；从 CPU 上传所有项目组件，将所有项目组件下载到 CPU；打印，打印预览，更改打印机和打印选项；用密码保护项目文件，用密码保护 POU，用密码保护数据页面；以现有程序组织单元创建库，添加或删除现有库，显示现有库的存储器分配；GSDML 管理。

（a）标准工具条

（b）指令工具条

图 8-12　工具条

指令工具条提供与编程相关的按钮，主要有编程元件类按钮和网络的插入、删除，切换POU 注释、切换程序段注释、切换符号信息表等按钮。不同程序编辑器的指令工具条中的内容不同。

（2）浏览条。在浏览条中设置了控制程序特性的按钮，包括程序块显示、符号表、状态图表、数据块、系统块、交叉参考、通信等控制按钮。

（3）指令树。以树形结构提供所有项目对象和当前编程器的所有指令。双击指令树中的指令符，能自动在梯形图显示区的光标位置插入所选的梯形图指令（在语句表程序中，指令树只作为参考）。

3. 程序编辑器窗口

程序编辑器窗口包含项目所用编辑器的变量表、符号表、状态图表、数据块、交叉引用

程序视图（梯形图、功能图或语句表）和制表符。制表符在指令工具条的下方，可在制表符上单击，使编程器显示区的程序在子程序、中断程序及主程序之间移动。西门子 S7-200 SMART PLC 与 S7-200 PLC 的程序编辑器窗口的使用方法相似，这里不再赘述。

8.5 程序编辑与运行

1. 建立项目（用户程序）

（1）打开已有项目。打开已有项目的常用方法有两种：第一种，展开"文件"下拉菜单，单击"打开"按钮，在打开的对话框中选中项目名称，单击"打开"按钮；第二种，展开"文件"下拉菜单，最近项目的名称在"文件"下拉菜单中列出，可直接打开。

（2）创建新项目。创建新项目的方法有 3 种：单击"新建"快捷按钮；打开左上角图标"文件"菜单，单击"新建"按钮，建立一个新项目；单击浏览条中的"程序块"按钮，新建一个"STEP7-Micro/WIN SMART"项目。

（3）确定 CPU 的型号。打开或新建一个项目，在开始写程序之前，可以选择 CPU 的型号。选择 CPU 的型号有两种方法：在项目树中右击项目 1 下的 CPU，在弹出的对话框中单击"打开"按钮，即弹出"系统块"对话框，在其中选择所用的 CPU 型号后，单击"确认"按钮；直接双击项目树下的"系统块"命令，进入"系统块"对话框，在其中选择所用的 CPU 型号，如图 8-13 所示。

（4）硬件组态。硬件组态的任务就是用系统块生成一个与实际的硬件系统相同的系统，组态的模块和信号板与实际的硬件安装位置和型号最好完全一致。硬件组态时，还需要设置各个模块和信号板的参数，即给参数赋值。硬件组态给出了 PLC 的 I/O 点的地址，为设计用户程序打下了基础。

图 8-13　选择所用的 CPU 型号

2. 梯形图编辑器

S7-200 SMART PLC 的梯形图的工作原理与梯形图的排布规则均与 S7-200 PLC 的相似，这里不再赘述。

（1）在梯形图中输入指令（编程元件）。编程元件包括线圈、触点、指令盒、导线等，

程序一般是按顺序输入的，即自上而下、自左而右地在光标所在处放置编程元件，也可以移动光标在任意位置输入编程元件。每输入一个编程元件，光标自动向前移到下一列，换行时单击下一行的位置移动光标。梯形图编程器如图 8-14 所示。图中"⊢——➤"表示一个梯形图的开始；"——➤"表示可以继续输入编程元件。

　　输入编程元件有双击、拖放指令树、单击工具条中的按钮和快捷键操作等若干方法。在梯形图编辑器中，单击工具条中的按钮或按快捷键 F4（触点）、F6（线圈）、F9（指令盒）及双击指令树中的指令均可以输入编程元件。

　　（2）编辑程序。编辑程序包括程序的剪切、复制、粘贴、插入、删除及字符串替换、查找等。

　　插入和删除程序的选项有行、列、阶梯、向下分支的竖直垂线、中断程序和子程序等。插入和删除程序的方法有两种：一种是在程序编辑区右击，弹出图 8-15 所示的快捷菜单，单击其中的"插入"或"删除"选项，在弹出的子菜单中单击"插入"或"删除"选项来编辑程序；另一种是单击"编辑"菜单中的"插入"或"删除"按钮，弹出子菜单后，单击要插入或删除的选项来编辑程序。

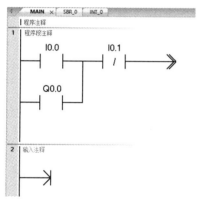
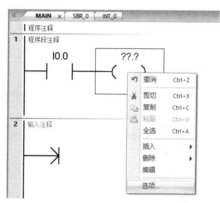

图 8-14　梯形图编程器　　　　　图 8-15　程序编辑快捷菜单

　　复制和粘贴程序可以单击"编辑"菜单中的"复制"和"粘贴"按钮，也可以单击工具条中的"复制"和"粘贴"按钮，还可以选中复制的内容后右击，在弹出的快捷菜单中单击"复制"选项，然后粘贴。

　　（3）程序的编译及上传、下载。用户程序编辑完成后，展开"PLC"下拉菜单或单击工具条中的"编译"按钮编译程序，编译完成后，在显示器下方的输出窗口中显示编译结果，并能明确指出错误的网络段，可以根据错误提示修改程序，然后再次编译，直至编译无误。

　　用户程序编译成功后，单击标准工具条中的"下载"按钮，或者打开"文件"菜单，选择"下载"选项，弹出"下载"对话框，选择所需下载的内容后，单击"下载"按钮，将选择的内容下载到 PLC 的存储器中。

　　上传指令的功能是将 PLC 中未加密的程序或数据向上送入编程器。上传方法是单击标准工具条中的"上传"按钮，或者打开"文件"菜单，选择"上传"选项，弹出"上传"对话框，选择所需上传的内容后，可在程序显示窗口上传 PLC 的内部程序和数据。

　　（4）程序的运行及监控。单击工具条中的"运行"按钮 ▶，自动弹出是否运行的对话框，确认运行后，单击"是"按钮，CPU 开始运行用户程序，CPU 上运行指示灯的绿灯亮，停止指示灯的黄灯灭。单击工具条中的"程序状态"按钮，这时程序图中梯形图的闭合触点和

通电线圈的内部颜色变蓝（呈阴影状态）。在 PLC 的运行工作状态，随输入条件的改变，定时及计数过程的进行，在每个扫描周期的输出处理阶段，刷新各个器件的状态，可以动态地显示各个定时器、计数器的当前值，并用阴影表示触点和线圈的通电状态，以便在线动态观察程序的运行。对梯形图运行状态的监控如图 8-16 所示。

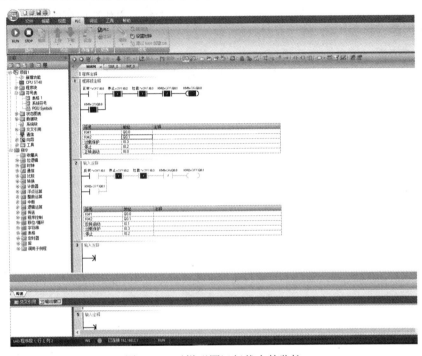

图 8-16　对梯形图运行状态的监控

8.6　S7-200 SMART PLC 控制电动机运行

8.6.1　电动机的正、反转控制

1. I/O 分配及电路设计

三相异步电动机正转、反转、停止的主电路图如图 8-17 所示。以 CPU SR40 型的 S7-200 SMART PLC 为例，其 PLC 控制的 I/O 分配表及外部接线图如表 8-2 及图 8-18 所示。电动机在正、反转切换时，为了防止因主电路的电流过大，或接触器的质量不好，某一接触器的主触点被断电时产生的电弧熔焊而黏结，其线圈断电后主触点仍然是接通的，这时，如果另一接触器的线圈通电，将造成三相电源短路的事故。为了防止这种情况出现，应在 PLC 的外部设置由 KM1 和 KM2 的常闭触点组成的硬件互锁电路，假设 KM1 的主触点被电弧熔焊，这时其辅助常闭触点处于断开状态，因此 KM2 的线圈不可能得电。

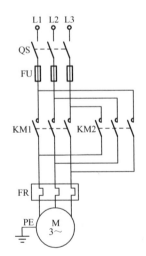

图 8-17　三相异步电动机正转、反转、停止的主电路图

表 8-2 PLC 控制的 I/O 分配表

输入信号			输出信号		
名称	功能	地址	名称	功能	地址
SB2	正转启动按钮	I0.0	KM1	正转运行接触器	Q0.0
SB3	反转启动按钮	I0.1	KM2	反转运行接触器	Q0.1
SB1	停止按钮	I0.2			
FR	过载保护	I0.3			

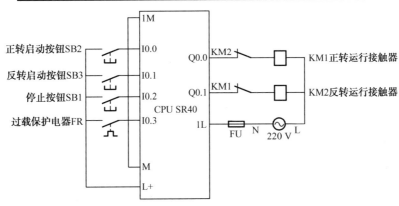

图 8-18 PLC 控制的外部接线图

2. 程序设计

采用 PLC 控制的梯形图的程序如图 8-19 所示。在图 8-19 中，利用 PLC 中输入映像寄存器 I0.0 和 I0.1 的常闭触点实现互锁，以防止正、反转换接时发生相间短路。

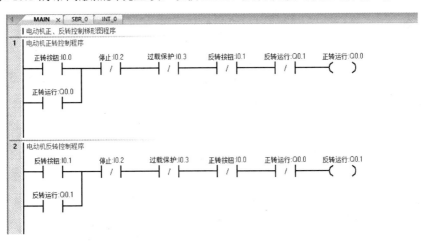

图 8-19 采用 PLC 控制的梯形图的程序

按正转启动按钮 SB2，网络 1 中 I0.0 的常开触点闭合，驱动 Q0.0 的线圈并自锁，通过输出电路，接触器 KM1 通电吸合，电动机正向启动并稳定运行。

按反转启动按钮 SB3，网络 1 中 I0.1 的常闭触点断开，Q0.0 的线圈失电，KM1 失电释放，同时 I0.1 的常开触点闭合，接通 Q0.1 的线圈并自锁，通过输出电路，接触器 KM2 通电吸合，电动机反向启动，并稳定运行。

按停止按钮 SB1，或过载保护电器 FR 动作，都可使 KM1 或 KM2 失电释放，电动机停止运行。

8.6.2 电动机 Y-△形降压启动的 PLC 控制

电动机 Y-△形降压启动是应用最广泛的启动方式，图 8-20 所示为电动机 Y-△形降压启动的电气控制电路图，现在用 S7-200 SMART PLC 来实现控制。

1. I/O 分配及电路设计

（1）设计主电路。主电路仍然是电气控制的主电路，如图 8-20（a）所示。

（2）设计 I/O 分配。电动机 Y-△形降压启动的 I/O 分配表如表 8-3 所示，设计其 PLC 接线图，如图 8-21 所示。

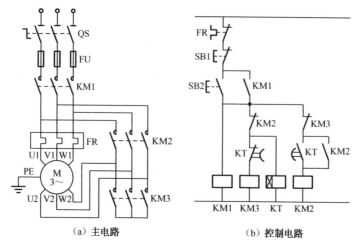

图 8-20　电动机 Y-△形降压启动的电气控制电路图

表 8-3　电动机 Y-△形降压启动的 I/O 分配表

输入信号			输出信号		
名称	功能	地址	名称	功能	地址
SB2	启动按钮	I0.0	KM1	电源接触器	Q0.0
SB1	停止按钮	I0.1	KM2	Y 形启动接触器	Q0.1
FR	过载保护	I0.2	KM3	△形运行接触器	Q0.2

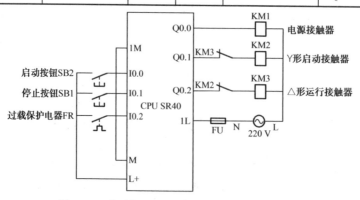

图 8-21　电动机 Y-△形降压启动的 PLC 接线图

2. 程序设计

根据电动机 Y-△ 形降压启动的控制要求，按启动按钮 SB2，电源接触器和 Y 形启动接触器得电，即 Q0.0、Q0.1 得电，电动机的定子绕组接成 Y 形降压启动，同时定时器启动，延时时间到，Q0.1 失电、Q0.2 得电，电动机的定子绕组接成 △ 形正常运行，设计的梯形图如图 8-22 所示。

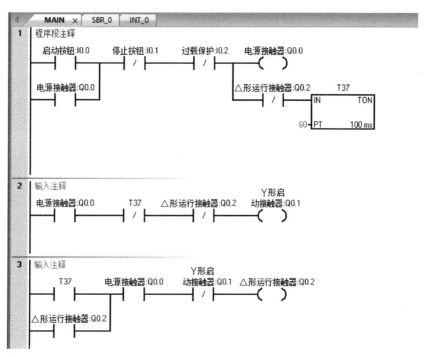

图 8-22　电动机 Y-△ 形降压启动的梯形图

练习与思考题 8

8-1　使用 S7-200 SMART PLC 实现电动机的混合控制，既可以点动控制，又可以长动控制。I0.0 接点动按钮 SB3，I0.1 接长动启动按钮 SB2，I0.2 接长动停止按钮 SB1。Q0.0 为输出点，控制电动机运转。试画出其 PLC 接线图与程序。

8-2　使用 S7-200 SMART PLC 完成一台电动机的延时启动、延时停止控制，要求：按启动按钮 SB2，延时 3 s 电动机启动；按停止按钮 SB1，延时 5 s 电动机停止，电动机控制的输出点为 Q0.0。

8-3　使用 S7-200 SMART PLC 设计一个两台电动机的顺序控制系统：每按一次启动按钮启动一台电动机；每按一次停止按钮，停掉最后启动的那台电动机；按紧急停止按钮，停止所有的电动机。I0.0 接启动按钮，I0.1 接停止按钮，I0.2 接紧急停止按钮，Q0.0～Q0.1 为电动机控制的输出点。

8-4　单按钮控制：利用一个按钮控制电动机的启动与停止，I0.0 第一次接通时 Q0.0 输出，电动机运转；I0.0 第二次接通时 Q0.0 关断输出，电动机停止。

附录 A　常用电气图形符号和文字符号

名　　称	图形符号（GB/T 4728—2018）	文字符号（GB/T 20939—2007）
直流电		
交流电		
具有交流分量的整流电流		
正、负极性	+ ─	
连线、连接		
3 根导线	或 3	
T 形连接	或	
导线的双重连接	或	
端子	○	
端子板		XT
阴接触件（插座）		XS
阳接触件（插头）		XP
电阻器		R
可调电阻器		R
带滑动触点的电位器		RP
电容器		C
极性电容器		C
可调电容器		C
电感器、线圈、绕组、扼流圈		L
带磁芯的电感器		L

续表

名　称	图形符号（GB/T 4728—2018）	文字符号（GB/T 20939—2007）
带固定抽头的电感器		L
半导体二极管		VD
发光二极管		VD
单向击穿二极管 齐纳二极管		VZ
双向击穿二极管		VD
双向二极管		VD
无指定形式的三极晶体闸流管		VT
反向阻断三极晶体闸流管		VT
PNP 型半导体管		V
具有 P 型双基极的单结半导体管		V
N 型沟道结型场效应半导体管		V
△形连接的三相绕组		
Y 形连接的三相绕组		
中性点引出的 Y 形连接的三相绕组		
直线电动机		M
步进电动机		M
直流串励电动机		M
直流并励电动机		M

名　　称	图形符号（GB/T 4728—2018）	文字符号（GB/T 20939—2007）
单相串励电动机		M
三相笼型感应电动机		M 3~
三相绕线式转子感应电动机		M 3~
双绕组变压器	或	T
单相自耦变压器	或	T
扼流圈、电抗器		L
电流互感器、脉冲变压器	或	TA
绕组间有屏蔽的双绕组单相变压器		T
三相自耦变压器的 Y 形连接	或	T
电压互感器	或	TV
动合（常开）触点	或	Q
动断（常闭）触点		Q
当操作器件被吸合时延时闭合的动合触点		KT
当操作器件被释放时延时断开的动合触点		KT

续表

名　　称	图形符号（GB/T 4728—2018）	文字符号（GB/T 20939—2007）
当操作器件被吸合时延时断开的动断触点		KT
当操作器件被释放时延时闭合的动断触点		KT
当操作器件被吸合时延时断开、被释放时延时闭合的动断触点		KT
手动操作开关		SA
具有动合触点且自动复位的按钮开关		SB
具有动合触点但无自动复位的旋转开关		SA
位置开关的动合触点		SQ
位置开关的动断触点		SQ
接触器的主动合触点		KM
接触器的主动断触点		KM
断路器		QF
隔离开关		QS
具有中间断开位置的双向隔离开关		QS
负荷开关		QS

续表

名 称	图形符号（GB/T 4728—2018）	文字符号（GB/T 20939—2007）
热继电器的动断触点		FR
操作器件的一般符号 继电器线圈的一般符号		KA
缓慢释放继电器线圈		KT
缓慢吸合继电器线圈		KT
缓吸和缓放继电器线圈		KT
热继电器的驱动器件		FR
零电压继电器	$U=0$	KA
过流继电器	$I>$	KA
欠压继电器	$U<$	KA
接近传感器		SQ
接近开关的动合触点		SQ
接近开关的动断触点		SQ
熔断器		FU
灯、信号灯		HL
电喇叭		HA
电铃		HA

名　称	图形符号（GB/T 4728—2018）	文字符号（GB/T 20939—2007）
报警器		HA
蜂鸣器		HA
电磁离合器		YC
电磁阀		YV
电磁制动器		YB

附录 B   S7-200 系列特殊存储器标志位

1. SMB0：状态位

SMB0 有 8 个状态位，在每个扫描周期的末尾，由 S7-200 PLC 更新这些位。特殊存储器字节 SMB0（SM0.0～SM0.7）如表 B-1 所示。

表 B-1   特殊存储器字节 SMB0（SM0.0～SM0.7）

SM 位	描述（只读）
SM0.0	该位始终为 1
SM0.1	该位在首次扫描时为 1，其用途之一是调用初始化子程序
SM0.2	若保持数据丢失，则该位在一个扫描周期中为 1，该位可用作错误存储器位，或用来调用特殊启动顺序功能
SM0.3	开机后进入运行工作方式，该位将动作，常开触点接通一个扫描周期，该位可在启动操作之前给设备提供一个预热时间
SM0.4	该位提供了一个时钟脉冲，30 s 为 1，30 s 为 0，周期为 1 min，它提供了一个简单易用的延时或 1 min 的时钟脉冲
SM0.5	该位提供了一个时钟脉冲，0.5 s 为 1，0.5 s 为 0，周期为 1 s，它提供了一个简单易用的延时或 1 s 的时钟脉冲
SM0.6	该位为扫描时钟，本次扫描时置 1，下次扫描时置 0，可用作扫描计数器的输入
SM0.7	该位指示 CPU 工作方式开关的位置（0 为 TERM 位置，1 为 RUN 位置），当开关在 RUN 位置时，用该位可使自由口的通信方式有效，那么当切换至 TERM 位置时，同编程设备的正常通信也会有效

2. SMB1：状态位

SMB1 包含了各种潜在的错误提示，这些位可由指令在执行时进行置位或复位。特殊存储器字节 SMB1（SM1.0～SM1.7）如表 B-2 所示。

表 B-2   特殊存储器字节 SMB1（SM1.0～SM1.7）

SM 位	描述（只读）
SM1.0	当执行某些指令，其结果为 0 时，将该位置 1
SM1.1	当执行某些指令，其结果溢出或查出非法数值时，将该位置 1
SM1.2	当执行数学运算，其结果为负数时，将该位置 1
SM1.3	试图除以零时，将该位置 1
SM1.4	当执行 ATT（Add To Table）指令，试图超出表的范围时，将该位置 1
SM1.5	当执行 LIFO 或 FIFO 指令，试图从空表中读数时，将该位置 1
SM1.6	当试图把一个非 BCD 码数转换为二进制数时，将该位置 1
SM1.7	当 ASCII 码不能转换为有效的十六进制数时，将该位置 1

3. SMB2：自由口接收字符

SMB2 为自由口接收字符缓冲区。特殊存储器字节 SMB2 如表 B-3 所示，在自由口通信方式下，接收到的每个字符都放在这里，便于梯形图的程序存取。

表 B-3 特殊存储器字节 SMB2

SM 位	描述（只读）
SMB2	在自由口通信方式下，该字符缓冲区存储从口 0 或口 1 接收到的每一个字符

4. SMB3～SMB6

特殊存储器字节 SMB3～SMB6 如表 B-4～表 B-7 所示。

表 B-4 特殊存储器字节 SMB3

SM 位	描述（只读）
SM3.0	口 0 或口 1 的奇偶校验错误（0=无错；1=有错）
SM3.1～SM3.7	保留

表 B-5 特殊存储器字节 SMB4

SM 位	描述（只读）
SM4.0	当通信中断队列溢出时，将该位置 1
SM4.1	当输入中断队列溢出时，将该位置 1
SM4.2	当定时中断队列溢出时，将该位置 1
SM4.3	在运行时刻，发现编程问题时，将该位置 1
SM4.4	该位指示全局中断允许位，当允许中断时，将该位置 1
SM4.5	当（口 0）发送空闲时，将该位置 1
SM4.6	当（口 1）发送空闲时，将该位置 1
SM4.7	当发生强制置位时，将该位置 1

表 B-6 特殊存储器字节 SMB5

SM 位	描述（只读）
SM5.0	当有 I/O 错误时，将该位置 1
SM5.1	当 I/O 总线上连接了过多的数字量 I/O 点时，将该位置 1
SM5.2	当 I/O 总线上连接了过多的模拟量 I/O 点时，将该位置 1
SM5.3	当 I/O 总线上连接了过多的智能 I/O 模块时，将该位置 1
SM5.4～SM5.7	保留

表 B-7 特殊存储器字节 SMB6

SM 位	描述（只读）
格式	MSB LSB 7 0 | x | x | x | x | r | r | r | r | CPU 识别（ID）寄存器
SM6.0～SM6.3	保留

SM6.4～SM6.7	xxxx= 0000= CPU 222
	             0010= CPU 224
	             0110= CPU 221
	             1001= CPU 226/CPU 226XM

5. SMB7：保留

6. SMB8～SMB21：I/O 模块识别寄存器和模块错误寄存器

偶数位字节为模块识别（ID）寄存器，奇数位字节为模块错误寄存器。前者标记着模块类型、I/O 类型、I/O 点数；后者为对相应模块所测得的 I/O 错误提示。

特殊存储器字节 SMB8～SMB21 如表 B-8 所示。

表 B-8　特殊存储器字节 SMB8～SMB21

SM 位	描述（只读）
格式	偶数位字节：模块识别寄存器　　　　　奇数位字节：模块错误寄存器 MSB　　　　　　　LSB　　　　MSB　　　　　　　LSB 7　　　　　　　　0　　　　　7　　　　　　　　0 | m | t | t | a | i | i | q | q |　　　| c | 0 | 0 | b | r | p | f | t | m：模块存在　　0=有模块　　　c：配置错误　　　　0=无错误 　　　　　　　　1=无模块　　　b：总线错误或校验错误　1=有错误 tt：模块类型　　　　　　　　　r：超范围错误 　　00　非智能 I/O 模块　　　　p：无用户电源错误 　　01　智能模块　　　　　　　f：熔断器错误 　　10　保留　　　　　　　　　t：端子块松错误 　　11　保留 a：I/O 类型　　0=开关量 　　　　　　　　1=模拟量 ii：输入 　　00　无输入 　　01　2AI 或 8DI 　　10　4AI 或 16DI 　　11　8AI 或 32DI qq：输出 　　00　无输出 　　01　2AQ 或 8DQ 　　10　4AQ 或 16DQ 　　11　8AQ 或 32DQ
SMB8	模块 0 识别寄存器
SMB9	模块 0 错误寄存器
SMB10	模块 1 识别寄存器
SMB11	模块 1 错误寄存器
SMB12	模块 2 识别寄存器
SMB13	模块 2 错误寄存器
SMB14	模块 3 识别寄存器
SMB15	模块 3 错误寄存器
SMB16	模块 4 识别寄存器
SMB17	模块 4 错误寄存器
SMB18	模块 5 识别寄存器
SMB19	模块 5 错误寄存器
SMB20	模块 6 识别寄存器
SMB21	模块 6 错误寄存器

7. SMW22、SMW24 和 SMW26：扫描时间

SMW22、SMW24 和 SMW26 提供扫描时间信息：以毫秒计的最短扫描时间、最长扫描时间及上次扫描时间。

特殊存储器字节 SMW22、SMW24 和 SMW26 如表 B-9 所示。

表 B-9　特殊存储器字节 SMW22、SMW24 和 SMW26

SM 字	描述（只读）
SMW22	上次扫描时间
SMW24	进入运行工作方式后，所记录的最短扫描时间
SMW26	进入运行工作方式后，所记录的最长扫描时间

8. SMB28 和 SMB29：模拟电位器

特殊存储器字节 SMB28 和 SMB29 如表 B-10 所示。

表 B-10　特殊存储器字节 SMB28 和 SMB29

SM 位	描述（只读）
SMB28	存储模拟调节器 0 的输入值，在停止/运行工作方式下，每次扫描时更新该值
SMB29	存储模拟调节器 1 的输入值，在停止/运行工作方式下，每次扫描时更新该值

9. SMB30 和 SMB130：自由口控制寄存器

特殊存储器字节 SMB30 和 SMB130 如表 B-11 所示。

表 B-11　特殊存储器字节 SMB30 和 SMB130

口 0	口 1	描　　述		
SMB30 的格式	SMB130 的格式	自由口模式控制字节 MSB　　　　　　　　　　LSB 7　　　　　　　　　　　　0 | p | p | d | b | b | b | m | m |		
SM30.0 和 SM30.1	SM130.0 和 SM130.1	mm：协议选择　　00=点到点接口协议（PPI/从站模式） 01=自由口协议 10=PPI/主站模式 11=保留（默认是 PPI/从站模式） 注意：当选择 mm=10（PPI 主站）时，PLC 将成为网络的一个主站，可以执行 NETR 和 NETW 指令，在 PPI 模式下忽略 2～7 位		
SM30.2～SM30.4	SM130.2～SM130.4	bbb：自由口波特率	000=38 400 波特 001=19 200 波特 010=9 600 波特 011=4 800 波特	100=2 400 波特 101=1 200 波特 110=115 200 波特 111=57 600 波特
SM30.5	SM130.5	d：每个字符的数据位	0=8 位/字符 1=7 位/字符	
SM30.6 和 SM30.7	SM130.6 和 SM130.7	pp：校验选择	00=不校验 01=偶校验	10=不校验 11=奇校验

10. SMB31 和 SMW32：永久存储器（EEPROM）写控制

在用户程序的控制下可以把 V 存储器中的数据存入永久存储器，亦称非易失性存储器。先把被存数据的地址存入 SMW32，然后把存入命令存入 SMB31。一旦发出存储命令，则直到 CPU 完成存储操作，SM31.7 被置 0 之前，不可以改变 V 存储器中的值。

在每次扫描周期末尾，CPU 检查是否有向永久存储器存储数据的命令。如果有，则将该数据存入永久存储器。

特殊存储器字节 SMB31 和特殊存储器字 SMW32 如表 B-12 所示，SMB31 定义了存入永久存储器的数据大小，且提供了初始化存储操作的命令。SMW32 提供了被存数据在 V 存储器中的起始地址。

表 B-12　特殊存储器字节 SMB31 和特殊存储器字 SMW32

SM 位	描　述			
格式	SMB31:　　MSB　　　　　　　LSB 软件命令　　7　　　　　　　　0 　c　0　0　0　0　0　s　s SMW32:　　MSB　　　　　　　　　　　LSB V 存储器地址　15　　　　　　　　　　　　0 　　　　V 存储器地址			
SM31.0 和 SM31.1	ss：保存数据类型	00=字节		10=字节
		01=字节		11=双字
SM31.7	c：存入永久存储器	0=无执行存储操作的请求		
		1=用户程序申请向永久存储器存储数据		
	每次存储操作完成后，S7-200 PLC 复位该位			
SMW32	SMW32 中有所存数据的 V 存储器的地址，该值是相对于 V0 的偏移量。			
	当执行存储命令时，把该数据存到永久存储器中相应的位置			

11. SMB34 和 SMB35：定时中断的时间间隔寄存器

特殊存储器字节 SMB34 和 SMB35 如表 B-13 所示，SMB34 分别定义了定时中断 0 和 1 的时间间隔，可以在 1~255 ms 以 1 ms 为增量进行设定。若定时中断事件被中断程序采用，当 CPU 响应中断时，就会获取该时间间隔值。若要改变该时间间隔，必须把定时中断事件再分配给同一个或另一个中断程序，也可以通过撤销该事件来终止定时中断事件。

表 B-13　特殊存储器字节 SMB34 和 SMB35

SM 位	描　述
SMB34	定义定时中断 0 的时间间隔（1~255 ms，以 1 ms 为增量）
SMB35	定义定时中断 1 的时间间隔（1~255 ms，以 1 ms 为增量）

12. SMB36~SMB65：HSC0、HSC1 和 HSC2 寄存器

SMB36~SMB65 用于监视和控制高速计数器 HSC0、HSC1 和 HSC2 的操作。

部分特殊存储器字节 SMB36~SMD62（含 SMB62~SMB65）如表 B-14 所示。

表 B-14　部分特殊存储器字节 SMB36~SMD62

SM 位	描　述
SM36.0~SM36.4	保留
SM36.5	HSC0 当前计数方向状态位：1=增计数

续表

SM 位	描　　述
SM36.6	HSC0 当前值等于设定值状态位：1=等于
SM36.7	HSC0 当前值大于设定值状态位：1=大于
SM37.0	HSC0 复位控制位的有效电平：0=高电平复位有效，1=低电平复位有效
SM37.1	保留
SM37.2	HSC0 正交计数器的计数速率选择：0=4×计数速率；1=1×计数速率
SM37.3	HSC0 方向控制位：1=增计数
SM37.4	HSC0 更新方向：1=更新方向
SM37.5	HSC0 更新设定值：1=向 HSC0 写入新的设定值
SM37.6	HSC0 更新当前值：1=向 HSC0 写入新的初始值
SM37.7	HSC0 有效位：1=有效
SMD38	HSC0 新的初始值
SMD42	HSC0 新的设定值
SM46.0～SM46.4	保留
SM46.5	HSC1 当前计数方向状态位：1=增计数
SM46.6	HSC1 当前值等于设定值状态位：1=等于
SM46.7	HSC1 当前值大于设定值状态位：1=大于
SM47.0	HSC1 复位控制位的有效电平：0=高电平复位有效，1=低电平复位有效
SM47.1	HSC1 启动控制位的有效电平：0=高电平启动有效，1=低电平启动有效
SM47.2	HSC1 正交计数器的计数速率选择：0=4×计数速率，1=1×计数速率
SM47.3	HSC1 方向控制位：1=增计数
SM47.4	HSC1 更新方向：1=更新方向
SM47.5	HSC1 更新设定值：1=向 HSC1 写入新的设定值
SM47.6	HSC1 更新当前值：1=向 HSC1 写入新的初始值
SM47.7	HSC1 有效位：1=有效
SMD48	HSC1 新的初始值
SMD52	HSC1 新的设定值
SM56.0～SM56.4	保留
SM56.5	HSC2 当前计数方向状态位：1=增计数
SM56.6	HSC2 当前值等于设定值状态位：1=等于
SM56.7	HSC2 当前值大于设定值状态位：1=大于
SM57.0	HSC2 复位控制位的有效电平：0=高电平，1=低电平
SM57.1	HSC2 启动控制位的有效电平：0=高电平，1=低电平
SM57.2	HSC2 正交计数器的计数速率选择：0=4×计数速率，1=1×计数速率
SM57.3	HSC2 方向控制位：1=增计数
SM57.4	HSC2 更新方向：1=更新方向
SM57.5	HSC2 更新设定值：1=向 HSC2 写入新的设定值
SM57.6	HSC2 更新当前值：1=向 HSC2 写入新的初始值
SM57.7	HSC2 有效位：1=有效
SMD58	HSC2 新的初始值
SMD62	HSC2 新的设定值

13. SMB66～SMB85：PTO/PWM 寄存器

SMB66～SMB85 用于监视和控制 PTO 和 PWM 功能，部分特殊存储器字节如表 B-15 所示。

表 B-15　部分特殊存储器字节

SM 位	描　　述
SM66.0～SM66.3	保留
SM66.4	PTO0 包络终止：0=无错，1=由于增量计算错误而终止
SM66.5	PTO0 包络终止：0=不由用户命令终止；1=由用户命令终止
SM66.6	PTO0 管道溢出（当使用外部包络时由系统清除，否则由用户程序清除）：0=无溢出，1=有溢出
SM66.7	PTO0 空闲位：0=PTO 忙，1=PTO 空闲
SM67.0	PTO0/PWM0 更新周期：1=写入新的周期值
SM67.1	PWM0 更新脉冲宽度值：1=写入新的脉冲宽度
SM67.2	PTO0 更新脉冲量：1=写入新的脉冲量
SM67.3	PTO0/PWM0 基准时间单元：0=μs，1=ms
SM67.4	同步更新 PWM0：0=异步更新，1=同步更新
SM67.5	PTO0 操作：0=单段操作（周期和脉冲数存在 SM 存储器中），1=多段操作（包络表存在 V 存储器中）
SM67.9	PTO0/PWM0 模式选择：0=PTO，1=PWM
SM67.7	PTO0/PWM0 有效位：1=有效
SMW68	PTO0/PWM0 周期值（2～65 535 时间基准单位）
SMW70	PWM0 脉冲宽度值（0～65 535 时间基准单位）
SMW72	PTO0 脉冲计数值（$12^{32}-1$）
SM76.0～SM76.3	保留
SM76.4	PTO1 包络终止；0=无错，1=由于增量计算错误终止
SM76.5	PTO1 包络终止；0=不由用户命令终止；1=由用户命令终止
SM76.6	PTO1 管道溢出（当使用外部包络时由系统清除，否则由用户程序清除）：0=无溢出，1=有溢出
SM76.7	PTO1 空闲位：0=PTO 忙，1=PTO 空闲
SM77.0	PTO1/PWM1 更新周期值：1=写入新的周期值
SM77.1	PWM1 更新脉冲宽度值：1=写入新的脉冲宽度
SM77.2	PTO1 更新脉冲计数值：1=写入新的脉冲量
SM77.3	PTO1/PWM1 基准时间单元：0=μs，1=ms
SM77.4	同步更新 PWM1：0=异步更新，1=同步更新
SM77.5	PTO1 操作：0=单段操作（周期和脉冲数存在 SM 存储器中），1=多段操作（包络表存在 V 存储区中）
SM77.6	PTO1/PWM1 模式选择：0=PTO，1=WPM
SM77.7	PTO1/PWM1 有效位：1=有效
SMW78	PTO1/PWM1 周期值（2～65 635 时间基准单位）
SMW80	PWM1 脉冲宽度值（0～65 635 时间基准单位）
SMD82	PTO1 脉冲计数值（$1～2^{32}-1$）

14. SMB86～SMB94 和 SMB186～SMB194：接收信息控制

SMB86～SMB94 和 SMB186～SMB194 用于控制和读出接收信息指令的状态，部分特殊存储器字节如表 B-16 所示。

表 B-16　部分特殊存储器字节

口 0	口 1	描　　述
SMB86	SMB186	接收信息状态字节 MSB 7 ... LSB 0 n r e 0 0 t c p 1=接收用户的禁止命令，终止接收信息 1=接收信息终止：输入参数错误或无起始或结束条件 1=收到结束字符 1=接收信息终止：超时 1=接收信息终止：超出最大字符数 1=接收信息终止：奇偶校验错误
SMB87	SMB187	接收信息控制字节 MSB 7 ... LSB 0 en sc ec il c/m tmr bk 0 en: 0=禁止接收信息功能 　　1=允许接收信息功能 　　每次执行 RCV 指令时检查允许/禁止接收信息位 sc: 0=忽略 SMB88 或 SMB188 的值 　　1=使用 SMB88 或 SMB188 的值检测起始信息 ec: 0=忽略 SMB89 或 SMB189 的值 　　1=使用 SMB89 或 SMB189R 的值检测结束 il: 0=忽略 SMW90 或 SMW190 的值 　　1=使用 SMW90 或 SMW190 的值检测空闲状态 c/m: 0=定时器是内部字符定时器 　　　1=定时器是信息定时器 tmr: 忽略 SMW92 或 SMW192 　　　1=当 SMW92 或 SMW192 中的定时时间超出时终止接收 bk: 0=忽略中断条件 　　1=用中断条件作为信息检测的开始
SMB88	SMB188	信息字符的开始
SMB89	SMB189	信息字符的结束
SMW90	SMW190	空闲行时间间隔用毫秒给出。在空闲行时间结束后接收的第一个字符是新信息的开始
SMW92	SMW192	字符间/信息间定时器超时值（用毫秒表示）。如果超时，就停止接收信息
SMB94	SMB194	接收字符的最大数（1～255 字节） 注意：这个区一定要设为希望的最大缓冲区，即使没有使用字符计数来确认信息终止

15. SMW98：扩展 I/O 总线错误

SMW98 给出有关扩展 I/O 总线错误数的信息，如表 B-17 所示。

表 B-17　特殊存储器字节 SMW98

SM 位	描　述
SMW98	当扩展总线出现校验错误时，该处每次增加 1；当系统得电时或用户程序写入零时，可以进行清零

16. SMB131～SMB165：HSC3、HSC4 和 HSC5 寄存器

SMB131～SMB165 用于监视和控制高速计数器 HSC3、HSC4 和 HSC5 的操作，部分特殊存储器字节如表 B-18 所示。

表 B-18　部分特殊存储器字节

SM 位	描　述
SMB131～SMB135	保留
SMB136.0～SMB136.4	保留
SMB136.5	HSC3 当前计数方向状态位：1 增计数
SMB136.6	HSC3 当前值等于设定值状态位：1=等于
SMB136.7	HSC3 当前值大于设定值状态位：1=大于
SMB137.0～SMB137.2	保留
SMB137.3	HSC3 方向控制位：1=增计数
SMB137.4	HSC3 更新方向：1=更新方向
SMB137.5	HSC3 更新设定值：1=向 HSC3 写入新的设定值
SMB137.6	HSC3 更新当前值：1=向 HSC3 写入新的初始值
SMB137.7	HSC3 有效位：1=有效
SMD138	HSC3 新的初始值
SMD142	HSC3 新的设定值
SM146.0～SM146.4	保留
SM146.5	HSC4 当前计数方向状态位：1=增计数
SM146.6	HSC4 当前值等于设定值状态位：1=等于
SM146.7	HSC4 当前值大于设定值状态位：1=大于
SM147.0	HSC4 复位控制位的有效电平：0=高电平复位有效，1=低电平复位有效
SM147.1	保留
SM147.2	正交计数器的计数速率选择：0=4×计数速率，1=1×计数速率
SM147.3	HSC4 方向控制位：1=增计数
SM147.4	HSC4 更新方向：1=更新方向
SM147.5	HSC4 更新设定值：1=向 HSC4 写入新的设定值
SM147.6	HSC4 更新当前值：1=向 HSC4 写入新的初始值
SM147.7	HSC4 有效位：1=有效
SMD148	HSC4 新的初始值
SMD152	HSC4 新的设定值
SM156.0～SM156.4	保留
SM156.5	HSC5 当前计数方向状态位：1=增计数
SM156.6	HSC5 当前值等于设定值状态位：1=等于

17．SMB166～SMB185：PTO0、PTO1 包络定义表

SMB166～SMB185 包括包络步的数量、包络表的地址和 V 存储器中表的地址，部分特殊存储器字节如表 B-19 所示。

表 B-19　部分特殊存储器字节

SM 位	描　述
SMB166	PTO0 的包络步当前计数值
SMB167	保留
SMW168	PTO0 的包络表中 V 存储器的地址（从 V0 开始的偏移量）
SMB170	线性 PTO0 状态字节
SMB171	线性 PTO0 结果字节
SMD172	指定线性 PTO0 发生器工作在手动方式时产生的频率，频率是一个以赫兹为单位的双整型值。SMB172 为最高有效字节，而 SMB175 为最低有效字节
SMB176	PTO1 的包络步当前计数值
SMB177	保留
SMW178	PTO1 的包络表中 V 存储器的地址（从 V0 开始的偏移量）
SMB180	线性 PTO1 状态字节
SMB181	线性 PTO1 结果字节
SMD182	指定线性 PTO1 发生器工作在手动方式时产生的频率，频率是一个以赫兹为单位的双整型值。SMB182 为最高有效字节，而 SMB178 为最低有效字节

18．SMB200～SMB549：智能模块状态

SMB200～SMB549 预留存储智能模块的信息，如 EM277PROFIBUS-DP 模块，如表 B-20 所示。

表 B-20　特殊存储器字节 SMB200～SMB549

智能模块 0	智能模块 1	智能模块 2	智能模块 3	智能模块 4	智能模块 5	智能模块 6	描　述
SMB200～SMB215	SMB250～SMB265	SMB300～SMB315	SMB350～SMB365	SMB400～SMB415	SMB450～SMB465	SMB500～SMB515	模块名称（16 个 ASCII 字符）
SMB216～SMB219	SMB266～SMB269	SMB316～SMB319	SMB366～SMB369	SMB416～SMB419	SMB466～SMB469	SMB516～SMB519	S/W 修订号（4 个 ASCII 字符 ××××）
SMW220	SMW270	SMW320	SMW370	SMW420	SMW470	SMW520	错误代码
SMB222～SMB249	SMB272～SMB299	SMB322～SMB349	SMB372～SMB399	SMB422～SMB449	SMB472～SMB499	SMB522～SMB549	与特定模块类型相关的信息

参 考 文 献

[1] 戴月根，费新华. 中级维修电工技能操作与考核. 北京：电子工业出版社，2008.

[2] 劳动和社会保障部教材办公室. 维修电工（中级）. 北京：中国劳动社会保障出版社，2007.

[3] 机械工业职业技能鉴定指导中心. 维修电工技术（中级）. 北京：机械工业出版社，2000.

[4] 祁和义，王建. 维修电工实训与技能考核实训教程. 北京：机械工业出版社，2008.

[5] 李益民，刘小春. 电机与电气控制技术. 北京：高等教育出版社，2006.

[6] 廖常初. PLC 编程及应用. 北京：机械工业出版社，2007.

[7] 胡学林. 可编程控制器教程. 北京：电子工业出版社，2003.

[8] 华满香，刘小春. 电气控制与 PLC. 北京：人民邮电出版社，2009.

[9] 李长久. PLC 原理及应用. 北京：机械工业出版社，2008.

[10] 西门子公司. S7-200 可编程控制器系统手册. 2002.

[11] 孙海维. SIMATIC 可编程序控制器及应用. 北京：机械工业出版社，2005.

[12] 熊琦，周少华，陈忠平. 电气控制与 PLC 原理及应用. 北京：中国电力出版社，2008.